BIBLIOTHÈQUE
SCIENTIFIQUE INTERNATIONALE

PUBLIÉE SOUS LA DIRECTION

DE M. ÉM. ALGLAVE

LVIII

BIBLIOTHÈQUE
SCIENTIFIQUE INTERNATIONALE

PUBLIÉE SOUS LA DIRECTION
DE M. ÉM. ALGLAVE

Volumes in-8°, reliés en toile anglaise. — Prix : 6 fr.

Avec reliure d'amateur, tranche sup. dorée, dos et coins en veau. 10 fr.

La *Bibliothèque scientifique internationale* n'est pas une entreprise de librairie ordinaire. C'est une œuvre dirigée par les auteurs mêmes, en vue des intérêts de la science, pour la populariser sous toutes ses formes, et faire connaître immédiatement dans le monde entier les idées originales, les directions nouvelles, les découvertes importantes qui se font chaque jour dans tous les pays. Chaque savant expose les idées qu'il a introduites dans la science et condense pour ainsi dire ses doctrines les plus originales.

On peut ainsi, sans quitter la France, assister et participer au mouvement des esprits en Angleterre, en Allemagne, en Amérique, en Italie, tout aussi bien que les savants mêmes de chacun de ces pays.

La *Bibliothèque scientifique internationale* ne comprend pas seulement des ouvrages consacrés aux sciences physiques et naturelles, elle aborde aussi les sciences morales, comme la philosophie, l'histoire, la politique et l'économie sociale, la haute législation, etc. ; mais les livres traitant des sujets de ce genre se rattacheront encore aux sciences naturelles, en leur empruntant les méthodes d'observation et d'expérience qui les ont rendues si fécondes depuis deux siècles.

VOLUMES PARUS

J. Tyndall. LES GLACIERS ET LES TRANSFORMATIONS DE L'EAU, suivis d'une étude de M. *Helmholtz* sur le même sujet, avec 8 planches tirées à part et nombreuses figures dans le texte. 5° édition . . . . . 6 fr.

W. Bagehot. LOIS SCIENTIFIQUES DU DÉVELOPPEMENT DES NATIONS. 5° édition. . . . . 6 fr.

J. Marey. LA MACHINE ANIMALE, locomotion terrestre et aérienne, avec 132 figures dans le texte. 4° édition augmentée . . . . 6 fr.

A. Bain. L'ESPRIT ET LE CORPS considérés au point de vue de leurs relations, avec figures, 4° édition . . . . 6 fr.

Pettigrew. LA LOCOMOTION CHEZ LES ANIMAUX, avec 130 fig. 2° éd. 6 fr.

Herbert Spencer. LES BASES DE LA MORALE ÉVOLUTIONNISTE. 1 volume in-8°. 3° édition . . . . 6 fr.

Th.-H. Huxley. L'ÉCREVISSE, Introduction à l'étude de la zoologie, avec 82 figures, 1 vol. in-8°. . . . . 6 fr.

De Roberty. LA SOCIOLOGIE. 2° édit. 1 vol. in-8°. . . . . 6 fr.

O.-N. Rood. THÉORIE SCIENTIFIQUE DES COULEURS et leurs applications à l'art et à l'industrie. 1 vol. in-8°, avec 130 figures dans le texte et une planche en couleurs. . . . . 6 fr.

G. de Saporta et Marion. L'ÉVOLUTION DU RÈGNE VÉGÉTAL. *Les cryptogames.* 1 vol., avec 85 figures dans le texte . . . . 6 fr.

G. de Saporta et Marion. L'ÉVOLUTION DU RÈGNE VÉGÉTAL. *Les phanérogames.* 2 vol. avec nombreuses figures. . . . . 12 fr.

Charlton Bastian. LE SYSTÈME NERVEUX ET LA PENSÉE. 2 vol., avec 184 figures dans le texte. . . . . 12 fr.

James Sully. LES ILLUSIONS DES SENS ET DE L'ESPRIT. 1 vol. . . 6 fr.

Alph. de Candolle. L'ORIGINE DES PLANTES CULTIVÉES. 1 vol. 3° édition. . . . . 6 fr.

Young. LE SOLEIL, avec 86 figures. 1 vol. . . . . 6 fr.

Sir John Lubbock. LES FOURMIS, LES ABEILLES ET LES GUÊPES. 2 vol. in-8°, avec 65 figures dans le texte et 13 planches hors texte dont 5 en couleurs. . . . . 12 fr.

Ed. Perrier. LA PHILOSOPHIE ZOOLOGIQUE AVANT DARWIN. 1 vol. 2° édition. . . . . 6 fr.

Stallo. LA MATIÈRE ET LA PHYSIQUE MODERNE. . . . . 6 fr.

Mantegazza. LA PHYSIONOMIE ET L'EXPRESSION DES SENTIMENTS. 1 vol., avec planches hors texte et nombreuses figures. . . . . . . 6 fr.

De Meyer. LES ORGANES DE LA PAROLE, avec 50 figures. . . . 6 fr.

J.-L. De Lanessan. INTRODUCTION A LA BOTANIQUE. *Le Sapin,* avec 143 figures dans le texte. . . . . 6 fr.

E. Trouessart. LES MICROBES, LES FERMENTS ET LES MOISISSURES, avec 107 figures dans le texte.

R. Hartmann. LES SINGES ANTHROPOÏDES, avec 63 fig. dans le texte 6 fr.

O. Schmidt. LES MAMMIFÈRES PRIMITIFS, avec 51 figures . . . 6 fr.

Binet et Féré. LE MAGNÉTISME ANIMAL, avec figures. . . . . . 6 fr.

Romanes. L'INTELLIGENCE DES ANIMAUX. 2 vol. avec figures. . . 12 fr.

VOLUMES SUR LE POINT DE PARAITRE

C. Dreyfus. LA THÉORIE DE L'ÉVOLUTION.

Sir J. Lubbock. L'HOMME PRÉHISTORIQUE.

Berthelot. LA PHILOSOPHIE CHIMIQUE.

Beaunis. LES SENSATIONS INTERNES, avec figures.

Edm. Perrier. L'EMBRYOGÉNIE GÉNÉRALE, avec figures.

Lacassagne. LES CRIMINELS, avec figures.

Falsan. LES PÉRIODES GLACIAIRES, avec figures.

Cartailhac. LA FRANCE PRÉHISTORIQUE, avec figures.

L'INTELLIGENCE
DES ANIMAUX

PAR

G.-J. ROMANES

Secrétaire de la Société Linnéenne de Londres pour la Zoologie

PRÉCÉDÉE D'UNE PRÉFACE SUR L'ÉVOLUTION MENTALE PAR

Edm. PERRIER

Professeur au Muséum d'histoire naturelle de Paris

___

TOME PREMIER

LES ANIMAUX INFÉRIEURS

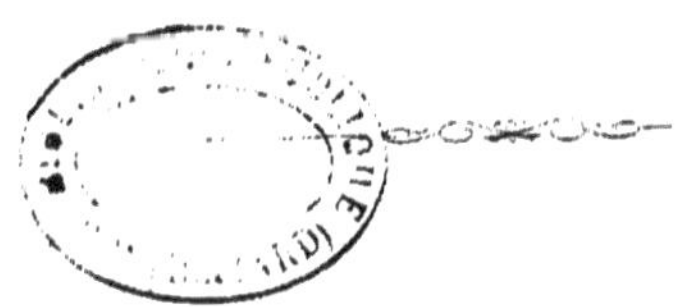

PARIS

ANCIENNE LIBRAIRIE GERMER BAILLIÈRE ET Cⁱᵉ

FÉLIX ALCAN, ÉDITEUR

108, BOULEVARD SAINT-GERMAIN, 108

—

1887

PRÉFACE

« La presumption est nostre maladie naturelle et originelle. La
plus calamiteuse et fragile de toutes les creatures, c'est l'homme,
et quand et quand la plus orgueilleuse ; elle se sent et se veoid logee
icy parmy la bourbe et le fient du monde, attachee et clouee à la
pire, plus morte et croupie partie de l'univers, au dernier estage
du logis et le plus esloingnié de la voulte celeste, avecque les an-
nimaulx de la pire condition des trois ; et se va plantant par imagination audessus du cercle de la lune, et ramenant le ciel soubs
ses pieds. C'est par la vanité de cette mesme imagination qu'il
s'eguale à Dieu, qu'il s'attribue les conditions divines, qu'il se
trye soy mesme et separe de la presse des aultres creatures,
taille les parts aux animaulx, ses confreres et compaignons, et
leur distribue telle portion de facultez et de forces que bon luy
semble [1]. »

Il semble que ce passage de Montaigne aurait dû prémunir les
philosophes contre les jugements auxquels bon nombre d'entre eux
se sont laissé entrainer relativement aux facultés psychiques des
animaux ; il faut reconnaître que la « presumption » a été la
plus forte, et l'opinion de beaucoup la plus commune qui soit pro-
fessée relativement à l'esprit des bêtes s'exprime par cet apho-
risme : « L'Homme seul est intelligent ; les bêtes n'ont que de
l'instinct. »

A l'examen de cette question est consacré l'ouvrage que la *Bibliothèque scientifique internationale* offre aujourd'hui à ses lecteurs,
et qui a été composé presque sous les yeux de Darwin, par un
des hommes qui se sont le plus scrupuleusement imprégnés de

---

1. Montaigne, *Essais*, livre II, chap. xii, édit. Didot, 1859, p. 226.

sa méthode, George S. Romanes. Notre but, dans cette préface, est d'indiquer les phases successives par lesquelles ont passé les idées des naturalistes et des philosophes relativement aux facultés psychiques des animaux, d'exposer les conséquences que Romanes a tiré de ses propres recherches, conséquences qu'il a développées dans un autre ouvrage, *L'évolution mentale des animaux* [1], de faire ressortir ce que les idées actuelles ont de définitif, et de préciser la part bien large qu'elles laissent encore à l'inconnu.

La croyance que les animaux sont dépourvus d'intelligence est beaucoup plus récente qu'on ne le suppose d'ordinaire. Chez toutes les peuplades sauvages ou à demi civilisées, pendant toute l'antiquité et le moyen âge, les animaux sont traités avec beaucoup plus d'égards que de nos jours ; il n'est pas rare de leur voir attribuer une perspicacité qui manque à l'homme ; des tribunaux se sont même occupés de leurs méfaits, et n'ont pas hésité à condamner jusqu'à des chenilles, comme des êtres responsables. L'idée contraire que les animaux et le corps humain lui-même, abstraction faite de l'âme, ne sont que des machines mues par les *esprits animaux*, trouve sa plus complète expression dans Descartes.

« Ceux qui, sachant combien de divers *automates* ou machines mouvantes l'industrie de l'homme peut faire, sans y employer que fort peu de peine, à comparaison de la multitude des os, des muscles, des nerfs, des artères, des veines et de toutes les autres parties qui sont dans le corps de l'animal, considéreront ce corps comme une *machine* qui ayant été faite des mains de Dieu, est incomparablement mieux ordonnée et a en soi des mouvements plus admirables qu'aucune de celles qui peuvent être inventées par les hommes... S'il y avait de telles machines qui eussent les organes et la figure extérieure d'un singe ou de quelque autre animal sans raison, nous n'aurions aucun moyen de reconnaître qu'elles ne seraient pas en tout de même nature que ces animaux ; au lieu que s'il y en avait qui eussent la ressemblance de nos corps, et imitassent autant nos actions que moralement il serait possible, nous aurions toujours deux moyens très certains pour reconnaître qu'elles ne sont pas pour cela de vrais hommes ; dont le premier est qu'elles ne pourraient user de paroles et d'autres signes en les composant comme nous faisons pour déclarer aux autres nos pensées. Et le second est que, bien qu'elles fissent plusieurs choses aussi bien ou

---

1. Traduction française par H. de Varigny ; Reinwald, éditeur, 1884.

peut-être mieux que nous, elles manqueraient infailliblement en quelques autres par lesquelles on découvrirait qu'elles n'agiraient pas par connaissance, mais seulement par la disposition de leurs organes [1]. »

Buffon suit Descartes dans une certaine mesure. Pour lui aussi, il y a dans l'Homme deux êtres, l'un matériel, l'autre immatériel, deux principes différents par leur nature et contraires par leur action. « L'âme, ajoute Buffon, ce principe spirituel, ce principe de toute connaissance, est toujours en opposition avec cet autre principe animal et purement matériel : le premier est une lumière pure qu'accompagnent le calme et la sérénité, une source salutaire dont émanent la science, la raison, la sagesse ; l'autre est une fausse lueur qui ne brille que par la tempête et dans l'obscurité, un torrent impétueux qui roule et entraîne à sa suite la passion et les erreurs... C'est parce que la nature de l'Homme est composée de deux principes opposés, qu'il a tant de peine à se concilier avec lui-même : c'est de là que viennent son inconstance, son irrésolution, ses ennuis. Les animaux, au contraire, dont la nature est simple et purement matérielle, ne ressentent ni combats intérieurs, ni opposition, ni trouble ; ils n'ont ni nos regrets, ni nos remords, ni nos espérances, ni nos craintes. »

Cependant les animaux peuvent présenter l'apparence de toutes nos passions et « n'est-il pas convenu que toute passion est une émotion de l'Âme?... Je ne sais, répond Buffon, mais il me semble que tout ce qui commande à l'âme est hors d'elle ; il me semble que le principe de la connaissance n'est point celui du sentiment ; il me semble que le germe de nos passions est dans nos appétits, que les illusions viennent de nos sens, et résident dans notre sens intérieur matériel ; que d'abord l'âme n'y a de part que par son silence ; que quand elle s'y prête, elle est subjuguée, et pervertie quand elle s'y complaît. Distinguons donc dans les passions de l'homme le physique et le moral. ... » Les animaux ne présentent des passions que le côté physique : ils sont dépourvus d'entendement, d'esprit et de mémoire ; ils sont privés de toute intelligence ; toutes leurs facultés dépendent de leurs sens, ils sont bornés à l'examen et à l'expérience du sentiment seul. Cependant mille observations portant les unes sur les Vertébrés, les autres, celles de

---

1. Descartes, *Discours de la méthode*, cinquième partie : Ordre des questions de physique.

Réaumur notamment, sur les Insectes, tendent à prouver l'existence chez les animaux des plus étranges phénomènes psychiques. Il semble qu'on observe chez certains d'entre eux une prévoyance, une connaissance du monde physique ou même du monde organique, bien au-dessus, à certains égards, de la portée humaine. Buffon ne voit là que vaines apparences de raison ; il explique par un pur mécanisme quelques-uns de ces phénomènes prétendus merveilleux ; il révoque les autres en doute, et invite l'Homme à rentrer en lui-même, à cesser toute comparaison entre ses facultés et celles des animaux. « Que l'Homme s'examine, s'écrie-t-il, s'analyse et s'approfondisse, il reconnaîtra bientôt la noblesse de son être ; il sentira l'existence de son âme, il cessera de s'avilir, et verra d'un coup d'œil la distance infinie que l'Être suprême a mise entre les bêtes et lui [1]. » D'illustres disciples de Buffon, Isidore Geoffroy Saint-Hilaire et M. de Quatrefages, ont essayé d'exprimer l'immensité de cette distance en instituant pour l'Homme un Règne naturel particulier. Ils ne disent plus toutefois : *l'Homme seul est intelligent*, mais : *l'Homme seul est religieux et moral*.

Il est impossible, en effet, dans l'état actuel de la science, de refuser aux animaux de véritables facultés intellectuelles ; les faits que Buffon révoquait en doute sont indéniables ; ses explications mécaniques apparaissent manifestement insuffisantes. Aussi Cuvier lui reproche-t-il d'avoir méconnu l'existence chez les animaux non seulement d'une véritable intelligence, mais encore d'une faculté spéciale, l'*instinct*, « accordé aux animaux comme supplément de l'intelligence et pour concourir avec elle, et avec la force et la fécondité, au juste degré de conservation de chaque espèce ».

« L'instinct, ajoute Cuvier, fait produire aux animaux certaines actions nécessaires à la conservation de l'espèce, mais souvent tout à fait étrangères aux besoins apparents des individus, souvent aussi très compliquées et qui, pour être attribuées à l'intelligence, supposeraient une prévoyance et des connaissances infiniment supérieures à celles qu'on peut admettre dans les espèces qui les exécutent. Ces actions, produites par l'instinct, ne sont point non plus l'effet de l'imitation, car les individus qui les pratiquent ne les ont souvent jamais vu faire à d'autres ; elles ne sont point en proportion avec l'intelligence ordinaire, mais

—————

1. Buffon, *Discours sur la nature des animaux.*

deviennent plus singulières, plus savantes, plus désintéressées, à mesure que les animaux appartiennent à des classes moins élevées et, dans tout le reste, plus stupides. Elles sont si bien la propriété de l'espèce, que tous les individus les exercent de la même manière sans y rien perfectionner.... On ne peut se faire une idée claire de l'instinct, qu'en admettant que les animaux ont dans leur *sensorium* des images ou sensations innées et constantes qui les déterminent à agir comme les sensations ordinaires déterminent à agir communément. C'est une sorte de rêve, de vision qui les poursuit toujours ; et, dans tout ce qui a rapport à leur instinct, on peut les considérer comme des espèces de somnambules [1]. »

L'instinct devient ainsi pour les disciples de Cuvier, pour Flourens en particulier, « une force propre et d'une nature très particulière... une force purement organique... qui dans la plupart des animaux, et pour la plupart de leurs actions, remplace l'intelligence... L'action instinctive est l'action que l'animal fait sans aucune vue, mais qui pour être faite par l'homme, demanderait les vues les plus compliquées et les plus savantes [2]. »

L'animal, agissant sous l'impulsion de l'instinct, ne prévoit pas ce qu'il a l'air de prévoir, ne sait pas ce qu'il a l'air de savoir, ignore ce qu'il fait, n'a aucune idée du but de ses actions, les exécute cependant sans pouvoir échapper à la force qui le sollicite et ces actions, parfois d'une extraordinaire complication, sont merveilleusement adaptées à un but ultime qui est d'ordinaire la conservation de l'espèce, au détriment même de l'individu.

Comme il arrive d'ordinaire, cette conception de l'instinct va s'exagérant peu à peu, à mesure qu'on s'éloigne du maître. Entre l'instinct et l'intelligence, le fossé apparaît de plus en plus profond ; il devient, par exemple, presque un abîme pour A.-L.-A. Fée, professeur d'histoire naturelle à la Faculté de médecine de Strasbourg, qui écrivit, en 1853, des *Études philosophiques sur l'instinct et l'intelligence des animaux*.

L'Homme, pour notre auteur, *observe* et *médite*. De l'observation sont nées les sciences physiques ; de la méditation les sciences métaphysiques. Ces deux sortes de sciences témoignent de la double nature de l'Homme, car s'il tient aux animaux par le corps, son âme a une essence immatérielle et divine. Aussi l'intelligence des

1. Cuvier, *Règne animal*, Introduction. 3ᵉ édition, Bruxelles, 1836, p. 27.
2. Flourens, *Histoire des travaux et des idées de Buffon*. 2ᵉ édition, 1850, p. 122.

animaux n'est-elle qu'en apparence semblable à celle de l Homme ;
elle est limitée et stationnaire ; ne se communique pas et ne se
perfectionne que d'une manière tout individuelle sous l'action
immédiate de l'Homme. L'intelligence humaine, au contraire, est
transmissible, elle s'accroit, se perfectionne indéfiniment. A l'intelligence s'ajoute, chez les animaux, l'*instinct*. Il est d'origine
divine ; il a été donné aux animaux quand Dieu créa les êtres vivants en dehors des lois générales qui régissent aujourd'hui la
matière, afin qu'ils puissent, en se conservant durant un temps,
reproduire leur espèce et continuer son œuvre. C'est la puissance
créatrice, transmise aux êtres créés. L'instinct étant d'origine
divine, ses manifestations restent sans explication ; c'est une propriété inhérente à la vie ; une loi tout aussi impérieuse que celle
qui attire vers les pôles l'aiguille aimantée. En tant que propriété
de la matière vivante, l'instinct reste stationnaire et immuable ; il
donne lieu à des actes circonscrits dans des limites infranchis-
sables. Il n'y a du reste aucun rapport entre le degré de développement de l'instinct et celui de l'intelligence.

C'est là ce qui s'appelle supprimer franchement un problème
embarrassant. L'instinct, dit-on, se constate, il ne s'explique pas.
Le professeur Fée n'avait pas, semble-t-il, par devers lui beaucoup
de recherches personnelles sur l'instinct et l'intelligence des animaux ; qu'il ait adopté de confiance, même en les exagérant, des
idées en harmonie avec le système philosophique qui dominait de
son temps, rien que de très naturel à cela. On est plus ému de retrouver des idées peu différentes sous la plume d'un observateur
des plus scrupuleux et des plus habiles, d'un savant à qui l'histoire
des Insectes est redevable de splendides découvertes, d'un homme
dont le mérite est d'autant plus grand que ses débuts ont été plus
humbles, M. J.-H. Fabre, d'Avignon. L'éminent auteur des *Souvenirs entomologiques* voit, lui aussi, dans l'Homme un être hors
de pair. « Rabaisser l'Homme, exalter la bête, pour établir un
point de contact, puis un point de fusion, telle a été, telle est encore la marche générale dans les hautes théories en vogue de nos
jours [1]. » Entre l'Homme et les animaux, il ne veut rien de commun. L'instinct lui apparait évidemment sous le même jour qu'au
professeur Fée. « L'instinct, dit-il [2], sait tout, *dans les voies*

1. *Souvenirs entomologiques*, 1879, p. 131.
2. *Ibid.*, p. 179.

invariables qui lui ont été tracées ; il ignore tout en dehors de ces
voies. Inspirations sublimes de la science, inconséquences étonnantes de stupidité, sont à la fois son partage, suivant que l'a-
nimal agit dans des conditions normales ou dans des conditions
accidentelles ».

Mon Dieu, n'en sommes-nous pas tous un peu là ? Les hommes
de génie eux-mêmes, quand leur génie ne s'est exercé que dans
une seule direction, ne nous rendent-ils pas bien souvent témoins
de pareilles inconséquences ?

Il semble aussi que, pour M. Fabre, l'instinct soit, dans une certaine mesure, fonction de l'organisation de l'animal. « Si l'Hyménoptère excelle dans son art, dit-il[1], c'est qu'il est fait pour l'exercer ; c'est qu'il est doué, non seulement d'outils, mais encore de
la manière de s'en servir. Et ce don est originel, parfait dès le
début ; le passé n'y a rien ajouté, l'avenir n'y ajoutera rien. Tel il
était, tel il est, tel il sera. » Les mœurs de l'Odynère lui inspirent
ces réflexions : « L'Insecte aurait-il acquis son savoir-faire petit à
petit, d'une génération à la suivante, par une longue suite d'essais
fortuits, de tâtonnements aveugles ? Un tel ordre naîtrait-il du
chaos ; une telle prévision du hasard ; une telle sapience de l'in-
sensé ? Le monde est-il soumis aux fatalités d'évolution du premier
atome albumineux qui se coagula en cellule, ou bien est-il régi par
une intelligence ? Plus je vois, plus j'observe, et plus cette intelligence rayonne derrière le mystère des choses[2]. »

Donc pas d'explications à chercher : des Hyménoptères, les
Pompiles, ont pour proie habituelle des Araignées, les Ségestries
qui se laissent prendre. Pourquoi les Ségestries ne sont-elles pas
devenues aussi habiles à se sauver que les Pompiles à les prendre ?
Darwin répondrait sans doute que cela tient à ce que les Pompiles
ne capturent pas les Ségestries en telle proportion que les plus
sottes n'aient pu continuer à se propager. M. Fabre se borne à
déclarer : « Là, je ne comprends plus, ce qui s'appelle plus. Et
tout naïvement je me dis : Puisqu'il faut des Araignées aux
Pompiles, de tout temps ceux-ci ont possédé leur patiente astuce
et les autres leur sotte audace. C'est puéril, si l'on veut, peu
conforme aux visées transcendantes des théories à la mode ; il n'y
a là ni objectif, ni subjectif, ni adaptation, ni différenciation, ni

1. *Nouveaux Souvenirs entomologiques*, 1882, p. 55.
2. *Ibid.*, p. 98.

atavisme, ni transformisme ; soit, mais du moins je comprends. »

La science serait, il faut le reconnaître, très simplifiée si les physiciens et les chimistes avaient compris les phénomènes naturels comme M. Fabre comprend les phénomènes relatifs à l'instinct. Toutes leurs inductions et déductions auraient tenu dans cette simple phrase : « Les choses sont ainsi parce que l'Intelligence directrice de l'Univers l'a voulu de la sorte. » Quel immense repos acquis à notre esprit si tourmenté ! Ce repos, M. Fabre l'a-t-il conquis ? Je ne sais ; mais s'il le possède, il l'a certainement bien mérité par ses laborieux efforts pour démêler les mœurs des Insectes, par les brillants résultats qu'il a obtenus et qui en font le Réaumur de notre temps. Quel dommage qu'un aussi habile observateur se soit toujours refusé à envisager à un autre point de vue ces instincts des Insectes dont il a su pénétrer, avec tant de patience, les mystérieuses complications ! Quelle lumière il aurait pu répandre sur la psychologie, s'il avait voulu, riche de son expérience, mettre en ordre tous les faits connus relativement aux facultés psychiques des animaux ! Que de découvertes seraient, sans doute, venues s'ajouter à celles dont nous lui sommes redevables ! Mais non ; son siège est fait à cet égard. En voulez-vous un exemple ? Une singulière particularité distingue les larves de Cétoine des autres larves de Lamellicornes vivant dans les mêmes conditions qu'elles en apparence : elles marchent sur le dos, les jambes en l'air. Pourquoi ? Il y a là toute une série de problèmes à résoudre ; il serait pour le moins intéressant de chercher comment on peut les aborder ; M. Fabre le dit en toutes lettres, et personne ne serait plus apte que lui à le faire. Mais, la question une fois posée, l'éminent entomologiste tourne bride tout à coup, il déclare l'exception inexplicable, essaie de jeter le ridicule sur quelques tentatives d'explication de faits sans aucun rapport avec la Cétoine et s'écrie : « Qui n'admettra pas l'explication sera bien difficile. Je suis un de ces difficiles. Si c'était là cocasserie de table, après boire, entre la poire et le fromage, volontiers, je ferais chorus ; mais hélas ! trois fois hélas ! cela se débite sans rire, magistralement, solennellement, comme le dernier mot de la science. » A quoi bon, en effet, se mettre tant en peine ? « La larve de Cétoine marche sur le dos parce qu'elle a toujours marché ainsi. Le milieu ne fait pas l'animal, c'est l'animal qui est fait pour le milieu [1]. »

---

1. *Souvenirs entomologiques*, 3ᵉ série, 1886, p. 69.

Et tout s'explique avec cette simplicité. Certains animaux simulent d'une extraordinaire façon l'aspect des objets inanimés au milieu desquels ils vivent, ou reproduisent la forme générale et le système de coloration d'autres animaux tout différents : c'est là le *mimétisme;* des rapports singulièrement variés s'établissent entre des espèces animales d'ailleurs fort éloignées zoologiquement; ils ont fourni à M. Van Beneden le sujet d'un livre fort intéressant de la présente collection : *Commensaux, mutualistes, parasites.* Pour M. Fabre il n'y a pas plus de question pour le *mimétisme* ou le *parasitisme* que pour le mode de locomotion de la Cétoine : Le mimétisme et le parasitisme ont existé de tout temps sous la même forme, immuables comme l'instinct, comme l'espèce, car c'est bien là le fonds du débat. M. Fabre tient à faire de ses recherches une pierre de touche du transformisme ; il réunit tout un arsenal de guerre contre lui. Après avoir exposé ses admirables observations sur l'élevage artificiel des larves d'Hyménoptères carnassiers, il écrit :

« Aussi n'aurais-je pas entrepris ces recherches, encore moins en aurais-je parlé non sans complaisance si je n'avais entrevu dans les résultats une certaine portée philosophique. Le transformisme me paraissait en cause. Certes, c'est grandiose entreprise, adéquate aux immenses ambitions de l'Homme, que de vouloir couler l'Univers dans le moule d'une formule et de soumettre toute réalité à la norme de la raison. Le géomètre procède ainsi. Il définit le cône, conception idéale ; puis il le coupe par un plan. La section conique est soumise à l'algèbre, appareil d'obstétrique accouchant l'équation ; et voici que sollicités dans un sens puis dans l'autre, les flancs de la formule mettent au jour l'ellipse, l'hyperbole, la parabole, leurs foyers, leurs rayons vecteurs, leurs tangentes, leurs normales, leurs axes conjugués et le reste. C'est magnifique..., c'est superbe... on croit assister à une création... Oui, il serait beau de mettre le monde en équation, de se donner pour principe une cellule gonflée de glaire, et de transformation en transformation, de retrouver la vie sous ses mille aspects comme le géométrie retrouve l'ellipse et les autres courbes en discutant son cône sectionné... Hélas ! Combien ne faut-il pas rabattre de nos prétentions ! La réalité est pour nous insaisissable. — Il y a ici de formidables inconnues — écartons-les pour bien asseoir la théorie. — Soit, mais alors ma confiance est ébranlée en cette histoire naturelle qui répudie la nature et donne à des vues idéales le pas sur la réalité des faits... Je fais le tour du transformisme, et ce qui m'est affirmé majestueuse coupole d'un monument capable de défier les âges, ne m'apparaissant que vessie, irrévérencieux, j'y plonge mon épingle [1]. »

Pourquoi M. Fabre a-t-il cru nécessaire de faire cette « piqûre au transformisme », comme il dit en tête d'un de ses chapitres [2] ? Il ne nous le dissimule pas. D'après certaines théories transformistes, le parasitisme aurait eu pour cause la paresse de certaines mères qui auraient mis leur progéniture dans des conditions favorables à sa prospérité au lieu de s'astreindre à la soigner elles-mêmes. « Tenez, écrit M. Fabre, je n'aime pas cette paresse favorable, dit-on, à la prospérité de l'animal. J'avais toujours cru et je m'obstine à croire, que l'activité seule fortifie le présent et assure l'avenir aussi bien de l'animal que de l'homme, agir c'est vivre ; travailler, c'est progresser. L'énergie d'une race se mesure à la somme de son action. Non, je n'aime pas du tout cette paresse scientifiquement préconisée. Nous avons bien assez comme cela de brutalités zoologiques : l'Homme, fils du Macaque ; le devoir, préjugé d'imbéciles ; la conscience, leurre de naïfs ; le génie, névrose ; l'amour de la patrie, chauvinisme ; l'âme, résultante d'énergies cellulaires ; Dieu, mythe puéril. Entonnons le chant de guerre, et dégainons le scalp ; nous ne sommes ici que pour nous entredévorer ; l'idéal est le coffre à dollars du marchand de porc salé de Chicago ! Assez, bien assez comme cela ! Que le transformisme ne vienne pas maintenant battre en brèche la sainte loi du travail. Je ne le rendrai pas responsable de nos ruines morales ; il n'a pas l'épaule assez robuste pour un pareil effondrement ; mais enfin, il y a contribué de son mieux [3]. »

Ah ! s'il devait en être nécessairement ainsi, comme M. Fabre aurait raison de s'indigner ! Mais comment penser avec lui que des hommes tels que Huxley, Herbert Spencer, Albert Gaudry, le marquis de Saporta et tant d'autres qui se font honneur d'être transformistes, courent de gaîté de cœur au devant de telles catastrophes morales ? Parce que des esprits passionnés et aventureux ont demandé à certaines formes de la doctrine de l'évolution des arguments favorables à des systèmes philosophiques dont on peut redouter les conséquences, il ne faudrait pas condamner

1. *Souvenirs entomologiques*, 3ᵉ série, 1886, p. 311.
2. *Ibid.*, p. 309.
3. *Ibid.*, p. 91.

en bloc la plus grande tentative qui ait été faite pour ramener les sciences biologiques à la méthode des sciences physiques. Il est facile de montrer — et j'ai essayé de le faire dans mon livre *Les Colonies animales et la formation des organismes* — que le succès dans la lutte pour la vie n'est pas dû seulement à l'emploi de la force brutale ou d'une ruse de mauvais aloi : l'association, l'assistance mutuelle, la division du travail, dont l'influence a été si bien mise en lumière par M. H. Milne-Edwards, la solidarité qui en résulte, ont joué dans le perfectionnement des organismes un rôle prépondérant. De telle sorte que loin d'être une cause de désorganisation sociale, le transformisme, compris d'une certaine façon, est, au contraire, une splendide apologie de l'organisation morale de nos sociétés.

La question de l'origine des espèces et de la possibilité d'une modification graduelle et indéfinie des formes vivantes demeure donc une pure question scientifique. Il est manifeste que l'hypothèse non démontrée de la fixité des espèces ne contient en elle aucune explication rationnelle ni du mode de succession des formes vivantes à la surface du globe, ni des rapports morphologiques que ces formes présentent entre elles. Dire que les choses sont ce que nous les voyons parce qu'elles ont toujours été ainsi, ce n'est pas seulement se payer de mots, c'est énoncer une erreur flagrante, car le monde silurien n'avait rien de bien semblable au nôtre. Les choses ont donc changé, et ce qui préoccupe les philosophes et les hommes de science quelque peu entachés de philosophie, c'est justement de savoir par quel procédé elles ont changé ; c'est de savoir, si quand tout change d'une manière continue dans le monde inorganique, en raison des forces qu'il contient, les êtres vivants au contraire ne se modifient qu'en raison de l'intervention intermittente de forces extérieures qu'il ne nous sera jamais donné de connaître. Les transformistes optent pour la continuité, et quand on leur reproche d'accumuler les hypothèses, ils demandent non sans raison si les mots *fixité des espèces*, *fixité des instincts*, *causes finales*, *créations successives*, etc., expriment autre chose que des hypothèses faisant partie intégrante d'un système philosophique aussi fragile, au demeurant, que les autres ; et si croire que dans le domaine de la biologie l'Homme est incapable de remonter aux causes, n'est pas ajouter une énorme hypothèse — et celle-là désespérante — à toutes les autres ?

Aussi, tandis qu'évoluent les idées que nous venons de résumer, les idées contraires font également leur chemin. Condillac rapproche l'instinct de l'habitude. Réaumur, Leibnitz, Voltaire, croient à l'intelligence des animaux. Erasme Darwin s'efforce, à la fin du xviiie siècle, de démontrer l'identité fondamentale des phénomènes psychiques chez tous les êtres vivants. Lamarck, dans sa *Philosophie zoologique,* aussi bien que dans l'introduction de son *Histoire naturelle des animaux sans vertèbres,* suit en quelque sorte l'évolution mentale, depuis les animaux les plus simples jusqu'à l'homme. Les animaux sont *apathiques, sensibles* ou *sensibles et intelligents;* les facultés animales, de quelque éminence qu'elles soient, sont d'ailleurs pour Lamarck « des phénomènes purement physiques; ces phénomènes sont les résultats des fonctions qu'exécutent les organes ou les appareils d'organes qui peuvent les produire; il n'y a rien de métaphysique, rien qui soit étranger à la matière dans chacun d'eux; il ne s'agit à leur égard, que de la relation entre différentes parties du corps animal et entre différentes substances qui se meuvent, agissent, réagissent et acquièrent alors le pouvoir de produire les phénomènes observés [1]. » A cela s'ajoute chez l'Homme « ce qu'il peut tenir d'une source supérieure »; mais Lamarck ne dit pas en quoi consiste ce qui vient de cette source; il ne considère dans l'Homme que ce qu'il doit à la Nature, et ce n'est pas, selon lui, peu de chose. L'illustre prédécesseur de Darwin est donc un disciple très atténué de Buffon; il est disposé à faire aux animaux un peu plus d'honneur que ne le fait son prédécesseur; il les voit moins loin de l'Homme, mais l'Homme est encore un être à part, ayant son origine propre, qui peut être, au moins au point de vue mental, différente de celle des animaux.

Lamarck ne prononce pas le mot d'instinct dans cette introduction; le grand problème de la psychologie animale est cependant le problème de l'instinct.

La liste serait longue des philosophes et des naturalistes qui s'efforcent de soulever quelque coin du voile qui nous cache l'essence de cette mystérieuse faculté. Les uns tels que Wallace, cherchent à démontrer qu'il existe chez l'Homme des instincts comme chez les animaux; d'autres étudient chez les animaux les manifestations psychiques qui se rapprochent le plus de celles de l'Homme et nous devons à ce genre d'investigations un beau livre

---

1. *Histoire naturelle des animaux sans vertèbres,* 2e édition, tome Ier, p. 213.

de M. Espinas sur les Sociétés animales. Herbert Spencer peut être considéré comme le chef d'une école philosophique, qui veut éclairer par la psychologie des animaux celle de l'Homme, et fonder ainsi la psychologie comparée ou mieux la psychologie générale. Une autre école porte à la psychologie l'appui de la médecine, et une sorte de *psychologie expérimentale* se constitue grâce aux efforts persévérants de M. Charcot et de ses émules. A ces deux écoles, se rattache, comme membre très indépendant du reste, l'éminent directeur de la *Revue philosophique*, M. Th. Ribot ; enfin une société riche d'avenir, la *Société de psychologie physiologique* travaille, en France, à jeter les bases de la science nouvelle. Le problème que certains partisans de la fixité des espèces considèrent si allègrement comme résolu, soulève donc ailleurs tout un mouvement : les observateurs et les penseurs de tous les pays réunissent leurs efforts et ramassent leurs forces pour tâcher de le mettre en équation d'abord, comme dirait M. Fabre, et chercher ensuite à discuter l'équation. Wallace et Darwin introduisent l'idée de la sélection naturelle dans l'explication des instincts. Ils continuent à considérer les facultés instinctives comme distinctes des facultés intellectuelles. « M. Herbert Spencer, dit Darwin [1], soutient que les premières lueurs de l'intelligence se sont développées par la multiplication et la coordination d'actions réflexes ; or, bien que la plupart des instincts les plus simples se confondent avec les actions réflexes, au point qu'il est presque impossible de les distinguer les uns des autres, la succion, par exemple, chez les jeunes animaux, les instincts plus complexes *paraissent s'être formés cependant, indépendamment de l'intelligence.* Je suis, toutefois, très éloigné de vouloir nier, que des actions instinctives puissent perdre leur caractère fixe et naturel, et être remplacés par d'autres accomplies par la libre volonté. D'autre part, certains actes d'intelligence — tels, par exemple, que celui des oiseaux des îles de l'Océan qui apprennent à éviter l'Homme — peuvent, après avoir été pratiqués pendant plusieurs générations, se transformer en instincts héréditaires. On peut dire alors que ces actes ont un caractère d'infériorité, car ce n'est plus la raison ou l'expérience qui les fait accomplir. Mais la plupart des instincts plus complexes paraissent avoir été acquis d'une manière toute différente, par la sélection naturelle des variations d'actes instinctifs plus

1. *Descendance de l'Homme*, traduction française, 2ᵉ édit., p. 69.

simples. Ces variations paraissent résulter des mêmes causes inconnues qui, occasionnant de légères variations ou des différences
individuelles sur les autres parties du corps, agissent de même
sur l'organisation cérébrale, et déterminent des changements que,
dans notre ignorance, nous considérons comme spontanés. Je ne
crois pas que nous puissions arriver à une autre conclusion sur
l'origine des instincts les plus complexes, lorsque nous songeons à
ceux des Fourmis ou des ouvrières stériles, instincts d'autant plus
remarquables que les individus qui les possèdent ne laissent point
de descendants pour hériter des effets de l'expérience et des habitudes modifiées. »

Dans cette voie s'engage aussi, en l'élargissant, un naturaliste
illustre, qui a conservé, jusqu'à la fin de sa longue vie, une hauteur de vues et une souplesse d'esprit merveilleuses, M. Henri
Milne-Edwards. Les pages qu'il a consacrées aux fonctions mentales, dans ses *Leçons sur la physiologie et l'anatomie comparée de
l'homme et des animaux*, ont été publiées quand il avait déjà dépassé
quatre-vingts ans ; elles sont, non seulement en avance sur tout
ce qui avait été écrit auparavant, mais aujourd'hui, même après
sept ans écoulés, après l'effort considérable de ces dernières
années, elles demeurent éminemment suggestives et constituent
la base la plus solide pour les progrès ultérieurs.

Henri Milne-Edwards établit d'abord que la psychologie est une
branche de la physiologie ; il distingue les impressions simples de
celles qui sont perçues par le *moi*, la *conscience*, l'*âme*; il prend
soin de faire observer qu'il n'emploie pas ce dernier mot pour
désigner « le principe immatériel et immortel, que presque tous
les hommes *croient instinctivement* exister en eux, mais pour exprimer l'ensemble des facultés intellectuelles et morales [1]. » Le
siège de la perception consciente est dans le cerveau chez l'Homme
et les Mammifères, mais il peut déjà s'étendre à la moëlle épinière
chez les Oiseaux, à l'ensemble des centres nerveux chez les animaux moins parfaits et se diffuser dans le corps tout entier chez
ceux dont le système nerveux n'est pas condensé en nerfs et ganglions comme l'Hydre d'eau douce ; tous ces êtres présentent au
moins des rudiments de facultés mentales. Aucune des principales
de ces facultés n'appartient uniquement à l'espèce humaine ; leur

____

1. H. Milne-Edwards, *Leçons sur la physiologie et l'anatomie comparée des
animaux*, t. XIII, p. 366.

intelligence est de même nature que la nôtre et M. Milne-Edwards ajoute même [1] : « la science ne montre pas entre les opérations de l'entendement chez l'Homme et chez certaines bêtes de différences assez radicales pour me permettre d'affirmer, que l'âme de ces dernières est d'une nature différente de celle de l'âme humaine. »

Chez l'Homme, comme chez les animaux aux facultés intellectuelles, aux facultés de l'entendement, dont les opérations s'accompagnent de conscience, viennent s'ajouter les facultés instinctives dont les opérations sont inconscientes. M. Edwards définit l'*instinct* « une disposition mentale qui rend divers animaux aptes à accomplir certains actes sans avoir appris à les faire, sans que l'entendement puisse les guider dans les opérations, sans qu'ils en aient les données indispensables [2]. » Après avoir cité de nombreuses preuves de l'existence d'une intelligence relativement développée chez les Singes, les Chiens, le Loup, le Renard, l'Éléphant, les Ruminants, les Rongeurs, les Oiseaux, les Abeilles, M. H. Milne-Edwards va chercher les premiers rudiments de ces facultés chez des êtres aussi inférieurs que les Bryozoaires ; il montre les Huitres susceptibles d'une certaine éducation ; presque tous les animaux sollicités par le sentiment du besoin, le désir de se mouvoir, la curiosité, et arrivant par la répétition fréquente d'actes, même compliqués, à accomplir ces actes avec une telle facilité, une telle promptitude, qu'ils les exécutent presque instantanément sous l'action du stimulant qui les provoque d'ordinaire et sans que l'esprit en ait conscience. Ainsi, par l'*habitude,* des actes primitivement intentionnels se transforment en actes automatiques. Cette transformation est plus ou moins facile suivant les individus. Dans quelques cas elle est si facile que l'individu semble posséder des *aptitudes innées* que rien ne distingue des *aptitudes acquises* par un travail plus ou moins prolongé. Les unes et les autres peuvent être transmises par l'hérédité, et M. Milne-Edwards partage avec Darwin l'opinion que « dans beaucoup de cas les instincts réputés primordiaux et inhérents à la nature spécifique de l'animal sont en réalité des propriétés acquises par l'effet de l'habitude, transmises héréditairement et enracinées ainsi que développées par le fait de la répétition [3] » ; que d'ailleurs elles peuvent naître aussi de l'imitation, ou même avoir pour origine de simples *tics,* n'ayant

1. *Leçons sur la physiologie et l'anatomie comparée,* t. XIII, p. 428.
2. *Ibid.,* p. 429.
3. *Ibid.,* p. 461.

jamais eu aucune utilité [1]. Il admet encore que ces propriétés sont fixées par la sélection naturelle. Cependant toutes les facultés de cet ordre ne semblent pas avoir été acquises de cette façon. M. Milne - Edwards trouve notamment l'explication insuffisante pour la plupart des instincts des Insectes. Ces animaux destinés à ne jamais connaître leur progéniture ne peuvent avoir acquis par l'entendement des habitudes si merveilleusement adaptées à un but dont on ne voit pas comment ils auraient conscience. « Tout cela, dit-il en terminant, est pour nous mystère, et à cet égard il est plus sage d'avouer notre ignorance que de la dissimuler en nous payant de mots ». Ce sont les faits découverts par M. Fabre qui poussent M. Henri Milne-Edwards à se réserver ainsi. Toutefois il ne faudrait pas voir là un aveu définitif d'impuissance, tel que ceux dont se glorifie le patient observateur d'Avignon. L'illustre professeur du Muséum ne croit pas d'abord à la fixité des instincts : « Des faits que nous venons de passer en revue, dit-il, il faut conclure que la différence entre les actes rationnels et les actes instinctifs n'est ni aussi grande ni aussi nettement caractérisée qu'on le suppose communément. L'instinct, c'est-à-dire l'impulsion mentale qui, sans l'intervention de l'entendement et sans prévision du résultat qui sera obtenu, détermine, combine et règle cette action comme si ses effets étaient prévus, peut être inné ou acquis par l'individu qui le possède, il peut même être transmis de cet individu à ses descendants comme une sorte d'habitude invétérée devenue héréditaire.

» Il me paraît également démontré que l'instinct n'a pas la fixité absolue qu'on lui suppose communément ; que tout en conservant ses caractères essentiels, il est susceptible de subir des changements considérables suivant les conditions biologiques dans lesquelles se trouvent les individus dont il dirige généralement les actes, et que les variations introduites de la sorte peuvent, en se transmettant héréditairement, imprimer à ce mobile mental des caractères accessoires, permanents qu'il n'avait pas dans le principe. Or, ces modifications sont d'ordinaire avantageuses pour les êtres animés qui les présentent, et par conséquent l'instinct est perfectible ». M. Henri Milne-Edwards donne comme un exemple de perfectibilité [2] de l'instinct les diverses modifications qu'ont dû

1. *Leçons sur la physiologie et l'anatomie comparée*, p. 466.
2. *Ibid.*, p. 478.

subir l'instinct de l'Hirondelle de fenêtre et celui de l'Hirondelle de cheminée avec les modifications de notre architecture, et il conclut en disant : « Il est également à noter qu'un instinct fort semblable à celui qui existait probablement chez toutes ces Hirondelles à l'époque préhistorique, se retrouve aussi chez une troisième représentante du même type générique, notre Hirondelle de rivage, qui établit son nid dans les trous pratiqués dans les flancs des berges escarpées. Or, cet oiseau est fort ancien, car ses ossements ont été trouvés à l'état fossile, tandis que nous n'avons aucune preuve de l'existence des autres espèces de la même famille dans ces temps reculés. Peut-on en conclure que l'Hirondelle de rivage de l'époque préhistorique est l'ancêtre commune des trois espèces ou races actuelles, et dont la conformation, ainsi que l'instinct architectural se seraient modifiés avec le temps? Cela ne me paraît pas improbable, mais, dans l'état actuel de nos connaissances, on ne peut former à ce sujet que des conjectures très vagues [1] ». Ces lignes datent de 1879. Elles marquent entre les idées de M. H. Milne-Edwards et celles de M. H. Fabre une différence profonde. L'habile observateur des Insectes croit à la fixité de tout ; le naturaliste profond qui fut en France le maître incontesté de la génération actuelle de zoologistes admet non seulement la variabilité des instincts, mais, dans une certaine mesure, celle des espèces. Du moment que l'instinct est perfectible, la voie demeure ouverte aux explications ; les modifications sont déterminées sous l'action de circonstances biologiques nouvelles ; celles qui constituent des perfectionnements sont ensuite fixées par la sélection naturelle. Mais quelles causes ont pu amener les modifications des instincts.

En 1881, en rédigeant, pour la classe de philosophie des lycées, un précis d'*Anatomie et Physiologie animales,* je fus amené à traiter la question de l'intelligence et de l'instinct. Je m'efforçai de suivre dans ce travail la trace si lumineusement indiquée par M. Henri Milne-Edwards. Il me parut cependant qu'il y avait lieu d'insister davantage sur les rapports de l'intelligence et de l'instinct. Je montrai d'abord [2] qu'il est bien plus souvent qu'on ne pense, difficile de distinguer l'intelligence de l'instinct ; j'insistai sur les cas incontestés de modifications des instincts [3] et je fis

1. *Leçons sur la physiologie et l'anatomie comparée,* p. 481.
2. Page 294.
3. Page 295.

remarquer, ce que je considérais comme fort important, que l'instinct et l'intelligence ne fonctionnent pas séparément comme on le croit d'ordinaire. « Dans les cas simples, comme dans les cas compliqués, nous voyons donc, disais-je, *l'intelligence intervenir sans cesse pour modifier l'instinct,* et le modifier tantôt d'une manière durable, persistante, héréditaire, comme dans le cas du Loriot et du Cassique, tantôt d'une manière accidentelle et temporaire, comme dans les expériences de M. Forel [1]. » Enfin, après avoir rappelé les ressemblances bien connues entre l'instinct et les aptitudes acquises par l'habitude unie à la réflexion, et cité un certain nombre de cas où des phénomènes vraiment intellectuels étaient demeurés totalement inconscients, j'ajoutais : « L'absence de conscience, soit des images qui sont dans le *sensorium*, soit des actes effectués, soit du but vers lequel ils tendent, ne peut servir à séparer l'instinct de l'intelligence ; l'hérédité bien constatée de facultés ou de dispositions purement intellectuelles montre que la transmission de la science instinctive d'un animal à sa descendance n'établit pas non plus une barrière entre l'intelligence et l'instinct, et nous sommes, par conséquent, amenés à les considérer comme deux formes extrêmes de l'activité psychique, reliées entre elles par une foule d'intermédiaires.

« Sous sa forme typique, l'instinct résulte d'une série d'opérations mentales qui se produisent sans que l'animal en ait aucunement conscience, qu'il ne peut ni provoquer ni empêcher, qui le poussent à des actions dont il n'aperçoit pas le but, et qui se répètent spontanément de génération en génération sans modification sensible. Tant que la conscience demeure rudimentaire, tant que l'animal ne se voit pas, ne se sent pas agir, tant qu'il ne perçoit que vaguement les rapports qu'il présente avec le monde extérieur ou qu'il ne perçoit que les plus immédiats d'entre eux, tant que lui échappe le but à atteindre, il n'y a aucune raison pour que l'instinct se modifie ; les opérations intellectuelles conscientes sont trop peu nombreuses pour effacer les opérations inconscientes qui se sont faites comme d'elles-mêmes durant une longue série de générations. L'activité psychique de l'animal n'a rien de personnel ; elle se transmet, sans changer de forme, de génération en génération : l'instinct est donc au plus haut point héréditaire, et se modifie si lentement, qu'il nous paraît immuable. Mais, dès

1. Page 298.

que la conscience se développe, l'intelligence proprement dite apparaît ; elle croît en même temps que la conscience ; une activité psychique personnelle se combine à tous les degrés à l'activité héréditaire ; l'intelligence se superpose à l'instinct, le modifie, le transforme de mille manières ; le canevas primitif se couvre de broderies, d'autant plus variées que le nombre des rapports dont l'animal a clairement conscience, devient plus considérable. Enfin le fonds héréditaire se trouve finalement masqué par les combinaisons psychiques personnelles qui deviennent de plus en plus nombreuses ; la mobilité et la variété de ces combinaisons marquent, pour ainsi dire, le degré de l'intelligence ; il semble, comme le pensaient Frédéric Cuvier et Flourens, que plus l'intelligence augmente, plus l'instinct diminue, et qu'il y ait un rapport inverse entre ces deux facultés.

« En même temps que l'intelligence s'accroît, les conditions de l'hérédité sont profondément modifiées : ce n'est plus l'aptitude inconsciente à former une combinaison d'actes déterminés qui est transmise, c'est l'aptitude à agir différemment suivant les circonstances, et il devient d'autant plus difficile de définir le côté héréditaire de l'intelligence, que plus elle s'accroît, plus sont nombreuses et variées les combinaisons possibles à chaque individu.

» C'est à ce point de vue de l'identité fondamentale de l'instinct et de l'intelligence, de la possibilité de leur alliance a tous les degrés, qu'il faut se placer lorsqu'on veut apprécier les faits si étonnants que présente l'histoire des animaux sociaux[1]. »

Cette histoire, comme celle de beaucoup d'autres animaux doués d'instincts d'une grande perfection, permet de constater une gradation remarquable des instincts chez les animaux d'un même groupe zoologique. Dans les limites d'une famille, parfois même d'un genre, on trouve souvent tous les passages entre les formes les plus simples et les formes les plus élevées d'instincts d'une nature déterminée. Cela s'explique facilement si l'on admet que les instincts se sont développés peu à peu, et que les plus étonnants ne sont parvenus que par degrés à leur actuelle perfection. En tenant compte de ces données, on voit que non seulement les instincts sont perfectibles, mais que nous avons encore entre les mains des moyens de reconstituer, dans une certaine mesure,

____

1. Page 201.

l'histoire de leur perfectionnement graduel, et l'on arrive « à cette conclusion que, dans tous les animaux, les manifestations mentales, des plus humbles aux plus élevées, sont toutes de même nature. *Elles sont d'abord inconscientes, limitées aux actions et aux réactions les plus immédiates de l'organisme et du milieu dans lequel il vit. Chaque animal vivant dans des conditions déterminées, les actions et les réactions sont toujours à peu près les mêmes pour une même espèce, provoquent les mêmes obscures opérations intellectuelles. Ces opérations toujours répétées s'incrustent en quelque sorte dans le sensorium de l'animal, arrivent à faire partie de lui-même ; l'aptitude à les reproduire en dehors de toute conscience, se transmet héréditairement* : nous sommes alors en présence des *instincts* proprement dits, des *instincts innés,* immuables. A cet état rudimentaire, succède une notion plus claire des rapports de l'organisme et du milieu : la conscience se dégage ; le but prochain des actes accomplis d'abord instinctivement apparaît ; dès lors les actes purement instinctifs sont susceptibles d'être légèrement modifiés et perfectionnés : et, *si les causes qui ont amené ces modifications sont persistantes, les modifications d'abord intelligentes, sortent de la conscience pour redevenir instinctives ;* l'instinct se modifie, mais il domine l'intelligence. Peu à peu, cependant, la conscience devient plus étendue, les idées plus claires, les rapports compris plus nombreux, l'intelligence se distingue nettement. Elle se mélange d'abord, à tous les degrés, à l'instinct ; enfin arrive le moment où elle masque à peu près complètement les instincts innés, où ce qu'ils ont de fixe disparaît sous le flot changeant de ses incessantes innovations, où ce qui se fixe par hérédité, ce n'est plus l'aptitude à concevoir presqu'inconsciemment tel ou tel rapport, c'est l'aptitude à rechercher et à découvrir des rapports nouveaux jusqu'à ce qu'enfin se montre le merveilleux épanouissement de la raison humaine[1]. »

En d'autres termes, cette théorie prend pour point de départ les réflexes ; elle admet la constitution, grâce à ces phénomènes inconscients, d'une première catégorie d'instincts ; à la suite du développement de la conscience, l'intelligence intervient pour modifier ces instincts ; mais son rôle est momentané ; l'instinct modifié par elle se transmet intégralement par hérédité et peut s'exercer désormais, sans que son intervention soit nécessaire ; enfin, la conscience se développant et avec elle la mémoire, l'in-

1. Edmond Perrier, *Anatomie et physiologie animales,* 1re édit., 1882, p. 216.

telligence, d'abord dominée par l'instinct, reprend le dessus et le masque d'une manière plus ou moins complète.

Nous considérons avec Herbert Spencer les réflexes comme le point de départ de toute évolution mentale ; nous admettons, comme lui, qu'ils peuvent donner directement naissance à une première catégorie d'instincts ; nous admettons encore que par l'addition d'un rudiment de conscience les actes instinctifs deviennent intelligents, c'est grâce à cela que l'instinct peut être modifié ; mais nous différons du philosophe anglais en ce qu'il n'admet pas le retour à l'inconscience des modifications d'abord intelligentes de l'instinct ; en ce qu'il n'admet pas qu'aucun instinct ait dû être nécessairement intelligent à un moment donné. Lewes exagère en sens inverse, comme le dit M. Romanes, lorsqu'il pense que tous les instincts ont dû être d'abord intelligents ; il y a certainement, on l'a vu, une première catégorie d'instincts nés directement des réflexes. Darwin et H. Milne-Edwards attribuent les modifications de l'instinct à des variations spontanées, inconscientes, fixées par la sélection naturelle ; ils ne paraissent pas attacher une grande importance à l'action modificatrice de l'intelligence. Sans repousser, tant s'en faut, l'action de la sélection naturelle, même dans le cas des modifications intellectuelles, ce sont ces dernières que nous considérons comme les plus importantes.

La première édition anglaise du présent livre de Romanes, l'*Intelligence animale*, a paru dans le courant de 1882. L'auteur y résume l'enquête la plus approfondie et la plus habilement dirigée qui ait jamais été faite sur les facultés mentales des animaux. De cette enquête, M. Romanes a tiré des conclusions qu'il a formulées dans son nouvel ouvrage paru en 1884, et aussitôt traduit en français, l'*Évolution mentale chez les animaux* ; un troisième volume consacré à l'*Évolution mentale de l'homme*. Dans son ouvrage relatif à l'évolution mentale des animaux, M. Romanes développe avec force cette idée que depuis les formes animales les plus simples jusqu'à l'homme, la chaîne des manifestations mentales, quoique très ramifiée, est continue ; il étudie les animaux pour essayer de retrouver et de décrire tous les anneaux de cette chaîne, pour tâcher de montrer dans quel ordre ils se disposent et comment ils s'attachent les uns aux autres. Si les animaux n'étaient doués que d'intelligence, il suffirait, pour établir l'étroite parenté de leurs manifestations mentales avec les nôtres, de mettre en évidence chez eux toutes les facultés élémentaires que les psychologues ont découvertes en nous. C'est ce que M. Romanes fait avec un luxe merveilleux de preuves admirablement choisies, et dont un grand nombre sont dues à son observation personnelle. Mais l'instinct vient embrouiller toute la question. Qui n'explique pas l'instinct, laisse de côté la plus importante, la plus étrange des manifestations mentales des animaux, et, comme le dit excellemment M. Fabre, toute la doctrine transformiste se trouve par cela même menacée. On comprend donc que la question de l'instinct ait particulièrement préoccupé, M. Romanes, disciple et ami de Darwin. Sa théorie de l'instinct est condensée dans les huit propositions suivantes [1] :

1° Il y a deux catégories d'instincts : les *instincts primaires,* nés par sélection naturelle ; les *instincts secondaires* qui ont une origine intellectuelle ;

2° Les instincts primaires résultent d'habitudes non intelligentes, dépourvues d'adaptation ;

3° Ces habitudes sont transmises par l'hérédité ;

4° Elles sont variables ;

5° Leurs variations sont transmises par hérédité ;

6° Ces variations se fixent et se développent par voie de sélection naturelle, dans un sens favorable et utile ;

7° Les instincts secondaires résultent d'adaptations intelligentes, fréquemment répétées par l'individu et qui deviennent automatiques soit au point de ne plus nécessiter du tout la pensée consciente, soit au point de ne plus nécessiter, en temps qu'habitudes adaptées et conscientes, le même degré d'effort conscient que précédemment ;

8° Ces actes automatiques et ces habitudes conscientes peuvent se transmettre par voie d'hérédité.

En comparant ces propositions dont nous avons respecté le texte avec celles qui résument notre propre théorie, il est facile de voir qu'elles se correspondent exactement. Sans aucun doute, en écrivant son livre sur l'*Évolution mentale des animaux,* M. Romanes ne connaissait pas le modeste chapitre que dans un livre d'enseignement élémentaire nous avions, trois ans auparavant, consacré à l'étude des rapports de l'intelligence et de l'instinct ; nous avons eu le bonheur cependant de nous trouver sur la route qu'il a si

____

1. *L'Évolution mentale chez les animaux,* traduction française, 1re édition, pages 174 et 176.

brillamment parcourue, et une pareille rencontre ne saurait être fortuite : elle résulte de la force des choses : les fait interprétés sans idée préconçue ne sauraient conduire à des résultats très différents deux chercheurs indépendants, uniquement préoccupés de connaitre la vérité. C'est une grande joie pour deux hommes de science que de se rencontrer ainsi ; chacun d'eux fait la preuve de la droiture de l'autre.

La définition que donne M. Romanes des *instincts primaires* est exactement celle que nous avons donnée de ce que nous avons appelé les *instincts proprement dits* ou *instincts innés*. Nous n'avons pas donné de nom aux instincts sur lesquels l'intelligence a travaillé et qu'il appelle *instincts secondaires*. Le continuateur de Darwin attribue plus d'importance que nous ne l'avons fait au développement des instincts primaires par variation spontanée et sélection naturelle. C'est là entre lui et nous toute la différence ; il est possible qu'il ait raison, mais c'est là une question de mesure qu'il est difficile de trancher dans l'état actuel de nos connaissances.

« *L'intelligence modifie l'instinct et cela fait s'efface*, l'instinct modifié continuant à se transmettre par hérédité et à diriger les actes des animaux à la façon des instincts primaires. » C'est là, en somme, la proposition importante qui vient s'ajouter aujourd'hui aux idées que l'on se faisait antérieurement du développement des instincts. Après les notions que la médecine moderne a acquises sur les phénomènes intellectuels inconscients, cette proposition établie du reste sur un grand nombre de preuves, n'a plus rien qui puisse étonner les psychologues : les récentes recherches sur l'hypnotisme ont montré avec quelle facilité pouvait disparaître la conscience des opérations intellectuelles les plus compliquées ; ce sont là des phénomènes dont l'essence nous échappe ; mais devant lesquels il faut s'incliner. De telles données ne peuvent être négligées. Elles sont de première importance pour l'explication des instincts, car elles permettent d'établir un lien entre deux ordres de phénomènes qui avaient paru bien longtemps si étrangers l'un à l'autre, qu'ils semblaient n'exister que pour se suppléer mutuellement.

Cependant, même ainsi perfectionnée la théorie de l'instinct présente encore de grosses difficultés devant lesquelles M. Romanes hésite, mais qu'il nous paraît s'exagérer un peu. Ce sont justement celles qu'a soulevées M. Fabre et qui sont relatives à l'instinct des Insectes. Actuellement chez les Hyménoptères solitaires si bien étudiés par le naturaliste d'Avignon, il n'y a souvent aucun contact entre les larves et les adultes. Comment les femelles de ces singuliers animaux sont-elles amenées à s'occuper de larves qu'elles ne connaîtront jamais ? Qui leur a appris à creuser les terriers qu'habitent ces larves ? Comment peuvent-elles savoir où se trouve la proie qu'elles leurs préparent ? Comment parviennent-elles à s'en emparer ? Comment se sont-elles rendu compte de la nécessité de la paralyser sans la tuer ? Et cet instinct une fois acquis, comment une Scolie l'a-t-elle perfectionné au point de paralyser d'un coup d'aiguillon unique les larves de Lamellicornes, sur chacune desquelles elle dépose un œuf, et qui devront être la nourriture exclusive de la larve née de cet œuf ? Comment un Sphège est-il arrivé à savoir paralyser une chenille en piquant successivement de son aiguillon tous les ganglions de sa chaîne ventrale ?

Les autres Insectes présentent un grand nombre de traits de mœurs pour le moins aussi étranges que ceux dont les Hyménoptères solitaires nous rendent témoins. Tout cela paraît surnaturel : tout cela est, de fait, inexplicable si les Insectes ont toujours été isolés de leurs larves comme ils le sont aujourd'hui ; pas plus la sélection naturelle que l'intervention de l'intelligence ne sauraient rendre compte du développement de pareils instincts, *dans de telles conditions,* et M. Fabre a grandement raison de s'écrier qu'il ne comprend pas.

Mais on ne peut songer à expliquer de tels phénomènes si l'on est décidé à ne tenir compte que de ce qu'on peut observer dans la nature actuelle. Le naturaliste qui procéderait ainsi serait dans la situation d'un météorologiste qui tenterait d'expliquer les mouvements atmosphériques en étudiant uniquement les données fournies par les instruments de son observatoire.

Chercher une explication des instincts quelque peu élevés, c'est en admettre le perfectionnement graduel et c'est essayer de déterminer leur point de départ et les stades successifs de leur évolution. C'est, comme M. Fabre l'a peut-être trop bien compris, admettre implicitement le transformisme. On peut repousser absolument cette doctrine. Elle n'est pas encore arrivée, nous nous empressons de le reconnaître, à un tel point de perfection qu'elle puisse satisfaire tous les esprits. Mais, si on l'admet, il faut user délibérément, sous peine de demeurer impuissant, de toutes les ressources explicatives qu'elle fournit. Si donc on veut expliquer les instincts, il faut bien se convaincre — et **M. Romanes** le sait mieux que personne — qu'on se heurtera à des impossibilités tant qu'on négligera de prendre en considération les changements, — climatériques ou autres, — survenus à la surface du globe depuis que les animaux ont commencé à présenter des phénomènes psychiques, tant qu'on n'aura pas présent à l'esprit que les ancêtres des animaux dont nous avons aujourd'hui à expliquer les instincts ne présentaient pas plus les formes extérieures de leurs descendants qu'ils n'en avaient les aptitudes mentales. On dira, sans doute, que les théoriciens se donnent ainsi beau jeu; mais c'est justement l'avantage de leur théorie de mettre à leur disposition des moyens d'explication qui manquent à leurs adversaires. Quant aux autres objections qu'on pourrait leur opposer, elles ne sauraient renverser la doctrine que si elles l'acculaient à des hypothèses manifestement fausses, invraisemblables, ou en formelle contradiction avec ses bases. Tout serait donc sauvé si l'on pouvait démontrer que les instincts des Insectes s'expliquent comme les autres, à la seule condition de tenir compte des circonstances probables dans lesquelles s'est accomplie leur évolution.

Creusons donc davantage la question et cherchons, s'il est possible, à toucher le fond même de la difficulté.

Les Insectes parfaits, nos contemporains, ne connaissent presque jamais leurs descendants, même à l'état de larve : cela est hors de doute. Mais, dans nos pays tempérés, à quoi tient actuellement cette séparation absolue d'une génération d'Insectes et de celle qui la suit? A la rigueur des hivers qui tue tous les parents et ne laisse subsister que les jeunes. Or, y a-t-il eu toujours de pareils hivers? Non. Les hivers rigoureux datent du début de la période tertiaire; auparavant les grands froids n'existaient pas : il n'y avait pas de raison pour que les Insectes ne connussent pas leur progéniture; ils étaient dans les conditions des autres animaux, et leurs instincts pouvaient se développer de la façon ordinaire. La vie des Insectes de la période secondaire devait être adaptée, comme celle des Insectes actuels, aux saisons de cette époque; mais l'allure de ces saisons était toute différente. Supposer que depuis les temps carbonifères, date de l'apparition de ces animaux, les mœurs des ancêtres de nos Insectes ont toujours été ce qu'elles sont aujourd'hui, n'est pas seulement faire une hypothèse gratuite, c'est aller contre les données les plus certaines de la Géologie. Or si la séparation des générations successives d'Insectes ne s'est faite que graduellement, on comprend que ces animaux puissent agir de nos jours comme s'il leur était permis de connaître la génération à laquelle ils donnent naissance. En effet, tous les Insectes dont les instincts avaient acquis, par des modifications d'abord intelligentes, un certain degré de développement avant l'apparition des hivers rigoureux, ont dû les conserver lorsque la mauvaise saison a amené un hiatus entre deux générations consécutives.

Il semble plus difficile d'expliquer comment un Sphége, une Scolie peuvent en être arrivés à paralyser, à coups d'aiguillon dans les ganglions du système nerveux, les proies qu'ils destinent à leur progéniture : c'est là l'instinct que M. Romanes trouve le plus merveilleux, et il renonce presque à découvrir son mode d'évolution. Il est encore évident qu'un pareil instinct serait miraculeux si l'Hyménoptère avait toujours procédé comme il le fait aujourd'hui, s'il avait dû toujours ne fournir à sa progéniture inconnue qu'une seule larve, et la lui fournir, comme il le fait, inerte mais vivante.

Mais le miracle n'existe que si l'on admet : 1° que l'Insecte ancestral n'a jamais assez vécu pour surveiller l'éducation de sa progéniture ; — 2° qu'il ne l'a même jamais connue ; — 3° qu'il n'a jamais pu se rendre compte des effets de sa piqûre en tel ou tel point du corps de sa proie ; — 4° que son intelligence n'est jamais intervenue là où s'arrête son instinct. Ce sont là, il faut bien le dire, de simples hypothèses parfaitement dénuées de fondement, et qu'on n'a pas le droit d'opposer aux hypothèses contraires grâce auxquelles on peut ramener le développement de l'instinct des Scolies et des Sphèges à la formule ordinaire. Il y a plus : les observations de M. Fabre lui-même permettent de se rendre compte de la voie qu'a pu suivre l'instinct de ces animaux pour arriver à sa forme actuelle. Nous avons déjà fait observer que *lorsqu'un animal, appartenant à un groupe donné présente un instinct exceptionnellement compliqué, un instinct analogue existe à un état plus ou moins rudimentaire chez la plupart des animaux du même groupe.* Par exemple, tous les Rongeurs voisins du Castor se creusent une habitation ; la Courtilière fouit comme la Taupe, elle est voisine du Grillon qui se borne à se creuser un terrier ; certaines larves de Fourmilions sont simplement fouisseuses tandis que d'autres se creusent savamment un entonnoir ; tous les Coucous, tous les *Molothrus* ne sont pas parasites. On pourrait allonger indéfiniment la liste de ces faits qui semblent témoigner en faveur du développement graduel des instincts chez des animaux parents.

Or, toutes les gradations possibles se trouvent dans les instincts des Hyménoptères déprédateurs. Le *Polistes gallicus* soigne lui-même ses larves et leur donne la becquée ; il les nourrit de Diptères qu'il mâchonne avant de les leur offrir. Les Guêpes, les Frelons en font autant ; les premières s'attaquent aux *Eristalis,* les seconds aux Abeilles. Les *Bembex* nourrissent aussi leurs petits au jour le jour. mais se bornent à leur apporter des animaux morts, de plus en plus grands, à mesure que l'appétit des larves augmente. L'Eumène pomiforme et l'Odynère approvisionnent leur nid d'un certain nombre de chenilles : cinq pour les œufs mâles ; dix pour les œufs femelles. Ils se bornent à paralyser incomplètement les chenilles, en les frappant de leur aiguillon, à une place encore indéterminée. Les Ammophiles se contentent de n'importe quelle chenille ; l'Ammophile hérissée paralyse sa proie en la frappant d'un coup d'aiguillon à la face ventrale de chaque anneau ; beaucoup d'autres espèces du même genre ne frappent qu'un coup d'aiguillon dans l'un des deux anneaux qui ne porte pas de pattes ; les Sphèges, les Cerceris, les Tachytes ne frappent aussi, en général, qu'un seul coup d'aiguillon dans l'incisure du prothorax et du mésothorax de leur proie ; de même que l'Ammophile hérissée, ils mâchonnent en outre le cerveau ; les Scolies approvisionnent leurs nids de larves de Lamellicornes dont le système nerveux est centralisé en une courte chaîne tout entière contenue dans les anneaux antérieurs ; elles paralysent ces larves d'un seul coup d'aiguillon dans cette chaîne. Les Pompiles s'adressent aux Araignées que, pour une raison analogue, ils peuvent paralyser d'un seul coup d'aiguillon.

Voilà bien évidemment une gradation aussi complète que possible. Imaginez que dans le cours de sa vie, le même animal procède successivement de ces diverses façons, vous n'hésiterez pas à dire qu'il s'est instruit par l'expérience. Or, tout ce que nous savons de l'instinct nous montre que la principale différence entre l'intelligence et lui, c'est que l'éducation, d'où il résulte, porte sur un grand nombre de générations au lieu de porter sur la durée de la vie d'un seul et même individu, et l'on ne voit pas pourquoi ces phases de plus en plus parfaites de l'instinct que l'on observe dans une série d'Hyménoptères au demeurant voisins, ne se seraient pas succédé dans la lignée qui a conduit des Hyménoptères des temps secondaires à nos Sphégiens actuels et à nos Scolies. Remarquons, d'ailleurs, que les Guêpes, les Polistes, les Bembex, les Philanthes, les Cerceris, les Sphèges, les Ammophiles forment une série dans laquelle des caractères secondaires sont seuls modifiés, les caractères fondamentaux demeurant les mêmes : dans laquelle les Ammophiles et les Sphex, dont le corps a une forme si singulière et dont les instincts sont si remarquables, se trouvent reliés par une foule d'intermédiaires aux Guêpes ordinaires dont la forme est commune à tant d'Hyménoptères et les instincts déprédateurs si simples. Il suffit pour faire rentrer la théorie de l'instinct de ces animaux dans la théorie générale d'admettre que leur instinct s'est développé parallèlement à la forme de leurs corps durant la longue période de temps où il n'y avait pas sur la terre d'hiver assez rigoureux pour faire disparaître d'un coup tous les Insectes.

Nous observons la même gradation dans le choix des provisions destinées aux larves, depuis le cas où l'Insecte est à peu près indifférent jusqu'à celui où il s'arrête à une proie d'une espèce déterminée, toujours la même et n'en change jamais. Le *Bembex Julii* apporte d'abord à ses larves à peu près n'importe quels Diptères avoisinant la taille de la Mouche commune ; il s'adresse ensuite à des Diptères plus gros. Les *Bembex oculata* et *larsata* choisissent d'abord une *Sphærophoria scripta* ; puis varient leur gibier ; mais dans les provisions du premier dominent les *Stomoxys calcitrans,* dans celles du second les Bombyles et les Anthrax. Les *Bembex rostrata* et *larsata,* une fois la première proie consommée, se spécialisent absolument et ne fournissent plus à leurs larves que des Taons. La plupart des *Cerceris* capturent n'importe quels Buprestes ou n'importe quels Charançons en rapport avec leur taille ; mais le *Cerceris quadricincta* a déjà une préférence marquée pour l'*Apion gravidum*, et le *Cerceris tuberculata,* devenu tout à fait exclusif, ne recherche, sauf de très rares exceptions, que le *Cleonus ophthalmicus.* Le *Solenius vagus* s'empare de nombreux Diptères appartenant aux genres *Sphærophoria, Sarcophaga, Syrphus, Melanophora, Paragus* ; mais il a une prédilection pour la *Syritta pipiens.* Le *Solenius fuscipennis* est un chasseur d'*Erystalis tenax* et d'*Helophilus pendulus* ; le *Solenius lapidarius* ne chasse que des Araignées. Nous arrivons ainsi peu à peu à des spécialistes absolus comme le *Sphex flavipennis* et les *Tachytus nigra* qui nourrissent leurs larves de Grillons, les *Sphex albisecta* et *afra*, les *Tachytus Panzeri* et *tarsina* qui les nourrissent de Criquets, le *Sphex occitania*, d'Éphippigères ; le *Tachytus manticida*, de Mantes ; le *Tachytus anathema*, de Courtilières. Presque dans chaque famille on trouve des gradations semblables. Les mêmes faits se répètent pour les logements. Les Osmies en sont un exemple frappant. L'*Osmia tridentata* se creuse elle-même un nid dans la Ronce sèche ou l'Hyèble ; la plupart des autres s'épargnent tout travail et s'emparent de nids tout faits. L'*Osmia cyanea* aménage pour sa progéniture les galeries pratiquées par d'autres insectes dans le bois mort, les tunnels que creusent les Collètes dans les talus, les nids abandonnés des Chalicodomes des galets. L'*Osmia Morawitzi* a, tout au moins, une préférence pour ces dernières constructions qu'adopte définitivement l'*Osmia cyanoxantha*. De ces nids, d'autres espèces passent à des coquilles d'escargots : l'*Osmia aurulenta* nidifie dans les coquilles de l'Hélice chagrinée et de l'Hélice des gazons, l'*Osmia rufo-hirta*, dans les coquilles de l'Hélice des gazons et l'Hélice némorale ; l'*Osmia andrenoides* adopte définitivement les coquilles de l'Hélice chagrinée et l'*Osmia versicolor*, celles de l'Hélice némorale, tandis que l'*Osmia viridana*, plus petite, s'établit dans le Bulime radié. Il n'est pas sans intérêt de rapprocher cette gradation de celle qu'a signalée M. Alphonse Milne-Edwards, dans une classe toute différente, la classe des Crustacés, et qui permet de s'élever graduellement des Callianasses et des *Pylocheles*, animaux fouisseurs, aux Pagures ou Bernards-l'Hermite qui se logent dans des coquilles, et dont les instincts se modifient si singulièrement dans les grands fonds de la mer [1]. A un autre point de vue, nous avons fait ressortir l'importance de l'existence de gradations semblables dans les sociétés d'Hyménoptères [2].

L'histoire des Abeilles soulève, en effet, une difficulté nouvelle. Dans leurs communautés, les plus merveilleux instincts sont ceux des ouvrières qui ne se reproduisent pas et tiennent elles-mêmes leurs facultés et leurs caractères spéciaux d'une mère, la reine, qui ne les possède pas. Darwin a essayé de lever cette objection à

---

1. Nous avons eu occasion d'insister sur l'importance théorique des modifications graduelles de l'instinct dans une même famille, au cours de notre ouvrage *Les Explorations sous-marines*, pages 199 et 299.

2. *Anatomie et physiologie animales*, pages 204 et suiv.

la théorie en faisant appel à une série de considérations fort intéressantes. Pour lui, la plupart des instincts résultent d'un mode spécial d'organisation du cerveau accidentellement apparu, sous l'action de causes inconnues, et fixé par une sélection naturelle. Leur explication doit donc être la même que celle de tous les caractères extérieurs qui distinguent les neutres des mâles et des femelles, et qui distinguent entre elles les diverses castes des neutres. Or, on peut appliquer à la conservation de tous les caractères la formule explicative de la sélection naturelle, à la seule condition d'admettre que la sélection a porté non plus sur les individus mais sur les sociétés, dans lesquelles les femelles seraient devenues aptes à pondre des œufs, capables eux-mêmes de former les diverses sortes d'individus associés. On peut faire à cette explication le reproche que comportent toutes celles qui ne font intervenir que la sélection naturelle. Elle nous montre bien comment des caractères acquis peuvent être conservés et exagérés : mais elle nous laisse dans l'ignorance la plus absolue des causes qui ont pu faire apparaitre ces caractères, et il est bien difficile de se déclarer satisfait tant qu'on n'a pas entrevu, pour le moins, quelques-unes de ces causes. Il semble qu'on se rapproche davantage du but à atteindre en appliquant aux Insectes sociaux la méthode d'explication dont nous nous sommes servi à l'égard des instincts des Hyménoptères solitaires. Cette méthode qui a pour elle l'avantage de s'appuyer sur des faits constatés, consiste à comparer entre eux les instincts des Insectes appartenant à un même groupe zoologique, et à rechercher s'il n'est pas possible de former une sorte d'échelle ascendante s'élevant par degrés insensibles depuis les cas les plus simples, ceux qui ne présentent aucune difficulté sérieuse d'explication, jusqu'aux plus compliqués. S'il est possible de dresser une pareille échelle, sans sortir d'un groupe restreint, il y a tout lieu de penser que cette échelle représente les divers degrés par lesquels ont passé les instincts les plus complexes pour arriver à leur forme actuelle, et il n'y a plus qu'à se demander si la cause de perfectionnement, suffisante pour les cas ordinaires, peut s'être exercée dans le cas que l'on considère, si l'intelligence notamment a pu intervenir pour modifier l'instinct et le perfectionner. En ce qui concerne les Insectes sociaux, M. Romanes ne croit pas à la possibilité de l'intervention de l'intelligence dans le perfectionnement des instincts parce que, dit-il, les ouvrières tant chez les Abeilles que

chez les Fourmis sont stériles[1]. Mais cette difficulté n'existe — il
est encore essentiel de le remarquer, — que si l'on admet que les
reines ont toujours été inhabiles à construire des cellules, et que
les neutres, simples femelles avortées, n'ont pu, en conséquence,
tenir de leur mère la base de leur science instinctive. Or notre
échelle des instincts chez les Hyménoptères mellifères nous montre
que tel n'est pas le cas. Que l'on étudie le magnifique ouvrage
consacré par M. Em. Blanchard à l'étude des *Métamorphoses,
mœurs et instincts des Insectes,* on y trouvera toutes les étapes de
cette intéressante série. Les Osmies, les Mégachiles, les Anthc-
copes, les Xylocopes, les Anthophores, les Dasypodes, les An-
drènes, les Collètes sont solitaires et chaque femelle est à la fois
architecte et productrice du miel ; les femelles des Bourdons po-
sent toujours les fondements du nid ; ce n'est que plus tard qu'elles
sont aidées par leurs filles infécondes qui jouent le rôle d'ouvrières, sans cesser, pour cela, de travailler elles-mêmes en certaines circonstances ; chez les Mélipones il paraît probable que plusieurs femelles habitent la même ruche, et ces femelles diffèrent
à peine des ouvrières ; enfin, chez nos Abeilles, la division du
travail et le polymorphisme atteignent le plus haut degré ; la femelle vivant isolée au milieu de son peuple d'ouvrières dont elle se
distingue par de multiples caractères. Les Guêpes nous fourni-
raient une série parallèle quoique s'élevant moins haut et se développant dans un plus grand nombre de directions différentes. Il
n'y a, d'après cela, rien que de très naturel à admettre que, dans
les premières sociétés d'Hyménoptères, toutes les femelles étaient
à la fois pondeuses, nourrices et ouvrières, et que pendant cette
période l'instinct de construction a pu atteindre à un degré assez
élevé. Or pendant toute cette première période, l'intelligence a pu
intervenir de la façon ordinaire pour perfectionner l'instinct que
toutes les femelles ont conservé l'aptitude à transmettre dans son
état définitif. Nous savons, d'autre part, que l'avortement des
organes reproducteurs qui transforme les femelles en ouvrières
est dû simplement aux conditions dans lesquelles s'accomplit le
développement, à la façon dont les larves sont nourries et logées.
Il n'y a rien d'étonnant à ce que la nourriture qui altère si profondément dans un cas les organes reproducteurs, influe dans
l'autre sur les dispositions cérébrales, ou tout au moins ne finisse

1. *L'évolution mentale chez les animaux,* page 267 (note).

par rendre latentes les facultés architecturales quand toute l'activité de l'Insecte se porte vers l'exercice de ses fonctions de pondeuses. Si les reines n'avaient pas à l'état latent, les facultés des ouvrières, la nourriture ne pourrait faire d'une larve destinée à devenir une ouvrière, une reine. Il n'y a donc rien d'étonnant à ce que les reines transmettent des facultés qu'elles ont en puissance et qu'elles se bornent à ne pas exercer. L'application rigoureuse de la méthode générale d'explication des instincts n'est donc pas ici en défaut; et le groupement des faits montre, au contraire, que son application est facile. L'objection de M. Romanes contre l'origine intellectuelle des instincts des Hyménoptères sociaux tombe donc d'elle-même.

Toutes ces gradations dans le développement de l'instinct qui se répètent avec une étonnante régularité dans des familles appartenant aux classes les plus diverses du règne animal ne sont certes pas l'effet d'un pur hasard. S'il y a réellement une parenté entre les animaux qui composent ces familles, elles ne peuvent signifier qu'une chose, c'est que l'instinct ne s'est pas montré d'emblée tel que nous le voyons chez les animaux actuels, c'est qu'il a été soumis à un développement graduel dont la Psychologie comparée permet de reconstituer les phases, comme l'Anatomie et l'Embryogénie comparées permettent de suppléer aux lacunes de la Paléontologie dans l'histoire du développement des formes vivantes. En suivant ces gradations, on est frappé de voir intervenir dans le développement des instincts, comme dans celui des formes animales, cette grande loi de la différenciation graduelle, cette grande loi de la division du travail physiologique dont M. H. Milne-Edwards a fait comme le pivot de ses idées sur le perfectionnement des organismes. A mesure que le temps s'écoule certaines formes vivantes semblent se partager la nature, se cantonner chacune dans un rôle déterminé, qu'elles jouent de mieux en mieux. Cette spécialisation est poussée au maximum dans la classe des Insectes ; elle est en rapport, on ne peut guère en douter, avec la brièveté de la vie chez ces animaux qui semblent n'apparaitre qu'un instant, pour accomplir un acte donné dans des conditions données, et disparaitre ensuite. *La brièveté de cette vie est liée*, nous l'avons fait remarquer, *au cours de nos saisons;* il suffit d'admettre que la vie des Insectes n'était pas aussi courte quand il n'y avait pas de froids rigoureux, d'admettre que les mères aient pu en général survivre, à la ponte, comme cela arrive

souvent encore aujourd'hui, et l'on comprendra que l'intelligence
soit intervenue, chez ces animaux comme chez les autres, pour
perfectionner des instincts d'abord simples, et les transformer, en
s'effaçant elle-même, en instincts héréditaires. Le raccourcissement graduel de la vie des Insectes, liée à la durée de la période
de la végétation, conduisant finalement à la suppression brusque de
toute une génération avant l'apparition de l'autre, peut avoir fait
le reste. Ce raccourcissement, auquel la plupart des embryogé-
nistes s'accordent à attribuer l'apparition des métamorphoses,
entraîne une autre conséquence. Une seule proie ayant suffi à
nourrir les larves de nos Hyménoptères pendant toute la durée
de leur développement, on peut dire que cette proie est pour l'Insecte adulte le monde entier. A moins d'admettre qu'il a perdu
durant la métamorphose le souvenir de toutes ses sensations an-
térieures, ce qu'on n'a pas, dans l'état actuel de nos connaissances, le droit de supposer, il faut bien reconnaître qu'il serait
absolument étonnant que rencontrant, une fois Insecte parfait,
une proie identique à celle dont il a vécu pendant son état lar-
vaire, il ne la reconnut pas; qu'il n'eût pas une préférence pour
elle quand son choix peut s'exercer, et que cette préférence n'allât
même pas jusqu'à un exclusivisme absolu.

Je ne prétends pas que ce soit là une explication définitive de
toutes les merveilles que nous présente l'histoire des Insectes; il
n'y a d'explication, au sens vrai de ce mot, que celles qui se
peuvent contrôler par l'expérience et nous n'en sommes pas encore là; mais c'est au moins une indication que la voie n'est pas
fermée aux explications comme le pensent des auteurs éminents,
et que le problème ne semble insoluble que parce qu'on n'a pas
assez tenu compte de tous les éléments nécessaires à sa solution.
Ces éléments ne sont-ils pas dans un passé dont l'histoire ne
nous sera jamais suffisamment connue pour que nous puissions
asseoir nos explications sur des bases définitives? Peut-être.
Mais il suffit que leur existence soit possible, pour que les explications le soient aussi et pour qu'on n'ait pas le droit de condamner une grande doctrine parce qu'elle n'a pas encore tout
éclairci à la pâle lumière du peu que nous savons. D'ailleurs
s'il apparaît, d'après tout ce que nous venons de dire, qu'une
analyse plus complète des conditions dans lesquelles l'instinct
opère aujourd'hui, des modifications dont ces conditions ont été
susceptibles, des états sous lesquels on l'observe dans des formes

animales voisines, des liens qui unissent entre eux les divers
stades de la vie d'un même animal, sont de nature à lever des
difficultés qui avaient pu paraître un moment insurmontables, ne
semble-t-il pas aussi présomptueux de déclarer, au nom de ce que
nous savons, que nous ne saurons jamais davantage, que d'embou-
cher la trompette pour déclarer que désormais notre raison suffit
et qu'il n'y a plus rien à trouver? Soyons reconnaissants à ceux
qui cherchent des faits, mais n'oublions pas ceux qui les relient
entre eux, ceux qui pensent ; le dommage est peut-être que
chacun s'engage à fond dans l'une de ces directions et ne garde
pas pour ceux qui suivent l'autre toute l'estime qu'ils méritent.
C'est donc une grande et belle œuvre que celle qu'a entreprise
M. Romanes lorsque, sans se laisser décourager par d'incontes-
tables difficultés, il s'est proposé de nous faire connaître la marche
probable de l'évolution mentale des êtres vivants. Le but de cette
préface sera atteint si nous laissons les penseurs convaincus qu'en
méditant, comme lui, sur les faits si intéressants consignés dans
cet ouvrage et en cherchant à en accumuler de nouveaux, ils
peuvent espérer pénétrer beaucoup plus profondément qu'on ne
l'a fait jusqu'ici dans les secrets de la genèse de la pensée.

Edmond PERRIER.

INTRODUCTION

Avant d'aborder l'étude des phénomènes intellectuels dans le règne animal, il importe de se rendre compte autant que possible, de ce que l'on entend par intelligence. Or, nous appelons intelligence deux choses bien différentes, suivant que nous considérons notre propre personne ou les autres organismes. En effet, si nous considérons notre propre intelligence, nous avons de suite conscience de certaines idées, de certains sentiments, qui constituent, en définitive, la somme de notre connaissance.

Si, au contraire, nous considérons l'intelligence des autres, il ne se produit point de révélation instantanée d'idées ou de sentiments. Tout ce que nous pouvons faire, c'est de conclure à l'existence de ces idées, de ces sentiments et d'en apprécier la nature d'après les manifestations de l'organisme.

De sorte que l'analyse de l'âme peut être, ou subjective ou objective : subjective, elle s'en tient à une seule âme, la nôtre, dont les mouvements, du moins ceux qui se rapportent à notre examen, se révèlent directement à nous ; objective, elle opère sur des âmes qui nous sont étrangères et dont les mouvements ne nous sont connus qu'indirectement, par l'entremise des manifestations de l'organisme. Il en résulte que l'analyse objective est la seule qui convienne à l'étude de l'intelligence chez les animaux. Nous fondant sur la connais-sance que nous avons des opérations de notre propre esprit, et des manifestations qu'elles provoquent dans notre orga-nisme, nous reconnaissons par analogie, à l'aide des mani-

I. — 1

festations qui se produisent dans d'autres organismes, les opérations intellectuelles qui en sont la cause.

Mais quelle forme d'activité attribuer à l'inspiration intellectuelle? Il est certain qu'il n'y a point à en chercher dans le flux d'une rivière, ni dans le souffle du vent. Pourquoi? d'abord parce qu'il n'y a aucune analogie entre notre organisme et les éléments qui nous permette de les comparer : ensuite, parce que leur genre d'activité ne dépend que des circonstances et ne dénote ni sentiment ni intention. En d'autres mots, pour que les mouvements observés puissent être considérés comme manifestations intellectuelles, il faut qu'ils soient le fait d'un organisme vivant; il faut aussi qu'ils soient de nature à suggérer la présence des deux éléments qui caractérisent l'intelligence : la conscience et le choix dans l'acte.

Jusqu'ici le problème paraît assez simple : étant donné un organisme vivant dont les actions nous semblent voulues, nous serions en droit de conclure qu'elles sont conscientes et par suite que l'organisme est doué d'intelligence.

Mais il suffit de réfléchir un peu pour comprendre que pareille déduction ne nous est pas permise. Car s'il est vrai qu'il n'y a pas d'intelligence sans faculté élective, il est certain qu'il peut y avoir apparence de choix sans que l'intelligence y soit pour rien. Ainsi trouvons-nous dans notre organisme, nombre de mouvements coordonnés, tels que les battements du cœur, auxquels ne participent ni notre volonté, ni notre conscience. Et qui plus est, les expériences de physiologie et l'étude des lésions pathologiques démontrent que dans notre organisme comme dans d'autres, le mécanisme du système nerveux suffit, en dehors de la conscience, à produire des contractions musculaires présentant un caractère intentionnel très marqué. Je citerai comme exemple le cas d'un homme dont les reins ont été brisés et dont le cerveau ne correspond plus par les nerfs avec les membres inférieurs. Néanmoins, qu'on lui chatouille les pieds, et il se produira à l'instant un mouvement de retrait, sans que le patient ait conscience du jeu de ses muscles; et cela parce que les centres nerveux inférieurs ont la faculté de produire ce mouvement en rapport avec la cause sans la direction du cerveau. C'est le fonctionnement de cette faculté que l'on entend par « action réflexe », et rien que dans notre organisme, elle donne lieu à un nombre infini de manifestations purement mécaniques malgré leur apparence intentionnelle. Et maintenant, en présence de cette puissance adaptive du système nerveux, nous voyons combien il est difficile de décider si une action, qui nous paraît résulter d'un choix intelligent de la part d'un animal, n'est pas après tout une action réflexe. J'aurai beaucoup à dire dans mon second traité au sujet de ce fonctionnement quasi-intellectuel et je m'efforcerai, entre autres choses, de tracer la genèse probable de l'intelligence au moyen d'antécédents matériels. Mais ici il me suffira de remarquer en termes généraux, que même dans la limite de l'expérience que nous fournit notre propre organisme, il peut se produire des mouvements coordonnés et cependant inconscients, malgré leur préméditation apparente. Il est donc évident qu'avant même d'affirmer l'existence d'un principe intellectuel chez les animaux d'un ordre inférieur, il nous faut trouver un moyen de la vérifier plus précis que celui que nous fournissent les mouvements d'adaptation dans un organisme vivant, quelque calculés qu'ils nous semblent. C'est ce moyen que je vais exposer et je le crois aussi pratique que justifié par la théorie.

Qu'ils proviennent d'une action réflexe ou d'une conception mentale, les mouvements adaptés ne diffèrent au point de vue objectif qu'en ce que, dans le premier cas, ils exigent que les mécanismes héréditaires du système nerveux soient conformés de manière à répondre par des mouvements spéciaux à des excitations spéciales ; tandis que dans le second cas, ils ne dépendent d'aucun ajustement mécanique héréditaire, spécialement attribué à des circonstances particulières.

Sous l'influence provocatrice qui leur correspond, les actions réflexes peuvent se comparer au fonctionnement d'une machine aux mains d'un opérateur. Sitôt qu'il se produit un contact entre certains ressorts et certains agents, la machine entière se met à fonctionner comme le comporte l'occasion ; il n'y a ni choix, ni incertitude, il suffit qu'un mécanisme héréditaire se trouve soumis à l'influence sous laquelle il doit agir, pour qu'il agisse infailliblement et toujours de même. Il en est tout autrement lorsque l'esprit conçoit. Je ne veux point soulever ici la question des rapports de l'âme et du corps, ni m'attarder à considérer si l'adaptation intellectuelle n'en revient pas après tout à une opération tout aussi machinale, puisqu'elle est le résultat nécessaire d'une chaîne de circonstances physiques dues à une provocation physique ; je me contenterai de faire remarquer avec quelle diversité infinie les adaptations intellectuelles changent de caractère, tandis que les adaptations réflexes restant les mêmes, peuvent toujours se prévoir. En somme, au point de vue objectif, nous devons entendre par adaptation intellectuelle, une adaptation que l'hérédité n'a pas attribuée une fois pour toutes à certaines causes. S'il n'y a pas d'alternative dans l'adaptation, le cas ne se distingue plus d'une action réflexe, au moins dans un animal.

C'est donc à l'action adaptée d'un organisme vivant, quand le mécanisme héréditaire du système nerveux ne fournit point de données qui permettent de prévoir la nature de l'adaptation, que l'on reconnaît la preuve objective de l'existence intellectuelle. Voici du reste le critérium que je propose et auquel je m'astreindrai au cours de cet ouvrage : — l'organisme apprend-il à produire des combinaisons nouvelles ou à modifier les anciennes selon le résultat de sa propre expérience ? Voilà la pierre de touche à mon avis, et j'y aurai recours d'un bout à l'autre de ce volume. Car si l'organisme multiplie ses adaptations, il y a là un fait qui sort des limites de l'action réflexe telle que nous l'avons définie ; il est en effet impossible que l'hérédité ait pourvu d'avance à des innovations ou à des modifications de son mécanisme du vivant de l'individu.

Dans l'ouvrage qui suivra j'aurai lieu d'examiner le critérium avec plus de rigueur et de montrer, comme je le dis ici, qu'il n'exclut pas entièrement la possibilité d'un élément intellectuel dans des mouvements d'apparence machinale, et un élément mécanique dans des mouvements d'apparence intellectuelle. Malgré cela, c'est encore le meilleur critérium dont nous disposions, et comme il suffira parfaitement à nos besoins actuels, j'en remettrai l'analyse détaillée à l'époque où j'aurai à traiter des probabilités de l'origine matérielle de l'évolution mentale. Je désire toutefois prévenir le lecteur qu'à l'aide de ce critérium je prétendrai établir, non pas la limite inférieure de l'activité intellectuelle, mais seulement la limite supérieure de l'activité matérielle. Car il est évident

que bien avant que l'âme ait atteint un degré de développement assez élevé pour être susceptible de l'épreuve en
question, elle a dû poindre à l'horizon de la subjectivité. En
d'autres termes, de ce qu'un animal d'un ordre inférieur n'apprend rien de son expérience individuelle, il ne s'ensuit pas
que l'élément intellectuel soit entièrement étranger à ses
fonctions d'adaptation naturelle ou héréditaire; tout ce que
l'on peut dire, c'est que cet élément n'est pas en évidence.
Mais si au contraire, l'animal s'instruit au cours de son expérience, il y a là une preuve (la meilleure dont nous disposions)
de mémoire consciente, source d'adaptations voulues. Donc
encore une fois, notre critérium s'applique à la limite supérieure de l'activité matérielle; il ne convient pas à la limite
inférieure de l'activité intellectuelle.

Je sais bien que cette manière d'épreuve indirecte, où
l'induction joue le premier rôle, n'est pas faite pour satisfaire
les sceptiques. Mais, je le répète, il n'y en a pas de meilleure;
et puis, en pareille matière, le scepticisme implique forcément
la négation de l'intelligence chez les animaux d'ordre inférieur
ou supérieur et même chez l'homme, à une exception près :
celle du sceptique. Car nul ne saurait trouver d'objection à
l'emploi de ce critérium dans le domaine du règne animal, qui
ne s'applique également à toute évidence intellectuelle en
dehors de sa propre individualité. La raison en est claire. J'ai
déjà dit que l'unique indication que nous ayons de l'objectivité
mentale était fournie par les manifestations objectives; or
comme l'esprit subjectif ne peut s'assimiler à l'esprit objectif,
de manière à reconnaître directement par le sentiment les
opérations mentales qui y accompagnent les manifestations
objectives, il est impossible de convaincre celui qui met en
doute la justesse de l'induction, que des opérations intellectuelles accompagnent aussi les manifestations objectives dans
d'autres organismes que le sien. C'est ce qui fait que la
Philosophie ne peut réfuter par démonstration l'idéalisme
même le plus extravagant. Mais le bon sens général reconnaît
qu'en pareille matière l'analogie conduit plus sûrement à la
vérité qu'un scepticisme impossible à satisfaire; de sorte que
si l'on admet dans d'autres organismes l'existence objective
et ses manifestations, — concession sans laquelle la psychologie comparative ne serait qu'une science illusoire, — le bon

sens n'hésite pas à conclure d'après ce qui se passe en nous, que dans ces organismes des manifestations analogues aux nôtres sont accompagnées de mouvements de l'âme semblables.

La théorie de l'automatisme animal généralement attribuée à Descartes (qui sait quelle y fut réellement sa part!) ne sera donc jamais admise par le bon sens; on aura beau la présenter comme une simple spéculation philosophique, et raisonner de la manière la plus ingénieuse, on ne fera jamais qu'elle puisse être applicable aux animaux sans l'être au genre humain. — L'expression de la peur ou de l'affection implique une série de mouvements nervo-musculaires tout aussi distincte, tout aussi complexe chez le chien que chez l'homme; si donc l'existence corrélative de mouvements intellectuels parait insuffisamment démontrée chez l'un, elle ne peut l'être davantage chez l'autre. Il faut cependant reconnaître que depuis Descartes, ou plutôt depuis Joule, la question de l'automatisme animal a pris une tournure nouvelle ou peut-être mieux définie; si bien qu'actuellement elle se confond avec le plus profond et le plus insoluble de tous les problèmes qui se soient jamais présentés à la pensée humaine : celui des rapports de l'âme et du corps au point de vue de la doctrine de l'énergie conservée. J'étudierai plus tard cette question avec l'attention qu'elle comporte. Mais n'ayant affaire en ce volume qu'aux phénomènes de l'âme proprement dits, je tiens seulement à établir qu'en ce qui concerne ce problème, l'on doit classer l'intelligence animale dans la même catégorie que l'intelligence humaine, et que, sous peine d'inconséquence flagrante, nous ne saurions méconnaître ou mettre en doute l'évidence en faveur de l'une et admettre les mêmes preuves en faveur de l'autre.

Et cette évidence, comme j'ai essayé de le montrer, en revient toujours en fin de compte à la faculté que révèle un organisme vivant de tirer parti de son expérience. Chaque fois que nous découvrons cette faculté dans un animal nous sommes en droit d'affirmer l'existence intellectuelle chez lui au même titre que nous l'affirmerions chez l'un de nos semblables. Prenons un exemple. Qu'un chien ait l'habitude de manger quand son organisme a besoin de nourriture et que ses nerfs olfactifs répondent à l'excitation due à la présence

des aliments ; il n'y a rien là d'intellectuel, dira-t-on ; toute
la série de faits qui se trouve comprise dans les excitations
et les mouvements musculaires, peut s'attribuer uniquement
à l'action réflexe. Oui, mais imaginons qu'à la suite d'un
certain nombre de leçons, ce chien ait appris à ne manger
un morceau de viande quand il a faim, qu'à un signal donné ;
nous serons amenés à conclure qu'il agit sous l'influence
d'une conception intellectuelle dont l'évidence est précisément la même que chez l'homme [1].

Or, à mesure que nous descendons l'échelle du règne
animal, l'action réflexe ou adaption machinale, l'emporte
de plus en plus sur l'action voulue ou adaption mentale ; en
d'autres mots, la faculté de modifier les mouvements adoptés
selon les circonstances diminue, les animaux deviennent
moins susceptibles d'éducation, et moins capables d'associer
des idées. Ce qui s'explique naturellement par le fait que les
idées, ces unités intellectuelles, se raréfient et perdent leurs
contours d'échelons en échelons en descendant dans l'ordre
moral.

L'analyse des opérations de l'esprit n'entre pas dans le
cadre de cet ouvrage, d'autant mieux qu'elle sera traitée à
fond dans mon prochain traité. Il n'en est pas moins nécessaire de parler brièvement des principales divisions du
fonctionnement intellectuel, afin d'établir clairement le sens
que j'attacherai à certaines expressions qui s'y rapportent
et dont je ne puis me passer.

Je n'ai pas à m'occuper ici de ce que l'on entend par sensation, perception, émotion et volition. Je me servirai de ces
mots dans le sens qui leur est ordinaire en psychologie ; plus
tard sans doute, j'aurai à analyser les états organiques ou
intellectuels qu'ils représentent, mais ce n'est point l'affaire
de ce volume. Toutefois, il est une remarque générale qu'il
est bon de mentionner parce que j'en ferai ma gouverne. Les
manifestations externes une fois admises comme témoignage
d'opérations mentales chez les animaux, il s'en suit que nous
devons appliquer partout le même critérium.

1. On pourrait dire sans doute que si la conception est là, au moins son influence n'est-elle pas prouvée ; mais c'est là une considération qui concerne
l'étude des rapports de l'âme et du corps et qui est étrangère à la question de
la légitimité de la conclusion à l'existence de l'âme dans certains cas.

Je m'explique. Lorsqu'un chien ou un singe se livre à des expressions évidentes d'affection, de sympathie, de rage, de jalousie, etc., il est peu de gens, assez sceptiques, pour nier que l'analogie complète entre ces expressions chez l'animal et chez l'homme démontre l'existence de mouvements de l'âme analogues chez l'un et chez l'autre. Mais, lorsqu'une fourmi ou une abeille semblent manifester les mêmes émotions, l'inclination générale est de douter de la valeur des signes externes comme preuve de mouvements de l'âme correspondants. L'organisation de ces êtres diffère si entièrement de celle de l'homme, que l'on se demande jusqu'à quel point on peut se guider par l'analogie pour conclure des manifestations de l'insecte à un fonctionnement intellectuel — d'autant plus que, sous bien des rapports, entre autres la prépondérance de l' « instinct » sur la « raison », la psychologie d'un insecte diffère d'une manière patente de celle de l'homme. Or, il est certain que la valeur de l'analogie a pour mesure le degré de similarité, et, par conséquent, lorsque nous concluons à un sentiment de sympathie ou de rage de la part d'une abeille ou d'une fourmi, notre induction est plus risquée que lorsqu'il s'agit d'un singe ou d'un chien. Mais enfin elle a sa valeur, quand ce ne serait que parce qu'elle est la seule possible.

En effet, étant donnée l'expression apparente de la sympathie ou de la rage chez une fourmi ou une abeille, il nous faut ou en conclure à un état psychologique semblable à celui de la sympathie ou de la rage, ou bien renoncer une fois pour toutes à élucider la question ; le résultat de nos observations ne se prêtant pas à d'autres inductions. C'est pourquoi, tout en tenant compte de sa décroissance constante à mesure que nous descendons l'échelle du monde animal, j'aurai dans chaque série recours à l'analogie psychologique entre l'homme et les bêtes, puisqu'aussi bien le choix n'existe pas.

Il faut cependant bien reconnaitre qu'à mesure que l'analogie devient moins frappante, on se sent de moins en moins assuré de la similarité des états intellectuels, et lorsqu'on en vient aux insectes, la seule affirmation, à mon avis, que l'on puisse faire en toute confiance, c'est que les données de la psychologie humaine fournissent le modèle le plus convenable pour établir des probabilités psychologiques chez l'insecte. De

même que les théologiens soutiennent — non sans raison —
que s'il existe un esprit suprême, la meilleure et la seule idée
que nous puissions nous en faire, nous est fournie par la
conception d'une analogie, si faible qu'elle soit, avec l'esprit
humain, de même, dans une étude rétrograde de l'anthro-
pomorphisme, nous nous servons du même point de départ
mais pour arriver à l'intelligence animale. Quelque différents
que soient les mouvements de l'âme d'un insecte de ceux de
l'homme, il est plus que probable que l'idée la plus juste que
nous puissions en concevoir nous vient, en les rapportant au
modèle, des seuls mouvements dont nous ayons directement
connaissance. Il va sans dire que ce point de vue a une importance toute particulière aux yeux des évolutionistes, car
il est essentiel à leur théorie que la série psychologique aussi
bien que la série physiologique se poursuive d'une manière
continue à travers le règne animal.

Il ne me reste plus qu'à ajouter, à ces préliminaires, quelques mots sur ce qu'en phraséologie courante on appelle respectivement « instinct » et « raison ». Non pas que je veuille
analyser en détail une distinction aussi justifiée ; je me propose
seulement d'expliquer dans quel sens je me servirai de ces
termes. Il y a peu de mots dans notre langue auxquels on ait
attribué autant de significations différentes qu'au mot « instinct ». Dans la langue vulgaire, qui nous vient du moyen âge,
l'ensemble des facultés intellectuelles constitue l' « instinct »
chez l'animal, la « raison » chez l'homme. Or, sous peine de
faire un cercle vicieux, il faut éviter d'attribuer toutes les
actions animales à l'instinct pour en conclure que par cela
même qu'elles sont instinctives, elles diffèrent des actions
rationnelles de l'homme. Il s'agit, en somme, de savoir quelle
part on doit faire à l'instinct, et pour cela il faut examiner en
quoi l'instinct se distingue essentiellement de la raison.

Passons à Addison : « Pour moi, dit-il, l'instinct est comme
le principe de la gravitation des corps, qui ne s'explique ni
par les propriétés reconnues de ces corps ni par les lois de
la mécanique mais par l'empreinte directe du moteur suprême
et par l'énergie divine agissant au sein des créatures. »

Cette manière de considérer l'instinct est fort simple : on
le met hors d'enquête et on n'a plus à le définir.

Il serait facile de multiplier les citations à l'infini ; il y a tant d'auteurs connus qui ont leur *manière de considérer* l'instinct ! Mais comme ce n'est pas un recueil historique qui m'occupe, je passe de suite au point de vue scientifique, ou du moins à celui que j'adopterai uniformément dans le courant de ce volume.

Laissant de côté la question de l'origine des instincts et la théorie de l'évolution, nous avons à étudier les traits les plus saillants qui caractérisent l'instinct tel qu'il existe. Et d'abord, un point capital à observer, c'est qu'il implique des opérations intellectuelles ; car c'est par là que l'action instinctive se distingue de l'action réflexe.

Cette dernière, comme je l'ai déjà dit, n'est autre que l'action nervo-musculaire inconsciente de l'organisme s'adaptant à des provocations corrélatives ; dans l'action instinctive, telle que je l'entendrai, cette adaptation se complique d'un élément intellectuel. Je sais que j'établis là une restriction que bien des écrivains, même parmi les psychologues, n'admettent pas ; mais j'ai la conviction que pour donner de la précision à nos expressions aussi bien que pour éclaircir notre conception des choses qui nous occupent, il importe de restreindre l'instinct aux limites de l'activité consciente pour le distinguer de l'énergie inconsciente. Sans doute, il est souvent difficile et même impossible de décider si la présence de l'élément intellectuel se trouve impliquée dans tel ou tel acte, c'est-à-dire s'il y a adaptation consciente ou inconsciente ; mais c'est là une question à part et qui ne nous regarde pas alors que nous cherchons à définir l'instinct à exclure formellement d'un côté l'action réflexe et de l'autre la raison.

« Entre l'action instinctive et l'action réflexe la ligne de démarcation est difficile ou impossible à établir », dit Virchow ; rien n'est plus vrai mais au moins la difficulté se trouve-t-elle simplifiée si l'on se borne à définir certains cas comme appartenant à telle ou telle catégorie ; il n'est assurément pas nécessaire que notre embarras provienne de l'ambiguïté même de nos définitions. Voilà pourquoi je tâche de faire ressortir, autant que possible, la barrière dont on doit assumer l'existence théorique entre l'action instinctive et l'action réflexe ; et, je le répète, cette barrière se trouve aux confins de l'adaptation inconsciente et de l'adaptation à laquelle participe l'intelligence.

Je crois donc pouvoir affirmer ce principe : autre chose est de distinguer entre deux ordres d'actions — réflexes et instinctives, — autre chose d'assigner une place à certaines actions dans l'une ou l'autre de nos catégories. Ce principe posé je ferai remarquer que, grâce à la restriction sur laquelle j'ai insisté, la première de ces difficultés disparaît et que l'autre provient uniquement de ce que, du côté objectif, on ne peut établir de distinction.

Pourquoi n'éprouvons-nous plus d'embarras dans le premier cas ? Parce que j'ai précisé la ligne de démarcation. Il peut se présenter des cas où nous ne pourrons affirmer l'absence ou la présence de l'élément conscient ; mais, je l'ai déjà dit, cela n'infirme pas ma définition ; seulement, en pareil cas, nous nous bornerons à conclure que s'il y a conscience l'action est instinctive, sinon elle est réflexe. Quant à la difficulté que l'on éprouve à ranger dans l'une ou l'autre de ces deux catégories, certaines actions, elle résulte, avons-nous dit, de l'absence de toute distinction du côté objectif qui est celui du système nerveux. Qu'il y ait ou non intervention de l'âme, un mouvement nerveux ne varie pas en lui-même. L'immixtion et le développement de la conscience qui convertit graduellement l'action réflexe en instinct, et l'instinct en raison, s'opère exclusivement dans le domaine de la subjectivité, les mouvements nerveux correspondants restent toujours de même nature et ne varient que par le degré relatif, de leur complexité. Donc puisque l'aurore de la conscience ou de l'élément intellectuel est si vague, son lever si lent dans le règne animal comme chez l'enfant qui grandit, il faut bien s'attendre au point du jour à ne pas distinguer ou à ne distinguer que confusément ce qui est intellectuel de ce qui ne l'est pas. Ainsi l'enfant nouveau-né ne ferme pas les yeux devant un objet dangereux, mais peu à peu l'expérience lui apprendra à le faire.

On peut donc dire qu'au début l'acte de baisser les paupières pour protéger les yeux est instinctif en tant qu'il implique la présence de l'élément intellectuel [1] ; mais plus tard ce n'est

1. Par là j'entends l'intelligence héréditaire aussi bien qu'individuelle. Il est certain que si ses ancêtres n'avaient pas de tout temps eu à fermer les paupières pour protéger leurs yeux, l'enfant n'apprendrait pas aussi vite à le faire en vertu de sa propre expérience. L'acte ne peut, d'ailleurs, se rapporter à une

plus qu'une action réflexe s'imposant même à la volonté. Au contraire, l'action de téter chez l'enfant à la mamelle, n'est qu'une action réflexe d'après ma définition ; elle devient instinctive à juste titre lorsque l'enfant, sous l'influence de son développement conscient, recherche la mamelle. Voilà comment, à mesure que l'élément intellectuel surgit et progresse dans l'échelle de la complexité objective, de nombreux cas se présentent aux confins du domaine de l'action réflexe et de l'instinct que l'on ne peut attribuer avec certitude à l'une ou à l'autre région.

Donc c'est uniquement par l'élément intellectuel que l'instinct peut se distinguer de l'action réflexe. Et maintenant par quoi se distingue-t-il de la raison ? C'est ce que nous allons voir, et pour commencer tâchons de nous rendre compte de ce que l'on entend par raison.

C'est un mot à acceptions presque aussi variées que celles de l'instinct. Quelquefois c'est l'ensemble des facultés distinctives de l'homme que l'on désigne ainsi par opposition aux facultés mentales de la bête ; ailleurs ce sont seulement les facultés intellectuelles particulières à l'homme.

Le Dr Johnson la définit ainsi : « C'est, dit-il, la faculté qui permet à l'homme de passer d'une proposition à une autre par déduction, et des prémisses aux conséquences. » Comme cette définition se fonde sur le langage, toute induction non formulée lui échappe. Et cependant, même chez l'homme, la plupart du temps l'induction ne se manifeste pas d'une manière articulée ; si bien que, malgré son caractère profondément philosophique, caractère sur lequel j'insisterai dans le prochain volume, l'identification de la raison et du discours exprimée par le mot grec « Logos », est une véritable erreur au point de vue de la précision dans les définitions. Plus correcte est l'acception aux termes de laquelle raison signifie faculté de concevoir les analogies, les rapports, et se confond avec « raisonnement » ou faculté de conclure sur des relations reconnues équivalentes. C'est même là le seul sens légitime du mot ; je ne lui en attribuerai point d'autre. Mais, comme cette faculté de peser les rapports, et d'arriver de déduction en déduction

induction consciente ; il n'appartient donc pas au domaine de la raison. Or, puisque nous avons reconnu que dans l'origine il n'était pas dû à une action réflexe, il faut bien qu'il soit instinctif.

à prévoir les probabilités, est susceptible de degrés sans nombre, et que le mot raison semble hors de proportion avec ses manifestations élémentaires, je me servirai souvent, en pareil cas, du mot intelligence. Par exemple, en supposant qu'une huître profite de son expérience, ou bien se montre capable de reconnaître des rapports nouveaux et d'agir conformément au résultat de ses perceptions, il semble plus naturel de dire que cette huître montre de l'intelligence que de dire qu'elle fait preuve de raison. Donc, par intelligence, je désignerai les degrés inférieurs de la faculté d'induction, et, au même titre que la raison, je l'opposerai à l'instinct, à l'action réflexe, etc.... Je prie le lecteur de bien retenir ce point ; il importe à la clarté de ce qui suivra. En constatant l'intelligence et l'esprit avec l'instinct, l'émotion et le reste, je considérai toujours qu'ils impliquent l'existence de facultés semblables à celles que nous appelons rationnelles chez nous.

Or, il est notoirement impossible de définir la ligne qui sépare l'instinct de la raison — soit que nous suivions le développement de l'enfant, ou que nous remontions l'échelle de la vie animale, partout nous voyons l'instinct se tendre par degrés imperceptibles vers la raison, et ces deux éléments *se rapprocher sans cesse sans jamais s'approcher,* comme le dit Pope. L'occasion ne me manquera pas plus tard de montrer que les principes de l'évolution font prévoir un pareil résultat ; qu'il nous suffise, pour le moment, de distinguer, du mieux que nous pouvons, entre l'instinct et la raison tels qu'ils se présentent actuellement à notre observation. — En général, cela n'est pas difficile.

En comparant l'instinct à l'action réflexe, nous avons vu qu'il en différait par le fait d'une participation intellectuelle ; quelle sera sa caractéristique par rapport à la raison ? Sir Benjamin Brodie nous en donne une idée juste sinon complète : « L'instinct, dit-il, est le principe qui, en dehors de l'expérience et du raisonnement, pousse les animaux à certaines manifestations de leur volonté, nécessaires à la conservation de l'individu ou de l'espèce ou simplement utiles d'une manière ou d'une autre [1]. » Cette définition est vraie ; mais elle pèche en ce qu'elle ne formule pas en termes suffisamment généraux,

---

1. *Recherches psychologiques,* p. 187.

en même temps que concis, le caractère toujours adaptif de
l'action instinctive; de plus, elle ne fait pas assez ressortir la
différence entre l'instinct et la raison. — Sous ce rapport, je
préfère celle que donne Hartmann dans sa *Philosophie des
êtres inconscients* : « L'instinct est ce qui pousse à agir dans
un but, sans avoir conscience de ce but » — mais là encore
il y a une grave omission ; il n'est point fait mention d'un
trait des plus importants de l'action instinctive, à savoir, son
uniformité chez les différents individus d'une même espèce.
En comblant cette lacune, nous arriverons à définir l'instinct
d'une manière à la fois précise et complète : c'est, dirons-
nous, chez l'homme ou chez les animaux, une opération mentale ayant pour but un mouvement adapté, antérieure à l'expérience individuelle, à laquelle la connaissance du rapport
entre les moyens et la fin n'est pas nécessaire, et qui s'accomplit d'une manière uniforme, dans les mêmes circonstances,
chez tous les individus de l'espèce. Or, chacun de ces traits,
sauf la participation intellectuelle et la tendance à un mouvement adapté, constitue une différence entre l'instinct et la
raison. Car cette dernière est toujours précédée et de l'expérience individuelle et de la connaissance du rapport entre les
moyens et la fin, connaissance péniblement acquise en bien
des cas ; enfin, il s'en faut qu'elle fonctionne toujours de la
même manière dans les mêmes circonstances chez tous les
individus de l'espèce.

Il y a donc, entre l'instinct et la raison, des différences plus
distinctes et plus variées qu'entre l'instinct et l'action réflexe. Ce qui n'empêche pas que, dans certains cas, la distinction soit tout aussi difficile à établir. Cela résulte de la transformation graduelle et imperceptible à laquelle nous avons
déjà fait allusion, de l'instinct en raison; si bien qu'il arrive
souvent qu'une action, instinctive dans son essence, se trouve
qualifiée « d'une petite dose de raison », selon l'expression de
Pierre Huber ; la réciproque ayant également lieu, mais ici
encore la difficulté que l'on éprouve à classifier certaines
actions n'infirme aucunement la valeur des distinctions établies entre les deux catégories ; elles n'en conservent pas
moins leur précision.

Enfin, il est un trait secondaire par lequel l'instinct et la
raison diffèrent encore, sinon toujours, au moins dans la plu-

part des cas, et qui se rapporte au degré respectif de réflexion
que ces deux facultés impliquent, et par lequel elles se distinguent tout d'abord. En effet, les actions instinctives sont
des actions qui, constamment répétées, finissent, au cours des
générations, par devenir une habitude, au point de s'accomplir
machinalement et toujours de même lorsque l'occasion s'en
présente chez les individus d'une même espèce. Les actions
rationnelles, au contraire, sont appelées à pourvoir à des
circonstances plus ou moins rares dans les annales de l'espéce,
et, par cela même, elles demandent un effort adaptif intentionnel. On peut donc dire que les actions instinctives ne se
produisent que dans certaines circonstances, qui se répètent
souvent dans l'expérience de l'espèce; tandis que les actions
rationnelles s'accomplissent dans toutes sortes de circonstances et répondent à des situations qui se produisent, peut-
être pour la première fois, même dans la vie de l'individu.
Et maintenant, nous voilà à même d'établir nos différentes
définitions.

L'action réflexe est une adaptation nervo-musculaire, sans
participation intellectuelle ; elle est l'effet du mécanisme héréditaire du système nerveux, lequel est constitué de manière à agir sous l'influence de provocations déterminées et
fréquentes en produisant certains mouvements adaptés mais
inconscients.

L'instinct comprend l'action réflexe en y ajoutant la cons-
science. C'est donc un terme générique qui comprend toutes
les facultés de l'esprit qui participent à l'action consciente et
adaptée, lorsqu'elle se produit antérieurement à l'expérience
individuelle, sans connaissance du rapport des moyens et de
la fin, et sous l'influence de circonstances qui se répètent sans
cesse, et à chacune desquelles elle s'adapte toujours de la
même manière dans toute l'espèce.

La raison ou intelligence est la faculté qui préside à l'adaption intentionnelle des moyens au but. Par conséquent, elle
implique la connaissance consciente du rapport entre les
moyens et la fin, et peut fonctionner dans des circonstances
aussi nouvelles pour l'individu que pour l'espèce.

CHAPITRE PREMIER

APPLICATION DES PRINCIPES QUI PRÉCÈDENT AUX ANIMAUX INFÉRIEURS

Protozoaires.

Quiconque a observé les mouvements de certains infusoires se refusera difficilement à leur accorder une part d'intelligence, si minime qu'elle soit. Leur manière de s'éviter pourrait, à la rigueur, s'attribuer à l'effet de certaines répulsions résultant des courants que produisent leurs ébats ; mais on ne saurait expliquer ainsi, par des considérations purement mécaniques, la manière dont ces petits êtres se recherchent, soit pour se faire la chasse, ou dans un but de reproduction, ou, comme on le disait souvent, pour s'amuser. Je me rappelle avoir vu un petit rotifère d'une espèce fort commune (le corps en forme de coupe, la queue douée d'une grande agilité et se terminant par une pince puissante) en saisir un autre de taille supérieure par le côté et s'y attacher au moyen de sa pince. Aussitôt, grand déploiement d'activité de la part du grand rotifère ; s'élançant de droite et de gauche avec son fardeau, il finit par rencontrer un brin d'herbe, l'empoigne solidement avec sa pince, puis se livre à une série de mouvements remarquables dans le but évident de se débarrasser de son adversaire. Rien de plus propre à obtenir ce résultat que ses sauts de ci, de là, d'une vigueur et d'une brusquerie étonnantes ; mais, je me demandais comment la pince ou la queue y résisteraient. Le petit rotifère de son côté n'était pas moins surprenant dans sa tenacité ;

malgré des secousses à le réduire en morceaux, il se maintenait à son poste. Cela dura ainsi quelques minutes pendant lesquelles il dut se dépenser une quantité d'énergie énorme pour de si minimes créatures ; après quoi le petit rotifère fut rejeté avec violence. Il revint bien à la charge, mais sans réussir à saisir son adversaire. On ne saurait rien imaginer de plus intelligent que toute cette scène, et si nous pouvions nous en rapporter aux seules apparences, cette observation me suffirait pour croire ces organismes microscopiques capables de décision consciente.

Mais sans m'y refuser absolument (le contraire serait du reste impossible à démontrer), je me crois en droit de dire que tant qu'un animalcule ne fait pas preuve de docilité au cours de son expérience, l'apparence intelligente de ses mouvements quelque nombreux qu'en soient les exemples, ne suffit pas comme évidence de décision consciente. Je ne m'attarderai donc pas à détailler les observations de divers microscopistes qui en rapportant des faits plus ou moins analogues à celui que je viens raconter, en concluent à un degré d'instinct ou d'intelligence dans les organismes minuscules. Mais je crois devoir citer, tout au long les observations si remarquables de M. H. J Carter F. R. S. dont la compétence s'impose en pareille matière. Elles se trouvent dans ses *Annales d'histoire naturelle* et prouvent, selon lui, que l'instinct commence à se manifester chez des êtres aussi infimes que les myxomycètes. « L'Æthalium lui-même, dit-il, s'accommode de l'eau du verre de montre où on le place, pourvu qu'il n'y ait dans le voisinage ni sciure de bois, ni copeaux qui constituent le milieu dans lequel il a vécu ; mais que l'on place le verre sur de la sciure de bois, et il aura bientôt fait d'en escalader le bord pour regagner son repaire habituel. »

Certes, le fait est remarquable ; il semble indiquer que le myxomycète quitte le verre s'il reconnaît le voisinage de son milieu favori, sinon il se contente de l'eau où on l'a mis — mais continuons.

Un jour que j'étudiais la nature de certaines cellules transparentes, de grande dimension et de forme elliptique, semblables à des spores de champignons, dont le protoplasme animé d'un mouvement de rotation, était chargé de grains triangulaires d'amidon, je vis ramper autour d'elles des rhizopodes héliozoaires et je remarquai qu'ils contenaient également de l'amidon et sous la même forme. M'étant assuré de la nature de ces grains en y ajoutant de l'iode, je nettoyai les verres et plaçai à nouveau sous le microscope du sédiment emprunté au vase qui contenait les cellules et les actinophryens. Je découvris alors qu'une des cellules s'était rompue et qu'une portion de son protoplasme mélangée de grains d'amidon faisait légèrement saillie. C'était sans doute la source à laquelle les actinophryens s'étaient procurés leur amidon. A peine avais-je conçu cette idée, que survint une *actinophrys*. Je le vis faire le tour de la cellule et ayant trouvé l'ouverture, s'y emparer d'un grain d'amidon, puis se retirer à quelque distance. Bientôt cependant il revint et comme il n'y avait plus de grains en dehors de la cellule, il alla en chercher un dans l'intérieur en passant par la fente. Ce manège répété plusieurs fois me parut montrer que l'*actinophrys* savait instinctivement *que* ces grains étaient nutritifs, et qu'ils étaient contenus dans la cellule, enfin, que s'éloignant chaque fois avec le grain qu'il avait obtenu, il savait retrouver le chemin de la cellule qui lui fournissait sa nourriture.

Une autre fois je vis une *actinophrys* se poster à proximité d'une cellule de *pythium* qui était arrivée à sa maturité sur un fil de *spirogyra crassa*, s'emparer un à un des germes monadiques à leur sortie jusqu'au dernier, puis s'éloigner comme s'il savait d'instinct qu'il n'y avait plus rien à attendre de ce côté. Mais voici bien le fait le plus remarquable, en ce genre, que je me sois jamais trouvé à même d'observer :

Un soir (c'était le 2 juin 1858, et je me trouvais alors à Bombay), tandis que j'examinais des euglènes au microscope, mon attention fut attirée par une *acineta* triangulaire pédonculée (*A. mystacina*) dont une *amoeba* faisait le tour avec l'allure particulière à cet être lorsqu'il est en quête de nourriture. Sachant que les tentacules de l'*acineta* ne sont point du goût de la plupart des infusoires et de l'*amoeba* entre autres, je me sentais assuré en tout cas que cette dernière ne songeait pas à dévorer sa voisine. Mais quel ne fut pas mon étonnement lorsque je la vis grimper le long de la tige et s'enrouler autour du corps de l'acinete ! Cette marque d'affection ressemblait trop à ce qui se passe si souvent à l'autre bout de l'échelle, alors même que l'intelligence exerce son contrôle ; elle ne tarda

pas à être expliquée. Une jeune acinète, tendre et sans tentacules vénéneuses (elles ne développent qu'après la naissance)
était sur le point de sortir de l'acinete mère. Or cette sortie
s'opère si vite et les mouvements qui la suivent sont si rapides
qu'*à priori* il eût été bien difficile pour l'*amoeba* d'atteindre
une proie aussi agile. Mais si elle est lente et molle dans son
allure, elle est aussi infaillible et tenace dans son étreinte que
sans pitié pour ce qui peut lui servir de pâture. Celle dont il
s'agit s'était disposée tout autour de l'entrée de l'ovaire de
l'acinète ; elle n'eût qu'à recevoir le rejeton dans son sein
funeste et, l'ayant enveloppé, elle s'en alla par où elle était
venue. Ne sachant trop quel était son objet, et pensant que
l'acinete s'échapperait peut-être, ou en tout cas changerait de
forme avant de passer dans le corps de son hôte, je continuai
pendant quelque temps à observer l'*amoeba* et en fin de
compte je vis l'acinète se partager en deux fractions dont
chacune fut réduite et digérée sur place par un estomac impro-
visé à l'endroit où elle se trouvait [1].

Ces observations sont très remarquables et suggèrent sans
doute quelque chose de plus qu'un mouvement machinal
répondant à une stimulation ; mais elles ne nous autorisent
pas à attribuer à ces membres infimes de la hiérarchie
zoologique le moindre élément d'intelligence proprement
dit. En somme le cas est des plus difficiles, vu que l'amoeba
ne possède ni système nerveux, ni organe d'aucune espèce que
l'on puisse observer ; il nous est loisible de supposer qu'il n'y
avait rien d'intellectuel dans les mouvements adaptés que
décrit M. Carter, mais il n'en est pas moins étonnant que ces
mouvements soient le fait de créatures privées de tout organisme apparent ; car, sous le rapport de l'éloignement du but
comme sous celui de la subtilité complexe de la cause déterminante de l'adaptation, ils ne le cèdent en rien aux ajus-
tements non intellectuels des systèmes nerveux les mieux
organisés.

CŒLENTÉRÉS.

Le docteur Eimer reconnaît aux Méduses la faculté d'agir

1. H.-J. Carter, F.-R.-S., *Annales d'histoire naturelle*, 3ᵉ série, 1863,
p. 45-46.

avec intention ; il accentue même la différence entre les mouvements qu'il considère « volontaires » ou « involontaires ». Sur ce point, je ne suis pas d'accord avec lui ; il se fonde sur une différence de vitesse dans les pulsations ; cette différence je la reconnais, mais je ne vois pas qu'elle implique un élément psychologique. L'allure rapide répond à une stimulation. et a sans doute pour but de mettre l'organisme en sûreté ; mais en cela elle ne dépasse pas les limites ordinaires de l'action réflexe. Et même lorsque des périodes d'activité se manifestent soudain et sans provocation visible, ainsi que cela arrive souvent dans certaines espèces, elles s'expliquent soit par un surplus d'énergie ganglionnaire qui se dégage, soit par le fait d'une excitation invisible et n'autorisant pas à supposer la présence d'un élément intellectuel [1].

Nous trouvons dans M^{ar} Crady la description d'une Méduse portant ses larves à la paroi intérieure de la cloche qui lui sert de corps et dont le manubrium ou cavité mobile dans laquelle s'opère la digestion de l'animal, pend en forme de battant au dôme de la cloche, comme chez les autres spécimens de l'espèce. D'après M^{ar} Crady, cet organe se met en oscillation pour se mettre à portée des larves tout autour de la cloche et leur permettre de plonger leur trompe dans la pâture liquide dont il est rempli. Je cite cet exemple, parce que s'il se présentait chez des animaux d'un ordre supérieur. on y verrait probablement une preuve d'instinct ; mais chez un être infime comme la Méduse, il ne serait pas raisonnable d'y faire une part à l'intelligence. On peut donc le regarder comme le résultat simple et direct de la sélection naturelle.

Certaines espèces de Méduse, notamment la *Sarsia*, recherchent la lumière, et se pressent au sein d'un rayon, le suivant avec une grande activité quand il se déplace. Mais comme elles ont intérêt à agir ainsi, vu que les petits crustacés dont elles se nourrissent recherchent aussi la lumière, il est à peu près certain que leur conduite tient à une action réflexe dont le développement, par la sélection naturelle, a pour objet de mettre l'animal en contact avec sa proie. Il a été reconnu par Paul Bert que le Daphnia pulex recherche la

---

1. Pour ce qui concerne les mouvements naturels aux Méduses et les effets stimulés qui leur sont propres, consulter l'article intitulé « Croonian Lecture » dans les *Transactions philosophiques*, 1875, 1877 et 1879.

lumière (surtout les rayons jaunes) et suivant Engelmann il
en est de même de certains protoplasmes organisés. Mais, dans
ces exemples et dans tous ceux de même nature, rien ne
prouve l'intervention d'un élément intellectuel.

ÉCHINODERMES.

Chez les animaux de cette classe, certains mouvements
naturels ainsi que certains mouvements stimulés, semblent
indiquer nettement une intention ; mais j'ai pu m'assurer
qu'avec les preuves disponibles on ne pouvait établir la mise
à profit de l'expérience individuelle. Donc, d'après notre règle, il n'y a pas lieu de conclure à des manifestations intellectuelles proprement dites. Par contre, l'étude de l'action
réflexe chez ces animaux est tellement pleine d'intérêt que,
dans mon prochain ouvrage, ils me serviront de type pour ce
genre d'opération [1].

ANNELIDES.

Dans son livre fort intéressant sur les habitudes des vers de
terre [2], Ch. Darwin montre que la manière dont ces animaux
tirent des feuilles dans leurs trous indique tout au moins
de l'instinct sinon de l'intelligence, car ils prennent toujours la feuille, même si elle provient d'une plante exotique,
par le bout qui leur permettra de la tirer avec un minimum
de résistance. Mais malgré cette haute autorité je ne désire
pas encore me prononcer sur la question de savoir s'il y a là
de quoi conclure à un élément réellement psychologique chez
ces animaux.

Les sangsues de terre de Ceylan paraîtraient également
douées d'intelligence, d'après Sir E. Tennent.

« Tout en s'avançant, elles peuvent, dit-il, se dresser perpendiculairement sur leur ventouse caudale pour surveiller leur
victime. Telle est leur vigilance et leur instinct qu'en s'appro-

1. Voir « Croonian Lecture », 1881, dans la prochaine livraison des *Transactions philosophiques*.

2. Ce livre a été traduit en français avec une préface de M. Edm. Perrier,
professeur au Jardin des plantes de Paris.

chant de l'endroit qu'elles fréquentent on peut les voir parmi l'herbe et les feuilles qui bordent les sentiers, debout et prêtes à attaquer homme ou cheval. A la vue de leur proie, elles s'avancent rapidement par demi-cercles, une extrémité en terre, l'autre courbée en avant, jusqu'à ce qu'elles puissent s'attacher au pied du voyageur; quittant alors le sol elles montent le long des vêtements à la recherche d'une ouverture où elles puissent se glisser. En pareil cas, les derniers d'une troupe de voyageurs sont toujours les plus éprouvés, car du moment que leur approche est connue des sangsues, elles se rassemblent avec une rapidité singulière [1].

1. *Histoire naturelle de Ceylan*, p. 48.

CHAPITRE II

MOLLUSQUES

Je commence l'étude des Invertébrés par les mollusques, parce que, pris dans leur ensemble, ils constituent le groupe le moins intelligent. Du reste, comment s'attendre à ce que des animaux, où les fonctions « passives » de la nutrition et de la reproduction, ont une telle prépondérance sur les fonctions actives de la sensation, de la locomotion, etc., présentent un caractère marqué d'intelligence ? Il est cependant une classe, celle des Céphalopodes, chez laquelle les organes, se rapportant à ces dernières fonctions, sont très développés ; elle se distingue par la dimension des ganglions cérébroïdes et par un déploiement considérable de perspicacité. Mais commençons au bas de l'échelle et voyons à quel degré d'intelligence les preuves que j'ai pu rassembler nous permettent de conclure, chez les différents animaux, au fur et à mesure que nous les rencontrerons. Et, d'abord, voici un passage tiré d'un manuscrit de M. Darwin :

« Il n'est pas jusqu'à l'huître, cet animal dépourvu de tête, qui ne se montre docile aux mains de l'expérience, car, dans le *Journal de physique*, vol. XXVIII, page 244, Dicquemare affirme que des huîtres, récoltées dans des parages toujours recouverts par la mer, s'ouvrent et, laissant ainsi échapper l'eau qu'elles contiennent, ne tardent pas à mourir ; mais si on les met de suite dans un réservoir où elles se trouvent de temps à autre à découvert et soumises à diverses épreuves, elles apprennent à rester fermées et, par suite, à prolonger leur existence hors de l'eau [1]. »

1. C'est ce fait (mentionné également par Bingley, dans sa *Biograph*

Le *Couteau* (*Solen ensis*) semble manifester quelque capacité intellectuelle. Le sel lui est antipathique et il suffit d'en verser au-dessus de son trou pour le faire remonter et quitter sa demeure. Mais qu'on l'attrape quand il se montre à la surface et qu'on le relâche ensuite ; on aura beau verser force sel, rien ne le fera sortir de son trou [1].

Quant aux escargots : « Quiconque, dit L. Agassiz, a eu l'occasion d'observer leurs amours, ne saurait mettre en doute la séduction déployée dans les mouvements et les allures qui préparent et accomplissent le double embrassement de ces hermaphrodites [2]. »

De même, M. Darwin, dans son ouvrage, cite, d'après M. W. White [3], une preuve curieuse et rigoureusement observée d'intelligence chez un escargot. L'animal en question avait été enfoncé la bouche en l'air dans une fente de rocher. Abandonné à lui-même, il ne tarda pas à s'étendre de tout son long, puis, ayant pris un point d'appui par en haut, il chercha vainement à tirer sa coquille dans une direction verticale. Après quelques minutes de repos, nouvel allongement du côté droit, l'animal tirant de toutes ses forces mais sans plus de succès ; un temps de repos, puis un dernier effort du côté gauche qui cette fois dégage la coquille. Ce triple effort, dans des directions différentes et convenables au point de vue géométrique, devait être le résultat d'une volonté. »

Que si l'on objecte que les coquilles étant de leur nature un empêchement, les manœuvres de leurs hôtes sont autant d'actions réflexes, je ferai remarquer que c'est un des cas innombrables où il est fort difficile de distinguer entre ce qui appartient ou non à l'intelligence. Car, en admettant jusqu'à un certain point que l'action soit machinale, encore faut-il que l'animal se soit rappelé en faisant son troisième effort dans quelles directions s'étaient effectués les autres ; et puis il

---

animale, vol. III, p. 454) que l'on exploite en France dans les écoles dites « d'Ostréiculture ». La distance qui sépare Paris du littoral étant trop considérable pour que les huîtres fraîchement récoltées la franchissent sans bailler, on leur apprend à supporter un contact de plus en plus long avec l'air sans s'ouvrir ; puis, quand leur éducation est achevée, on les expédie vers la métropole où elles arrivent fermées et en bon état.

1. Bingley, *loc. cit.*, vol. III, p. 449.
2. *De l'espèce et des classifications.*
3. *Voyage à pied de Londres à Edimbourg*, p. 155 (1856).

n'est guère probable qu'il se trouve assez souvent en passe
de dégager sa coquille par un effort dans une seule direction,
pour qu'à force d'agir par sélection naturelle il acquière un
instinct spécial qui le pousse à faire successivement un effort
dans trois sens différents, dont l'un est perpendiculaire à la
direction des deux autres.

Je ne connais qu'un autre exemple de perspicacité chez les
escargots ; c'est celui que M. Darwin cite dans sa *Descendance de l'homme* et qu'il dit tenir de M. Lonsdale. Il l'in-
terprète peut-être d'une manière un peu bien flatteuse pour
l'intelligence d'un escargot ; mais le fait est certainement remarquable et je ne puis m'empêcher de puiser à si bonne
source — la parole est à M. Darwin :

« Cet animal paraît capable d'affection jusqu'à un certain
point. Un observateur très fidèle, M. Lonsdale, me racontait
qu'ayant mis une paire d'escargots de l'espèce commune
(Hélix Pomatia) dans un jardin de petites dimensions et presque dégarni, il s'aperçut, quelque temps après, que le plus
fort des deux (il y en avait un de chétif), avait déserté dans la
direction d'un plantureux jardin dont il avait franchi le mur,
comme l'indiquaient les marques de bave sur sa piste. M. Lonsdale en conclut qu'il avait abandonné son compagnon à sa
faiblesse. Mais, après une absence de vingt-quatre heures,
l'escargot revint et fit, sans doute, part à l'autre du succès
de son expédition, car tous les deux se mirent en route, et,
suivant le même chemin, disparurent au delà du mur [1]. »

Ici il n'y a pas à contester ; le fait est rapporté par un observateur consciencieux et il est d'une précision qui n'admet
aucune erreur. Par suite, il nous faut ou attribuer au hasard et
le retour de l'escargot, et son émigration au pays de l'abon-
dance de concert avec son chétif compagnon, ou accepter l'in-
terprétation de M. Darwin — il n'y a pas d'autre alternative.
Or, il paraît fort improbable en y réfléchissant, qu'il y ait là un
double effet du hasard ; tandis qu'il est prouvé, comme je le
montrerai un peu plus loin, qu'un animal, ayant plus d'un rapport avec l'escargot, garde le souvenir de l'endroit dont il fait
sa demeure et sait y retourner lorsqu'il est repu. Il n'y a donc
rien de si improbable à ce que l'escargot se soit souvenu pen-

---

1. *Descendance de l'homme*, p. 262-263.

dant vingt-quatre heures de l'endroit où il avait laissé son compagnon : et quant au reste, il suffirait qu'il lui ait fait, en quelque sorte, signe de le suivre : nous verrons que plusieurs Invertébrés en sont capables. Donc, pour toutes ces raisons, je suis porté à croire, comme M. Darwin, que le seul moyen d'expliquer la conduite de ces escargots, c'est de l'attribuer à une inspiration intellectuelle. Comme telle, elle est fort remarquable ; car, elle implique non seulement une souvenance correcte du lieu et de la direction pendant vingt-quatre heures, mais aussi un sentiment assez vif d'attachement personnel et de sympathie, se manifestant par le désir de l'un de partager avec l'autre le fruit de ses découvertes [1].

J'ai fait allusion plus haut à un animal dont l'exemple prouvait que parmi les Gastéropodes, il en est qui sont doués d'une mémoire exacte pour la localité : c'est la Patelle.

M. J. Clarke Hawkshaw en décrit les habitudes dans le passage suivant, tiré du *Journal de la Société linnéenne :*

« Les trous qu'habitent communément les Patelles dans la craie, sont creusés, si je ne me trompe, à l'aide des dents de la langue ; mais je doute que l'animal ait l'intention de s'en faire un abri, quoiqu'il s'en serve à cet effet. Ce qui lui importe, c'est d'adhérer solidement au rocher, et pour cela, il faut que sa coquille s'applique bien exactement à la surface d'adhérence. Quand cela a lieu, il suffit d'une faible contraction musculaire pour attacher l'animal si fortement qu'il faudrait le briser pour le bouger. Mais comme les coquilles ne peuvent s'adapter chaque jour à une surface différente, les Patelles reviennent généralement s'attacher à la même place. C'est le cas d'un grand nombre, j'en suis sûr ; car j'ai trouvé des coquilles parfaitement ajustées à des surfaces contournées de Silex, dont elles suivaient les inégalités en se déformant.....

» Je reconnus à certains signes que les Patelles préfèrent une surface dure et polie à un trou dans la craie. C'est ainsi qu'à la surface d'un gros bloc dont les côtés étaient également recouverts de Patelles, je remarquai deux fragments d'écaille

---

1. Il est fâcheux que M. Lonsdale n'ait pu répéter l'expérience ; vu l'importance des conclusions, il serait à désirer que les faits observés reçussent confirmation.

fossile d'environ 3 pouces sur 4 qui s'y trouvaient incrustés
à plat. La craie tout alentour était entièrement libre ; mais
sur la surface polie des morceaux d'écaille, les Patelles se
pressaient en foule compacte et serrée. Mais voici qui suffirait presque, selon moi, à prouver qu'elles préfèrent une surface lisse à un trou.

» Sur un des blocs tapissés d'algues marines, voisin de celui
dont je viens de parler, une Patelle avait nettoyé un espace au
milieu duquel surgissait un silex formant une projection assez
élevée : je pus, en effet, la raser d'un coup de marteau. Au sommet de cette éminence, la Patelle s'était établie. Sa coquille
avait dû se conformer aux inégalités de surface, et ne s'y appliquait exactement que dans une seule position ; tandis qu'il
aurait trouvé un abri tout préparé dans les petites cavités qui
perforaient l'espèce d'écuelle où se trouvait l'espace qu'il
avait déblayé. Néanmoins, elle préférait, après chaque excursion, gravir le sommet du silex, le point le plus élevé de son
domaine [1]. »

D'après ces observations, que celles de M. F.-C. Lukis [2],
avaient du reste plus ou moins précédées, il paraît certain que
les Patelles se font un repaire habituel auquel elles reviennent après avoir fourragé, et comme ce fait implique un souvenir exact de la direction et de la localité, nous serions en
droit d'y voir une preuve d'intelligence.

Passons maintenant aux Céphalopodes. Il est hors de doute
que si les occasions d'étudier ces animaux étaient plus nombreuses, le résultat d'une observation attentive serait de les
ranger parmi les plus intelligents de leur classe. Malheureusement, jusqu'ici, on n'a pu procéder que dans des limites
très restreintes et les données manquent en ce qui concerne la
psychologie de ces intéressants animaux. Voici celles que j'ai
pu recueillir. D'après Schneider [3], la conscience et l'intelligence existent à n'en pas douter chez les Céphalopodes. Il
avait pu en faire une étude prolongée à la station zoologique
de Naples, et il affirme qu'au bout d'un certain temps, ils
semblaient reconnaître le gardien qui leur donnait leur pâture. Hollmann raconte qu'un *Octopus* qui avait eu maille à

1. *Journal de la Société linnéenne*, vol. XIV, p. 406 et suivantes.
2. *Mag. nat. hist.*, 1831, vol. IV, p. 346.
3. *Thieresche wille*, § 78.

partir avec un homard, trouva moyen de s'introduire dans le
réservoir, où l'on avait cru mettre ce dernier en sûreté, et
finit par l'exterminer. Pour arriver jusqu'à lui, il avait dû
escalader une cloison verticale [1]. Enfin, Schneider prétend
que les céphalopodes conçoivent l'idée abstraite de l'eau et
que si on les en retire, ils cherchent toujours à y revenir,
même lorsqu'ils ne peuvent la voir. Mais la raison en est
probablement dans le malaise qu'ils éprouvent au contact de
l'air; en tout cas, c'est une façon d'idée (si idée il y a), qui est
commune à tous les mollusques aquatiques.

1. *Leben der Cephalopoden*, § 21.

CHAPITRE III

FOURMIS

On a tellement étudié les habitudes et les manifestations intellectuelles de ces insectes depuis dix ou douze ans, qu'en présentant dans ce chapitre un résumé de cette branche si intéressante de la psychologie comparée, je me fonderai presque entièrement sur les connaissances acquises durant cette courte période. C'est à MM. Bates, Belt, Müller, Moggridge, Lincecum, Mac Cook, et à Sir John Lubbock que nous devons les contributions les plus importantes au fonds de nos connaissances. Leurs observations faites, dans différentes parties du monde et se rapportant à des espèces différentes, ont abouti, dans plus d'un cas, à des résultats différents ; mais il n'y a rien là que de fort naturel, car l'on pouvait s'attendre à ce que des fourmis d'espèces différentes présentassent des variations considérables comme habitudes et comme intelligence. C'est pourquoi, en mettant au point toutes ces observations, je m'efforcerai d'en faire ressortir les ressemblances et les dissemblances, et afin de procéder avec ordre, je diviserai la matière en paragraphes dont voici les titres : Propriétés des sens spéciaux, Sentiment de la direction, Mémoire, Émotions, Modes de communication, Habitudes communes à plusieurs espèces, Habitudes particulières à certaines espèces, De l'intelligence en général chez différentes espèces.

Propriétés des sens spéciaux.

Commençons par la vue. Sir John Lubbock, au cours de nombreuses expériences sur l'influence de la lumière réfractée par des verres de diverses couleurs, remarqua tout d'abord que les fourmis qu'il observait n'aimaient pas à être éclairées dans leurs nids et qu'elles en recherchaient aussitôt les coins les plus obscurs ; puis que certaines couleurs leur étaient plus antipathiques que les autres. C'est ainsi que sous des verres de couleur rouge, verte et jaune, il put compter respectivement 890, 544 et 495 fourmis : tandis que sous un verre de teinte violette, il n'en trouva que 5. A nos yeux l'opacité du violet est aussi grande que celle du rouge, plus grande que celle du vert et de beaucoup supérieure à celle du jaune. Cependant, comme on l'a vu, les fourmis évitaient cette couleur et de fait elles ne s'y aventuraient guère plus que dans la partie découverte du nid. Ce qu'il y a de curieux, c'est que les verres de couleurs semblent produire sur elles un effet semblable par ses gradations à celui qu'ils ont sur une plaque photographique. On pouvait se demander si ce n'était pas, après tout, la présence de rayons actiniques qui gênait les fourmis ; mais les expériences que l'on a faites pour s'en assurer n'ont donné qu'un résultat négatif. En superposant un verre rouge et un verre violet, on produit le même effet qu'avec un verre rouge seul ; ce qui prouve que les rayons transmis repoussent les fourmis dans le cas du violet, sans les attirer dans le cas des couleurs qu'elles préfèrent. Les flammes de sodium, de barium, de strontium et de lithium ont été également essayées, mais elles produisent moins d'effet que les verres de couleur.

J'ai dit que la répulsion que les fourmis de Sir John Lubbock éprouvent pour des lumières de différentes couleurs, semblait correspondre à la position de ces couleurs dans le spectre solaire — et que, du rouge au violet, elle ne faisait que grandir. Puisque les fourmis fuient la lumière, il se pourrait bien que leur intolérance graduelle pour des rayons de différente couleur eut pour cause que leurs yeux ne sont pas aussi vivement impressionnés par les rayons de faible réfrangibilité que par ceux dont la réfrangibilité est plus grande, et il serait intéressant à ce sujet de savoir si les fourmis du genre *Atta* manifestent également une répulsion progressive pour la lumière sous l'influence des différentes couleurs du spectre. Or, suivant Moggridge et Mac Cook, cette espèce, loin de craindre la lumière, la recherche, au point de s'approcher des parois de verre de leurs nids artificiels, pour jouir de la lumière d'une lampe. L'échelle des préférences pour les différentes couleurs suivrait-elle chez ces fourmis un ordre inverse ?

En ce qui concerne l'ouïe, Sir John Lubbock a constaté que le son ne produit aucun effet sur ces insectes. Les vibrations d'un diapason ou d'une corde à violon, la voix humaine, les coups de sifflet, etc..., tout leur est indifférent, et les expériences que l'on a faites avec des flammes sensibles, avec le microphone, le téléphone, etc..., pour découvrir, s'ils émettaient eux-mêmes des sons inappréciables à l'oreille humaine, n'ont rien démontré.

Enfin, quant à l'odorat, Sir John Lubbock avait imaginé de placer un pinceau saturé de différentes essences à proximité du parcours des fourmis, et voici ce qu'il remarqua : « Les unes
» passaient sans broncher, les autres s'apercevant de l'odeur,
» s'arrêtaient et rebroussaient chemin. Mais bientôt, elles
» revenaient et passaient outre. Après une ou deux répéti-
» tions de ce manège, l'indifférence leur semblait le plus
» souvent acquise. Cette expérience me parut convaincante. »
Dans d'autres occasions, il arriva aux fourmis d'hésiter et de renverser leurs antennes à l'approche du pinceau.

Huber reconnut, il y a longtemps, que les fourmis se suivent à la piste et parviennent ainsi aux provisions que d'autres ont découvertes. Pour le démontrer, il croisa du doigt une piste. Arrivés à la solution de continuité, ainsi produite, les fourmis se troublaient, couraient en tous sens jusqu'à ce qu'elles eussent retrouvé la piste de l'autre côté ; après quoi elles continuaient leur route. Les observations d'Huber ont du reste leur confirmation dans les expériences

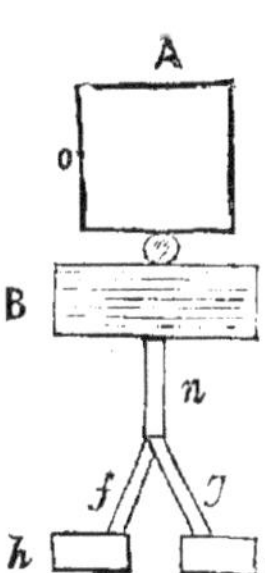

Fig. 1.

nombreuses et méthodiques de Sir John Lubbock ; j'en citerai une ou deux. Imaginons un nid A, une planchette B, des bandes de papier n f g, enfin deux plaques de verre identiques, dont l'une h est chargée de chrysalides et l'autre m est libre (fig. 1). Deux fourmis sorties du nid sont allées jusqu'à h et en sont revenues chargées ; on les a marquées. Cela fait, chaque fois qu'une fourmi passait de A en B, sir John Lubbock changeait les bandes f et g de place, de manière à ce qu'à l'embranchement elle eût à choisir entre la piste conduisant au plateau vide et la bande g

conduisant aux chrysalides *h*. Les deux fourmis marquées, fortes de leur expérience, ne se trompaient jamais de direction ; les autres, sans autre guide que la piste, prenaient pour la plupart le chemin du plateau vide. Sur cent cinquante, il n'y en eut que vingt et une à se rendre au plateau *h*. L'exception prouve d'ailleurs, dans ce cas, que les fourmis peuvent, jusqu'à un certain point, se guider par la vue. C'est l'opinion de Sir John Lubbock qui déclare que les fourmis en quête de nourriture se guident tantôt par la vue, tantôt par l'odorat.

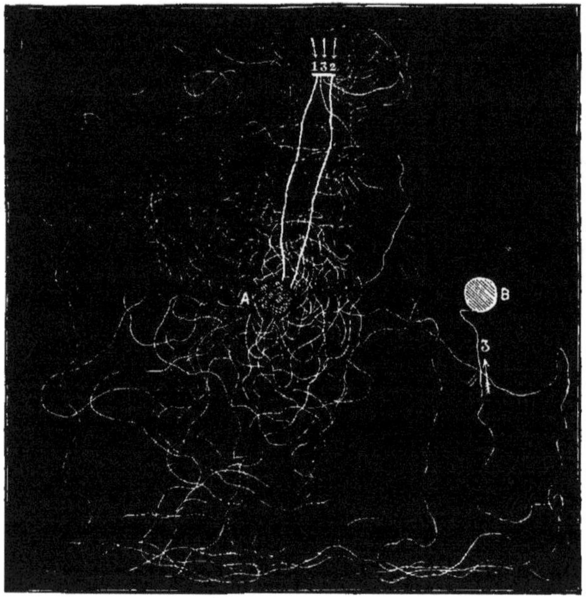

Fig. 2.

Mais c'est à l'odorat qu'elles se fient de préférence, comme le prouve l'expérience suivante. Ayant relié un plateau à un nid au moyen d'une bande de carton (la partie noire du croquis, fig. 2, représente le plateau et la ligne 1, 2, 3, le bord de l'extrémité de la bande), il fixa en *A*, perpendiculairement au plateau un crayon chargé de chrysalides par le bout. Puis ayant marqué une fourmi, il la mit au sommet du crayon.

Quand elle eut fait deux voyages, dont les pistes sont représentées par deux grosses lignes blanches, il profita du moment où elle se trouvait dans le nid pour déplacer le crayon et le mettre en *B*. La fourmi en fut complètement désorientée et le labyrinthe tracé sur la figure représente le trajet qu'elle fit dans ses efforts pour retrouver le crayon. « Ce n'étaient qu'allées et venues autour de l'endroit qu'oc- » cupait premièrement le crayon. Revenant sur ses pas, elle » explorait de droite et de gauche entre le nid et le point *A* » et ce ne fut qu'après maints essais et comme par hasard » qu'elle finit par retrouver en *B* ce qu'elle cherchait. » Il est donc évident que ce n'était pas par la vue qu'elle se guidait.

Voici un autre exemple : « Une planche d'environ 20 pouces sur 12, avait été mise en contact avec un nid au point *b* (fig. 3 et 4) et sur le trajet de ce point à un autre *a* chargé de pâture, on avait disposé en ligne droite un petit tuyau en papier *C* et deux rangées de petits blocs de bois consistant chacune en cinq pièces longues de

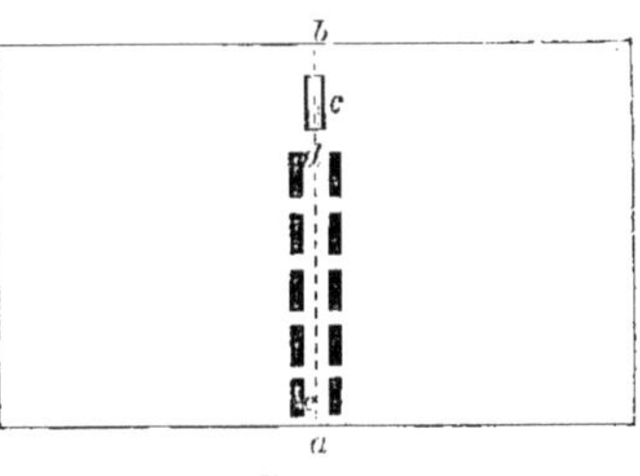

Fig. 3.

3 pouces et hautes d'un pouce et demi. Une fois accoutumées à la route, les fourmis allèrent sans hésiter de *b* en *a* en passant par le tuyau et entre les morceaux de bois ; 2° sans déranger l'alignement des blocs et du tuyau de papier, on fit pivoter la planche de manière à ce que le premier trajet des fourmis se trouvât en dehors (fig. 4 *d e*) ; mais elles ne parurent pas s'en apercevoir et s'en tinrent à la piste ; 3° la planche ayant

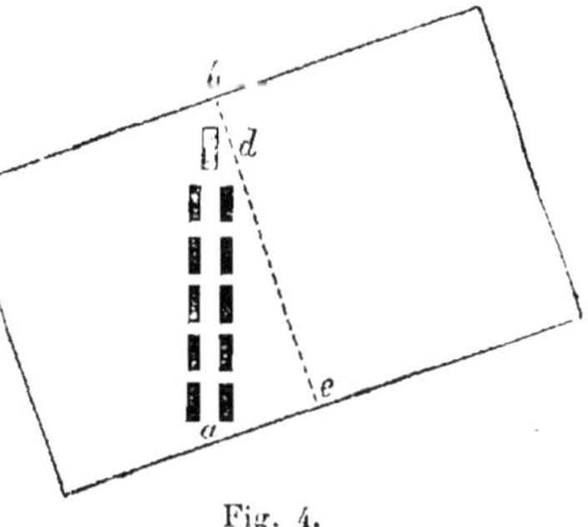

Fig. 4.

été rendue à sa position première, les blocs furent alignés entre le point *b* et le coin *f* où l'on transporta la pâture (fig. 5). Cette fois encore, les fourmis suivirent la piste, mais

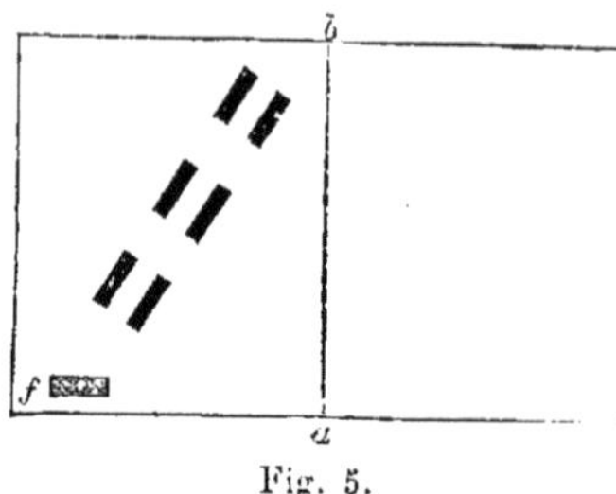

Fig. 5.

arrivés au point *A* elles dévièrent vers un autre point *x* ; 4° les blocs et la pâture étant disposés comme dans le cas précédent, mais à droite (fig. 6), les fourmis se rendirent d'abord en *a* puis en *x* et ne trouvant toujours pas leur pâture, se mirent à tâtonner. Il ne fallut rien moins que vingt-cinq minutes à la première pour atteindre son but.

Enfin, comme dernière preuve de l'importance capitale du rôle que joue l'odorat dans les explorations des fourmis, je

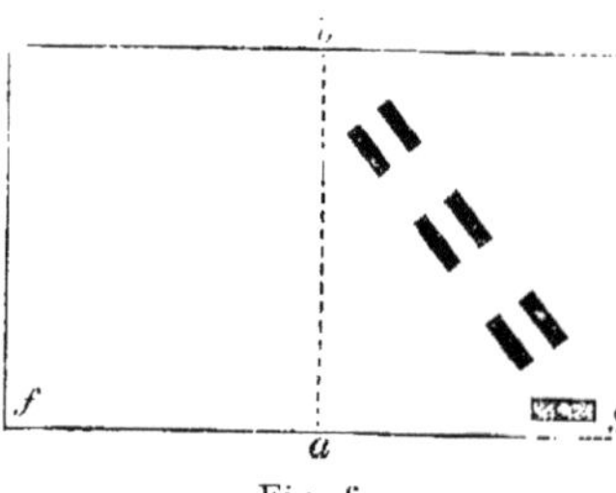

Fig. 6.

citerai un fait d'un intérêt tout particulier en tant qu'il montre qu'elles s'en rapportent à ce sens, en dépit des renseignements fort précis que leur fournit le sens de la direction ! « Près d'un nid de fourmis (F. niger) et au centre d'un plateau, j'avais placé une coupe contenant des larves. Or, tandis que les fourmis en revenaient avec leurs fardeaux, j'imaginai : 1° de tourner vers le nid le côté opposé du plateau ; 2° de transporter le plateau de l'autre côté du nid. Dans l'un et l'autre cas, elles suivirent la piste qu'elles avaient laissée en venant, et qui, par suite des changements opérés, les conduisait dans un sens diamétralement opposé à leur demeure. Donc, elles ne s'inquiétaient pas de la direction. »

D'après la manière dont les fourmis savent reconnaître les substances sucrées, il est à peu près certain qu'elles ont le sens du goût ; et quant au toucher, leurs antennes constituent des organes très perfectionnés.

SENS DE LA DIRECTION.

Les expériences de Sir John Lubbock démontrent la précision et l'importance de ce sens chez les hyménoptères ; je ne citerai pour le moment que celles qui ont trait aux fourmis ; celles qui se rapportent aux abeilles et aux guêpes appartiennent au chapitre qui suit.

Première expérience. Ayant accoutumé des fourmis (*Lasius niger*) à passer et repasser sur un pont en bois qui conduisait à leur pâture, il choisit le moment où il s'en trouvait une sur le pont pour le retourner de bout en bout. « Le plus souvent, la fourmi faisait de suite volte-face ; mais si par hasard elle continuait tout droit son chemin, c'était pour se retourner en arrivant à l'extrémité du pont. » Deuxième expérience. Il pratiqua deux petits trous dans une boîte à chapeau de douze pouces de diamètre et sept pouces de haut et l'installa entre le nid et les provisions de manière à ce qu'elle pût pivoter doucement sur son axe. Lorsque les fourmis se furent familiarisées avec le chemin, passant par un trou et ressortant par l'autre, on en laissa entrer une ; puis on fit faire une demi-révolution à la boîte. Or, chaque fois, que cette opération fut répétée, il se trouva que la fourmi avait aussi fait demi-tour et qu'elle s'était ainsi maintenue dans la bonne direction. Enfin (troisième expérience), Sir John remplaça la boîte par un petit disque de papier blanc. Quand une fourmi le traversait pour se rendre aux provisions, Sir John le tirait doucement dans la direction que suivait la fourmi, seulement, il avait soin de dépasser les provisions. « Dans ces conditions, la fourmi ne se retournait pas ; elle continuait son chemin jusqu'au bord du disque et s'arrêtait alors comme étonnée. »

D'après ces observations, le sens si mystérieux de la direction et la faculté correspondante de retrouver un repaire habituel devraient être attribués, du moins chez les fourmis, à une manière d'enregistrer pour ainsi dire tout changement de direction et d'y remédier s'il y a lieu, même lorsqu'il résulte non d'un effort de l'insecte, mais du déplacement du local où il se trouve enfermé. Il paraîtrait d'ailleurs que cette faculté ne s'étend pas aux variations de vitesse dans la direction que suit l'animal, puisque l'on peut imprimer impu-

nément à la surface sur laquelle il chemine, un mouvement
de translation parallèle à son trajet [1].

MÉMOIRE.

Les observations et les expériences que je viens de détailler montrent suffisamment que les fourmis sont douées de
mémoire; je n'ai donc point à m'étendre à ce sujet. Il est
bien certain, par exemple, que si une fourmi sait retourner
une ou plusieurs fois à l'endroit où elle a trouvé soit des provisions, soit des larves, en suivant un chemin plus ou moins
direct, il faut qu'elle en ait souvenance. Mais ce qui est digne
de remarque, c'est que cette mémoire d'insecte paraît être de
même nature que la mémoire en général. C'est ainsi qu'un
fait nouveau s'y grave par répétition, et tend à en disparaître
avec le temps. Il y a là un double trait de la mémoire des
insectes que je mettrai plus particulièrement en évidence,
quand j'en arriverai à traiter de l'intelligence chez les
abeilles ; mais pour le moment il me suffit de rappeler que,
dans ses expériences avec des fourmis, Sir John Lubbock
eut à leur enseigner en plus ou moins de leçons le chemin qui
conduisait aux provisions, toutes les fois que le trajet était
ou long ou compliqué.

La durée du souvenir ne semble pas avoir fourni matière
à expériences; au moins, puis-je citer une observation de
M. Belt qui s'y rapporte. Au mois de juin de l'année 1855
il s'aperçut que son jardin était envahi par des fourmis, et
ayant découvert leur nid à environ cent mètres de distance,
il y versa quatre seaux d'eau mélangée d'environ $\frac{1}{100}$ d'acide
phénique. Aussitôt, la fourmilière se trouva en désarroi, et

1. Mon manuscrit était déjà sous presse, lorsque Sir John Lubbock fit part
à la Société linnéenne d'un nouveau mémoire où il donne des détails complé-
mentaires d'une grande importance sur le sens de la direction chez les fourmis.
Et d'abord, la boîte à chapeau, dont il a été question plus haut, était ouverte
par le haut, à ce qu'il paraît, et Sir John aurait reconnu que les fourmis s'o-
rientent d'après la direction dans laquelle leur vient la lumière. De sorte que,
dans l'expérience de la boîte à chapeau (fermée ou non), il suffit de faire tourner
la bougie qui donnait la lumière en même temps que la boîte, pour constater
que les fourmis continuent leur chemin sans tenir compte du changement de
direction. Dès lors, il est facile de comprendre pourquoi elles ne s'aperçoivent
pas d'un mouvement de translation dans le sens de leur trajet ; la lumière leur
venant toujours du même côté, ne leur fournit pas d'indications.

les fourrageurs furent rappelés pour faire face au danger, au milieu d'une agitation générale. Le jour suivant, les fourmis avaient déjà creusé d'autres souterrains à une distance de quelques mètres, et s'occupaient à y transporter leurs provisions. Mais ce n'était là qu'un entrepôt temporaire; car quelques jours après, la solitude y régnait aussi bien que dans la fourmilière. M. Belt crut y voir la preuve que les fourmis avaient péri, mais il ne tarda pas à découvrir qu'elles avaient seulement fondé une colonie plus lointaine à deux cents mètres de leur ancien domaine.

Un an plus tard, elles envahissaient de nouveau le jardin et recevaient une autre douche d'acide phénique. Cette fois encore, tout comme la première, les troupes de maraudeurs furent rappelées et deux jours après, les survivants s'étaient frayé un chemin jusqu'à leur ancienne demeure d'où toute trace d'acide avait disparu, et y pratiquaient de nouveaux souterrains. Les uns transportaient les provisions, les autres les chrysalides, les autres les larves ; enfin, c'était une émigration complète. Le jour suivant, le nid était entièrement désert. « Je reconnus dans la suite, ajoute M. Belt, que
» lorsqu'une fourmilière a éprouvé une forte commotion et
» qu'un grand nombre d'habitants ont péri, ceux qui sur-
» vivent ne manquent pas d'émigrer. Et je crois fermement
» que parmi les fortes têtes de la colonie que j'avais arrosée
» d'acide, il s'en trouvait qui se rappelaient le site de l'année
» précédente et y dirigèrent l'émigration. »

J'admets que le fait s'explique autrement ; que les chefs de l'émigration aient pu rencontrer par hasard l'ancienne four-milière, et y trouvant une demeure toute préparée, l'aient adoptée sans plus de façon. — Il faut cependant reconnaître, que vu la distance qui séparait les deux fourmilières, l'hy-pothèse n'est guère probable ; force nous est donc de nous rabattre sur celle d'après laquelle les fourmis se seraient souvenues pendant douze mois du site de leur premier do-maine. Karl Vogt raconte, du reste, dans son livre sur les « Thierstaaten », que pendant une période de plusieurs années, il fut constaté que des fourmis occupant un certain nid se rendaient par des rues fréquentées, à la boutique d'un phar-macien pour y puiser du sirop à un certain vase. Or, comme l'on ne saurait imaginer, qu'une série de rencontres fortuites ait révélé l'existence de ce vase aux fourmis, d'année en année, il s'en suit que ces dernières devaient en garder le souvenir.

J'en arrive maintenant à une catégorie de faits des plus remarquables dans la psychologie des fourmis.

On sait, grâce aux expériences d'Huber, que les fourmis d'une même communauté se reconnaissent et se font bon accueil, tandis qu'elles maltraitent ou tuent toute étrangère qui pénètre dans leur nid, quand même elle appartiendrait à leur espèce. Huber put s'assurer qu'une fourmi était reconnue de ses compagnes après quatre mois de séparation, et qu'on fêtait son retour en lui caressant les antennes, ce qui est une marque d'amitié chez ces insectes. Sir John Lubbock, après avoir confirmé ces expériences en les répétant, eut l'idée de prolonger la période de séparation et fit plusieurs essais. Le résultat fut toujours le même. Chaque fois les fourmis reconnaissaient leur compagne, quelque longue qu'eût été son absence et l'accueillaient en conséquence.

Vu le nombre de fourmis qui peuplent un nid, l'on s'étonne qu'elles se connaissent entre elles et surtout qu'elles reconnaissent une des leurs après une si longue absence. En présence de ces faits, Sir John Lubbock crut qu'il n'y avait qu'une manière de les expliquer; c'était de supposer que les fourmis appartenant à la même communauté, ont une odeur particulière ou une sorte de mot d'ordre. Pour vérifier cette théorie, il prit des fourmis à l'état de chrysalides; puis quand elles se furent complètement développées il les remit dans le nid d'où elles provenaient. Il va sans dire que dans ce cas leurs compatriotes ne les connaissaient pas de vue, car la larve ressemble aussi peu à l'insecte chez les fourmis que chez les escargots; on ne saurait non plus admettre que des chrysalides couvées non seulement hors du nid natal, mais par des fourmis étrangères, eussent pu conserver à l'état d'insecte, l'odeur caractéristique de leur nid[1]; ou apprendre, avant de le quitter, le signe de reconnaissance de la communauté. Et bien, en dépit de ces impossibilités apparentes, les

---

1. Un fait digne de remarque, c'est que les fourmis, malgré qu'elles s'attaquent à une étrangère introduite dans leur nid, prennent le plus grand soin des larves qu'on leur confie.

fourmis n'en reconnurent pas moins les nouvelles venues comme des compatriotes.

Enfin, pour pousser l'expérience jusqu'aux dernières limites, Sir John Lubbock résolut d'anticiper la formation des chrysalides. Il commença par partager en deux, au mois de septembre, un nid où il n'y avait ni œufs ni larves, chaque moitié ayant sa reine. En avril, les deux reines commencèrent à pondre, et au mois d'août, presqu'un an après le partage, il se trouvait des fourmis nouvellement écloses dans chaque division. Sir John fit alors un échange de jeunes insectes entre les deux nids, et put s'assurer que, dans l'un et dans l'autre, les nouveaux venus étaient reçus en amis, tandis que les fourmis étrangères qu'il introduisait étaient immédiatement mises à mort; et cependant celles qui étaient l'objet d'un accueil fraternel, n'avaient jamais à aucune période de leur existence ni sous aucune forme, fait partie de la communauté. Voici du reste ce que dit Sir John Lubbock à propos de ces observations : « Ces faits me paraissent aussi con-
» cluants (dans la mesure de leur portée) que surprenants.
» Mes expériences de l'année dernière m'avaient donné
» des résultats analogues, mais les fourmis avec lesquelles
» j'opérai étaient nées dans le nid et avaient atteint l'état
» de chrysalides avant d'en être retirées. Il était donc
» possible quoiqu'improbable que les fourmis mères les ayant
» soignées dans cet état, les reconnussent une fois grandes.
» Mais ici, les aînées n'avaient jamais vu les jeunes sous une
» forme ou sous une autre, jusqu'au moment où celles-ci,
» étant arrivées à maturité, furent introduites dans le nid ;
» et cependant dans chacun des dix cas que j'observai, elles
» les reconnurent comme alliées à leur communauté.

» Il en résulte, à mon avis, que la reconnaissance d'une
» fourmi par une autre n'est ni personnelle, ni individuelle,
» et que l'entente générale n'est pas due à la familiarité des
» individus.

» D'autre part, l'hypothèse d'un signe particulier, en ma-
» nière de mot d'ordre, paraît également inadmissible, puisque
» les fourmis reconnaissent leurs amies même lorsqu'elles
» sont dans un état d'ivresse, et les rejetons de leur race
» élevés dans une communauté étrangère. »

Il nous faut donc conclure que, pour le moment, la manière dont les fourmis se reconnaissent entre elles demeure inexplicable. Mais les faits qui s'y rattachent m'ont paru avoir leur place dans le paragraphe sur la mémoire ; aussi bien serait-il difficile de les classer à part.

J'ajouterai que cette reconnaissance s'opère en dehors de la limite des liens du sang, car des fourmis Amazones, avec lesquels Forel expérimentait, reconnurent presque instantanément leurs esclaves, après une absence de quatre mois ; et qu'elle peut avoir lieu de tribu à tribu. En effet, il arrive souvent qu'un nid devient la source d'une multitude d'autres établissements qui s'installent tout autour et finissent par couvrir une surface immense. Forel cite une colonie de *F. exsecta* qui comprenait plus de deux cents nids et couvrait près de deux cents mètres carrés. « Les habitants de ces colonies, même ceux dont la demeure se trouve aux confins du territoire, se reconnaissent et en interdisent l'entrée aux étrangers. »

De même, Mac Cook parle d'un « village » de fourmis (exsectoïdes), situé dans les Alleghanys, Amérique du Nord (Mémoires de la Société américaine d'entomologie, novembre 1877) et qui se compose de 1,600 à 1,700 nids s'élevant, en forme de cône, à une hauteur de trois à cinq pieds. Le sous-sol est criblé de galeries qui vont dans toutes les directions. Les habitants vivent dans la plus parfaite harmonie ; et l'un des nids vient-il à souffrir, aussitôt l'on s'unit de tous côtés pour réparer le mal.

Avant d'en finir avec ce sujet, j'ai deux remarques à faire. La première, c'est que les fourmis ne se reconnaissent pas toujours d'une manière infaillible et, en quelque sorte, automatique ; quand on réintègre dans un nid des fourmis dont les chrysalides ont été confiées aux soins d'une autre famille, il en est parmi leurs aînées que cela intrigue et qui semblent douter de leur parenté. Mais c'est une exception, et, tandis qu'une étrangère serait de suite attaquée, celle que l'on rend à son nid est invariablement bien accueillie de la majorité, et il se passe souvent des heures avant qu'elle en rencontre une qui ne la reconnaisse pas.

L'autre remarque a trait à la différence des procédés qui caractérisent la conduite des fourmis *Lasius niger* et *flavus* vis-à-vis des étrangers. Le nid, de cette dernière, n'inspire

aucun effroi, les habitants en sont hospitaliers, mais, malgré
l'accueil bienveillant que reçoit le nouveau venu, la curiosité qu'il éveille, l'échange de communications qui a lieu,
tout enfin, montre clairement qu'on le sait étranger... Quel
contraste avec ce qui se passe dans le nid des *Lasius niger !*
Point de frottement d'antenne, point de caresse ; bien au contraire, chaque fourmi que rencontrait l'étrangère se jetait
sur elle comme un tigre. « Quatre fois, je répétai l'expé-
» rience, dit Sir John, et quatre fois l'étrangère fut mise à
» mort et emportée pour servir de pâture. »

ÉMOTIONS.

Tout le monde est au courant de l'humeur batailleuse des
fourmis, de leur courage et de leur rapacité ; il serait donc
superflu d'en citer des exemples. Mais en ce qui concerne les
émotions tendres, les observateurs ne sont pas d'accord. Avant
les recherches de Sir John Lubbock, l'idée en vogue était que
ces insectes témoignent d'une affection mutuelle manifeste, soit
en se caressant les antennes, soit en se portant secours dans
les moments de détresse. Mais, à la suite de ses expériences,
Sir John dut reconnaître que les fourmis qu'il avait observées semblaient dépourves d'affection et de sympathie — ou
du moins que ces sentiments étaient beaucoup moins développés chez elles que les passions opposées.

Ayant enterré à différentes reprises, des Lasius niger et des
fourmis de plusieurs autres espèces, sur le passage de leurs
congénères, il constata dans chaque cas, l'absence de tout
essai de sauvetage de la part de ces dernières. Même lorsque
les fourmis en détresse sont en vue, leurs amis ne se portent
pas toujours à leur aide. Ainsi, une fourmi se trouve-t-elle
engluée dans du miel, les autres la laissent à son sort pour ne
s'occuper que du miel ; est-elle en train de se noyer, ses compagnes n'y prennent garde. On peut les chloroformer, les eni-
vrer, les autres y sont indifférentes ou manifestent seulement un peu d'étonnement à voir l'état des victimes ; elles
les porte çà et là sans trop savoir pourquoi. En poursuivant
les investigations sur une plus grande échelle, l'expérience
démontra que les fourmis soumises au chloroforme étaient
considérées comme mortes et jetées à l'eau par dessus le bord

de la planche qui leur servait de préau ; tandis que celles qui
étaient ivres étaient emportées et mises dans le nid, dans le
cas où elles faisaient partie de la communauté ; sinon, on les
jetait aussi à l'eau. Le soin que les fourmis ont de leurs
amies dans l'ivresse, semble indiquer un sentiment confus de
sympathie pour leur affliction. Mais c'est le seul genre de
détresse pour lequel elles semblent éprouver quelque pitié,
comme le prouve l'expérience des fourmis enterrées dont j'ai
parlé, ainsi que ce qui suit :

« Le 2 septembre, j'enlevai d'un de mes nids, deux fourmis
» (F. fusca), et les mis dans une bouteille dont j'eus soin de
» recouvrir le goulot avec un morceau de mousseline et que
» je plaçai à côté du nid. Dans une autre bouteille, je mis
» également deux fourmis, de la même espèce, mais prove-
» nant d'un autre nid. Celles qui étaient en liberté ne firent
» aucune attention aux prisonnières leurs amies. Mais, par
» contre, les deux autres les mirent en émoi. Pendant toute
» la journée, il y eut une ou plusieurs sentinelles à monter la
» garde près de la bouteille qui les contenait. Le soir, elles
» étaient douze, quoique d'habitude elles ne quittassent ja-
» mais le nid en aussi grand nombre. Les deux jours suivants,
» les fourmis se succédèrent sans interruption, autour de la
» bouteille aux étrangères ; tandis que l'autre nous parut en-
» tièrement délaissée. Le 9, ayant perforé la mousseline, elles
» pénétraient par l'ouverture ainsi pratiquée. J'étais absent
» en ce moment, mais, comme à mon retour je trouvai deux
» cadavres, l'un à l'intérieur de la bouteille, l'autre à côté,
» j'ai tout lieu de supposer que les étrangères avaient été
» mises à mort. Les autres avaient été entièrement négligées.

» 21 septembre. — Je répétai l'expérience avec les fourmis
» d'un autre nid, avec cette seule différence que je mis, cette
» fois, trois fourmis dans chaque bouteille. Du reste, même
» résultat : dédain pour les prisonnières amies, préoccupa-
» tion à l'endroit des étrangères, surveillance continue,
» effort pour rompre la barrière de mousseline, tout se passe
» comme la première fois. Le lendemain, à six heures du ma-
» tin, je trouvai cinq fourmis à leur poste. L'une d'entre elles
» tenait une prisonnière par une jambe qu'elle avait eu l'im-
» prudence de passer à travers la mousseline. Elles continuè-
» rent leurs opérations, mais sans aucune apparence de mé-

» thode, jusqu'au soir ; vers sept heures trente, la barrière
» ayant cédé, elles pénétrèrent dans le flacon et se jetèrent
» de suite sur les étrangères. »

« 24 septembre. — Même expérience avec les fourmis du
» même nid ; mêmes péripéties. Le lendemain, comme dans
» l'expérience précédente, je trouvai à l'entour du flacon,
» cinq sentinelles, dont l'une avait réussi à saisir une prison-
» nière par la jambe et s'efforçait à la faire passer au travers
» de la mousseline que les autres mordaient, au hasard mais
» avec constance.

» Je m'adressai alors à une autre espèce (Formica rufes-
» cens), mais dans ce cas, les fourmis ne montrèrent aucun
» souci de l'un ou de l'autre flacon, et parurent également
» insensibles à la haine et à l'affection. On est presque tenté
» de croire que le moral de l'espèce s'est énervé au contact de
» l'esclavage qu'elle pratique. Quant aux fourmis de l'espèce
» F. fusca, l'observation paraît démontrer que chez elles, la
» haine est plus vivace que l'affection. »

Il ne faudrait pas cependant se dépêcher de conclure que
les fourmis, prises dans leur ensemble, sont dépourvues de
tendresse ; celles de Sir John Lubbock l'étaient, mais il est des
espèces qui témoignent d'une disposition différente, comme
nous le verrons. Il convient toutefois de remarquer au préalable
que même le cœur endurci des fourmis de Sir John semble capable de quelque sympathie avec des fourmis amies, non pas,
il est vrai, quand elles sont en force et santé, mais quand elles
sont malades ou éclopées. Ainsi, le soin qu'elles en ont en cas
d'ivresse indique, sinon un sentiment de vague commiséra-
tion, du moins une sorte d'instinct qui les porte à préserver
les jours d'un malade dans l'intérêt futur de la communauté.
Sir John cite aussi quelques observations de Latreille qui
prouvent que les fourmis sympathisent avec leurs amies mu-
tilées ; il en donne même un exemple observé par lui-même.
Une fourmi (F. fusca), naturellement dépourvue d'antennes,
avait été attaquée et blessée par une autre d'une autre espèce.
Sir John venait de les séparer, lorsque survint une troisième
fourmi, parente de la première, qui se mit à l'examiner avec
intérêt, et, l'ayant soulevée tendrement, l'emporta jusque
dans le nid. « Il eût été difficile à un témoin de cette scène
» de se refuser à y voir la preuve d'un sentiment d'huma-

» nité. » De son côté, Moggridge opine que lorsque les fourmis jettent à l'eau leurs compagnes malades ou mortes en
apparence, comme elles en ont l'habitude, c'est sans doute,
pour s'en débarrasser, mais probablement aussi, pour tâcher
de les guérir : « J'ai vu, dit-il, une fourmi en porter une au-
» tre le long d'une branche dont la communauté se servait
» comme d'un viaduc pour arriver à la surface de l'eau,
» lui faire subir une immersion d'une minute, puis la rem-
» porter à grand'peine et l'étendre au soleil pour qu'elle s'y
» remît. »

Mais voici qui prouve que certaines espèces de fourmis ont
une sympathie bien réelle pour les tribulations de leurs compagnes, même lorsqu'elles ne sont ni malades ni estropiées.
La parole est à M. Belt [1] : « Un jour que j'observais une
» petite colonie de fourmis (Eciton humata), je mis une
» petite pierre sur l'une d'entre elles. Aussitôt que la sui-
» vante se fut aperçue de sa position, elle revint sur ses
» pas, toute en émoi, et fit part de la nouvelle aux autres.
» Toutes coururent à la rescousse ; les unes mordaient la
» pierre et tâchaient de l'enlever, d'autres s'emparèrent des
» jambes de la prisonnière et se mirent à les tirer avec tant
» de force que je m'attendais à les voir se détacher ; mais il
» n'en fut rien, et à force de persévérance, elles finirent par
» dégager la captive. Après cela, j'en couvris une de terre
» glaise, de manière à ne laisser libre qu'une de ses antennes.
» Ses compagnes l'eurent bientôt découverte, et, sans perdre
» de temps, elles se mirent à détacher la terre glaise à coups
» de dents, jusqu'à délivrance de leur amie. Une autre fois,
» ayant remarqué quelques fourmis qui se suivaient à de
» longs intervalles, j'en mis une à quelque distance de la co-
» lonne, sous un peu de terre glaise qui cachait le corps mais
» laissait voir la tête. Plusieurs passèrent sans se douter de
» rien ; mais il finit par en venir une qui l'aperçut, et essaya
» de la dégager. Ne pouvant y réussir, elle s'éloigna rapide-
» ment et je crus qu'elle avait abandonné son amie ; mais elle
» était seulement allée chercher du renfort, et reparut au
» bout de quelque temps, avec une douzaine de compagnes,
» toutes évidemment au courant de la situation, car elles allè-

1. *Le Naturaliste au Nicaragua*, 1874, p. 26.

» rent droit à la prisonnière et eurent bientôt fait de la déli-
» vrer. Il me semble qu'il y avait là plus que de l'instinct ; il
» n'y a que l'homme parmi les mammifères d'ordre supérieur,
» qui soit capable de combiner ainsi secours et sympathie, et
» il n'aurait pas montré plus d'ardeur et de constance à déli-
» vrer un de ses semblables. »

Oui certes, si les émotions d'un être supérieur sont compa-
rables à celles des insectes, c'est ici le cas de conclure par
analogie, à un sentiment d'amitié et de sympathie. Il n'y a
rien d'étonnant à ce que des insectes dont l'ordre social est
si bien organisé et repose sur le principe de la coopération,
manifestent comme un commencement d'altruisme dans leurs
émotions ou dans leur instinct ; c'est à quoi nous devions
nous attendre, d'après la doctrine de la sélection naturelle.
Il y aurait lieu, au contraire, de se demander comment il se
fait que ces émotions, cet instinct, soient si peu développés
chez certaines fourmis, comme chez les abeilles ; mais il faut
bien le dire aussi, l'observation si précieuse de M. Belt se
rapporte à l'espèce de fourmis qui présentent au plus haut
degré l'instinct de la coopération, et chez laquelle, par suite,
l'intérêt de l'individu s'accorde le plus avec celui de la communauté. On peut lui comparer dans nos parages, la fourmi
F. Sanguinea. Le révérend W. W. F. White a vu, à plusieurs reprises, cette dernière délivrer des compagnes dans
des circonstances analogues à celle que rapporte M. Belt, dont
il paraît ignorer les observations. Il représente même la manière dont trois fourmis se partagèrent la besogne pour en
déterrer une autre.

Modes de communication.

Huber, Kirby et Spence, Dugardin, Burmeister, Franklin
et plusieurs autres observateurs affirment, d'une manière
plus ou moins positive, que chez les fourmis et les autres
hymenoptères qui vivent en société, les membres d'une même
communauté communiquent entre eux au moyen d'une sorte
de langage ou d'un système de signes. Malheureusement, les
faits sur lesquels ils se fondent ne sont pas détaillés avec
assez de précision pour justifier une pareille conclusion. Ainsi

le seul exemple que citent Kirby et Spence [1] ne prouve rien,
parce qu'il peut s'expliquer au moyen de l'odorat, sans qu'il
soit nécessaire de supposer qu'il y ait eu communication entre
les insectes ; tandis qu'Huber s'en tient à des considérations
générales sur « le frottement des antennes » sans détailler ses
observations. Mais depuis quelques années, des preuves aussi
nombreuses que précises sont venues confirmer l'opinion générale et démontrer d'une manière concluante, que les fourmis se comprennent. Je commence par emprunter à Sir John
Lubbock le récit de ses expériences les plus importantes :

« A trente pouces de distance d'un nid (F. niger) je dis-
» posai trois verres, en les espaçant de six pouces, puis je
» les reliai au nid au moyen de rubans parallèles. Dans l'un
» des verres je mis de trois cents à six cents larves, dans un
» autre trois ou quatre seulement ; et pour voir quelle part il
» faudrait attribuer au hasard dans les opérations à venir (je
» puis aussi bien dire, dès maintenant, qu'elle fut à peu près
» nulle), je laissai le troisième vide. Cela fait, je mis une
» fourmi dans chacun des verres à larves. Elles en prirent cha-
» cune une, la portèrent dans le nid, revinrent à la charge, et
» ainsi de suite. Après chaque voyage, j'avais soin de mettre
» une larve dans le verre qui n'en contenait que trois ou
» quatre, afin de remplacer celle qui venait d'être emportée.
» Or, si les fourmis venaient au hasard, ou si ayant vu leurs
» amies chargées de larves, elles en avaient tout simplement
» conclu qu'elles pourraient aussi en trouver au même en-
» droit, il est clair que les deux verres auraient dû les attirer
» en nombres égaux ou à peu près. D'ailleurs, le nombre de
» voyages étant presque le même pour chaque verre, les deux
» pistes ne présenteraient pas de différence sensible à l'odorat ;
» et une fourmi, en voyant une autre porter une larve, ne
» pourrait guère découvrir s'il en restait peu ou beaucoup.
» Si au contraire, il y avait recommandation de la part des
» premières venues, l'observation devenait intéressante : Le-
» quel des deux verres les nouveaux relais rechercheraient-
» ils en plus grand nombre ? J'ajouterai que les nouveaux
» venus étaient mis à part au fur et à mesure qu'ils se pré-
» sentaient, pendant toute la durée de l'expérience. »

1. *Introduction à l'Entomologie*, vol. II, p. 524.

En fin de compte, le nombre de fourmis mises en réquisition par les pionnières fut de deux cent cinquante-sept en quarante-sept heures et demie pour le verre rempli de larves, et de quatre-vingt-deux seulement, pendant cinquante-trois heures, pour celui qui n'en contenait que deux ou trois. Quant au verre vide, il ne fut pas visité une seule fois. Or les trois verres se trouvaient dans des conditions semblables, et il ne pouvait y avoir de différence tout d'abord entre les deux pistes conduisant aux larves ; le résultat semblerait donc indiquer qu'il y avait eu communication et communication précise, non seulement de l'existence des larves, mais aussi de l'endroit où elles se trouvaient en plus grand nombre. Mais revenons à Sir John Lubbock :

« Comme exemple de communication apparente, le fait
» suivant me frappa tout particulièrement. J'avais observé
» pendant la journée, une fourmi (F. niger) occupée à trans-
» porter des larves dans son nid. Le soir venu, je l'emprison-
» nai dans une bouteille, et ne la mis en liberté qu'à 6 heures
» 15 du matin. Aussitôt elle reprit son occupation ; mais
» comme j'avais à me rendre à Londres, je la séquestrai de
» nouveau à 9 heures. A mon retour, vers 4 heures 40, je la
» remis auprès des larves. Les ayant examinées avec soin, mais
» sans y toucher, elle se rendit au nid dont les abords étaient
» complètement déserts, et revint en moins d'une minute
» accompagnée de huit amies, avec lesquelles elle se dirigea
» du côté des larves. Aux deux tiers du chemin, je l'enfermai
» pour la troisième fois ; après quoi, je vis les autres hésiter
» quelque temps, puis se retirer avec une promptitude singu-
» lière. Enfin, à 5 heures 15, je la mis de nouveau avec les
» larves. Cette fois encore, elle n'y toucha point, et se rendit
» au nid les mains vides ; mais elle n'y fit qu'un séjour de
» quelques secondes, et reparut avec treize compagnes. Arri-
» vée aux deux tiers de la distance qui séparait les larves du
» nid, la troupe s'arrêta ; la fourmi en chef, malgré les cent
» cinquante voyages qu'elle avait fournis le jour précédent
» sur la même route et celui qu'elle venait de faire en allant
» au nid, paraissait avoir oublié le chemin et tâcher de se le
» rappeler. Je la laissai errer pendant une demi-heure, puis
» je la remis avec les larves. Somme toute, il me parut évi-
» dent que les vingt et une fourmis étaient sorties du nid à

» l'instigation de la première, car, outre qu'elles l'accom-
» pagnaient, elles se trouvaient seules en campagne. J'estime
» aussi qu'elles avaient été mises au courant des circons-
» tances; en tout cas, leur amie n'apportait rien qui pût leur
» inspirer l'idée de la suivre, puisqu'elle apparut chaque fois
» les mains vides. »

D'autres expériences démontrèrent, comme l'on pouvait du reste s'y attendre, qu'une fourmi peut seulement faire part à ses compagnes du fait de ses découvertes, elle ne peut leur en indiquer l'endroit. Sir John Lubbock s'y prit de la manière suivante : ayant placé un dépôt de larves à quelque distance d'un nid, il y porta une fourmi qui commença aussitôt une série de voyages d'aller et de retour. Mais chaque fois qu'elle sortait du nid accompagnée d'amies dont elle avait réclamé l'aide, Sir John l'enlevait et la portait aux larves, d'où il lui permettait de revenir en liberté. Les amies, privées de leur guide, se trouvaient dans l'impossibilité de se diriger vers le dépôt qu'elles avaient évidemment eu l'intention de visiter, erraient pendant quelque temps à l'aventure, et finissaient par rentrer au nid. Dans l'espace de deux heures, il n'en sortit pas moins de cent vingt, dont cinq seulement furent conduites par le hasard au bon endroit. Il résulterait de tout ceci, que la communication de fourmi à fourmi se borne à quelque signe qu'elles se font d'avoir à suivre. D'autres expériences vinrent confirmer cette conclusion ; elles montrèrent aussi que certaines espèces sont plus promptes à agir de concert que d'autres. Ainsi les *Lasius niger* s'associent bien plus volontiers que les *Formica fusca*. Une de ces dernières que Sir John Lubbock avait mise en contact avec du miel, y revint à plusieurs reprises pendant toute une journée, sans jamais y amener d'amies, et celles qu'elle croisait en chemin ne faisaient aucune attention à elle.

Sans doute on pourrait objecter qu'il suffit à une fourmi d'en voir une autre avec un fardeau, pour en conclure qu'elle n'a qu'à suivre son amie à son retour pour « découvrir le bon coin » ; mais cela n'expliquerait pas comment de deux dépôts pourvus tous les deux d'une fourmi guide, c'est le plus riche qui est le plus en faveur.

Du reste, pour tirer la question au clair Sir John Lubbock imagina de fixer une mouche morte avec une épingle de manière que la fourmi qui la découvrirait ne pût l'emporter vers le nid. En effet, il en vint une qui fit de violents efforts pour s'emparer de la mouche ; n'y réussissant pas, elle s'en fût au nid en chercher sept autres pour l'aider. Mais telle était son agitation qu'elle distança ses compagnes « qui pa- » raissaient avoir été dérangées au milieu d'un somme et » n'être encore qu'à moitié éveillées » et celles-ci ne sachant où se diriger, en furent réduites à explorer lentement le terrain pendant près de vingt minutes. Cependant leur amie avait livré, sans succès, un nouvel assaut à la mouche, et s'en était revenue au nid chercher du renfort. Les huit four- mis qui composaient le nouveau contingent étaient encore moins actives que les premières, et lorsqu'elles eurent perdu de vue leur guide qui avait couru en avant comme la pre- mière fois, elles n'eurent rien de plus pressé que de retourner au nid. Or, la première bande n'avait pas cessé ses recher- ches ; il s'en trouva dans le nombre qui eurent la chance de découvrir la mouche. Aussitôt elles se mirent à la dépecer, et à emporter les morceaux comme autant de trophées vers le nid, où elles avaient été réclamer du renfort comme d'ha- bitude.

Cette expérience fut répétée plusieurs fois et avec diverses espèces ; le résultat fut toujours le même. « Assurément, dit » Sir John, il y a là la preuve que les fourmis possèdent la » faculté de communiquer entre elles..... Comment douter » que la première bande était sortie à l'instance de leur amie ? » Celle-ci d'ailleurs était revenue au nid les mains vides, les » autres ne pouvaient donc rien voir en elle qui leur inspirât » le désir de la suivre. J'en conclus donc, je le répète, que » les fourmis ont le moyen de faire comprendre à leurs amies » qu'elles désirent leur aide. »

Il s'agissait dès lors de savoir si le son jouait un rôle dans les communications. Pour s'en assurer, Sir John Lubbock disposa près d'un nid de *Lasius niger* six petites colonnes en bois hautes d'un pouce et demi, et versa une goutte de miel sur l'une d'elles. « Après quoi, dit-il, je mis trois fourmis sur » la colonne à miel, et à mesure qu'elles étaient repues je les » enfermais pour en mettre d'autres à leur place. De cette » manière il y avait toujours trois fourmis sur la colonne à » miel, mais il n'en revenait pas une au nid. Si donc les

» fourmis communiquaient entre elles au moyen de sons, il
» devait bientôt s'en présenter un grand nombre autour du
» miel. » Le résultat de l'expérience fut de nature à démontrer que les fourmis ne peuvent pas s'appeler ainsi de loin.

On doit au célèbre géologue Hague une série d'observations
fort intéressantes qu'il raconte dans ses lettres à Darwin
(voir « Nature », vol. VII, pages 443-444) ; je les cite comme
dernière preuve de la faculté d'entente mutuelle chez les
fourmis, ou tout au moins chez certaines espèces.

« A chaque extrémité de la cheminée de notre salon se
» trouve un vase que ma femme, très éprise de fleurs, a
» l'habitude de remplir de violettes ainsi qu'un verre qui
» occupe le milieu. Il y a quelque temps je remarquai sur le
» mur au dessus du vase à gauche, une file de petites four-
» mis rouges qui circulaient entre la cheminée et un petit
» trou près du plafond à l'endroit où l'on avait enfoncé un
» clou pour y pendre un tableau. Peu nombreuses à l'ori-
» gine, les fourmis se multiplièrent de jour en jour au point
» d'en arriver à former un convoi continu du trou au vase et
» du vase au trou. Elles ne s'étaient point encore avisées de
» l'autre vase ni du verre.

» Je venais de faire une longue maladie, et ayant à garder
» la chambre, j'avais l'habitude de passer mes journées dans
» la salle où les fourmis avaient attiré mon attention. Leur
» présence m'ennuyait, mais je ne connaissais pas de moyen
» efficace de m'en débarrasser. J'essayai d'abord pendant
» plusieurs jours de les balayer en masse de haut en bas ; mais
» comme elles tombaient sur le plancher sans se faire de mal,
» je n'y gagnai rien, et je m'aperçus bientôt qu'elles avaient
» fondé une autre colonie au pied du mur, de sorte que le
» vase avait à subir deux invasions, l'une par en haut, l'autre
» par en bas. Un jour, comme une trentaine de fourmis se
» trouvaient réunies au pied du vase, je frappai le groupe
» légèrement du bout du doigt écrasant les unes et éclop-
» pant les autres. Ce désastre produisit un effet aussi rapide
» qu'inattendu. A peine une nouvelle venue apercevait-elle
» ses camarades mortes ou se tordant de douleur qu'elle fai-
» sait volte-face et s'enfuyait à toutes jambes. Au bout d'une
» demi-heure il n'y eut plus une seule fourmi sur le mur au
» dessus de la cheminée.

» Quant à celles d'en bas, elles continuèrent pendant une
» heure ou deux à monter jusqu'à la hauteur de l'arête
» inférieure du manteau de la cheminée. Arrivées là, les plus
» timides semblaient pressentir un sinistre, et s'en retour-
» naient sans avoir vu le vase ; les autres, ayant continué
» leur chemin d'une allure incertaine jusqu'à l'arête supé-
» rieure, allongeaient leurs antennes et tendaient le cou pour
» tâcher de reconnaître le terrain, mais à la vue du massacre,
» elles se retiraient précipitamment avec toute l'apparence
» de l'agitation et de la terreur. Deux heures après, la route
» de la colonie d'en bas au vase était presque entièrement
» déserte.

» Je tuai une ou deux fourmis, en appuyant du doigt de
» manière à ne pas laisser de traces et voici ce que j'observai :
» Quand une de leurs amies, au cours de son ascension vers
» la cheminée, venait à passer l'endroit, elle manifestait aus-
» sitôt un grand émoi et s'en retournait aussi vite que possible ;
» si elle en rencontrait une autre en chemin, elle ne manquait
» jamais de s'entretenir avec elle ; après quoi elle continuait
» sa route tandis que la dernière venue se dirigeait vers
» l'endroit fatal pour y subir le même effroi suivi d'une fuite
» également précipitée.

» A la suite de ces incidents, plusieurs jours s'écoulèrent
» sans que je visse de fourmis sur le mur soit en haut soit en
» en bas ; puis j'en vis sortir quelques-unes de la colonie
» inférieure, et je remarquai qu'elles évitaient le vase qui
» avait été le théâtre du massacre. C'était maintenant le vase
» du milieu qui les attirait et auquel elles arrivaient en suivant
» l'arête inférieure de la cheminée. Je résolus de recommencer
» l'expérience que je venais de faire en commettant un nou-
» veau massacre au pied du verre, et je pus constater le même
» résultat. C'était toujours la même agitation avant même
» que les cadavres ne fussent en vue, les esprits timides fuyant
» aussitôt, les autres après avoir poussé une reconnaissance.
» De temps en temps quelque fourmi aventureuse s'avançait
» jusqu'au milieu des cadavres ou des mourants ; mais alors
» elle perdait sa présence d'esprit, courait de tous côtés,
» tournait en cercle, s'arrêtant par moments avec un mouve-
» ment d'antennes en signe de désespoir et finissait par se
» sauver. Après cet épisode, il y eut un intervalle de plusieurs

» jours, pendant lequel je ne vis plus de fourmis. Il y a trois
» mois de cela et au moment où j'écris, la solitude règne dans
» la colonie d'en bas. Mais celle d'en haut continue à envoyer
» des éclaireurs de temps à autre, surtout quand des violettes
» fraîches répandent leur parfum ; mais ils n'approchent
» presque jamais du vase abandonné ; le verre seul excite leur
» convoitise. Il suffit du reste d'écraser une ou deux fourmis
» sur la piste qu'elles suivent en descendant d'en haut, pour
» dégoûter les autres et les éloigner pour plusieurs jours,
» voire même pour quinze. J'ai dernièrement choisi pour cette
» opération le point le plus élevé que je puisse atteindre
» c'est-à-dire de trois à quatre pieds au-dessus de la che-
» minée. La première fourmi qui y parvient après l'exécu-
» tion fait volte-face, et le mur se trouve bientôt libre d'in-
» sectes. »

A la page 244 du huitième volume du même ouvrage de
M. Darwin se trouve une autre lettre de M. Hague à ce sujet.
M. Moggridge, paraît-il, avait suggéré à M. Darwin l'idée que
l'observation de M. Hague pouvait peut-être s'expliquer après
tout par une répulsion de la part des fourmis pour la trace
odorante du doigt qui traverse leur chemin ; que cette répulsion avait été souvent constatée aussi bien par lui que par
d'autres, et qu'il n'était donc pas absolument nécessaire d'y
voir une terreur raisonnée produite par la vue du massacre.
M. Darwin fit part de cette idée à M. Hague en le priant de la
vérifier par de nouvelles expériences, et c'est à la suite de ces
épreuves que la lettre en question fut écrite.

« M'inspirant de l'idée de M. M...... je me contentai d'abord
» de passer le doigt à travers la piste sur la cheminée qui est
» en marbre. J'obtins le même résultat que lui ; les fourmis
» ne semblaient pas précisément effrayées ; c'était plutôt de
» l'aversion qu'elles montraient en s'efforçant d'éviter l'en-
» droit au moyen d'un détour, ou en ne se décidant à y passer
» qu'au bout de quelque temps et après être retournées sur
» leurs pas. J'en tuai ensuite plusieurs sur leur passage, non
» pas avec le doigt mais avec un morceau d'ivoire. Cette fois
» comme avant celles qui approchaient du théâtre de l'exé-
» cution, rebroussaient chemin ; mais avec plus de marques
» d'effroi. Je fis ainsi plusieurs massacres dont l'effet ultime
» fut le même que l'hiver passé, c'est-à-dire qu'après avoir

» bravé le danger pendant une semaine ou deux, les fourmis
» finirent par disparaître et nous ne les avons plus revues. Il
» paraîtrait donc que l'odeur de la main suffit pour les repous-
» ser, mais que l'effet produit dans ma première expérience
» doit s'attribuer au massacre de leurs semblables. Du reste,
» j'en étais sûr dès la première exécution que je fis, à en
» juger par les manœuvres des fourmis en cette occasion.
» Car, on se le rappelle, celles qui venaient d'en bas s'arrê-
» taient à l'arête supérieure de la cheminée, jetaient un coup
» d'œil au delà, puis, effrayées par le spectacle qui s'offrait
» à leur vue, se retiraient un peu pour revenir bientôt à la
» charge en quelque autre point, et toujours avec le même ré-
» sultat ; tandis que celles qui s'étaient fourvoyées au milieu
» des mortes et des mourantes, couraient de l'une à l'autre
» dans la consternation. J'ai bien peur qu'il n'en revienne
» plus ; sinon j'essaierai à l'occasion de poursuivre nos
» recherches dans l'ordre d'idées que m'a suggéré M. Mog-
» gridge. »

Et maintenant je n'ai plus qu'à conclure ce paragraphe. Je
crois avoir suffisamment démontré par les exemples que j'ai
cités, que les fourmis ont le don de communiquer entre elles.
D'ailleurs, on en trouvera souvent la preuve accessoire dans
les observations qui suivront.

Habitudes communes a plusieurs espèces.

Formation des essaims. — Quoique tous les détails de l'essaimage des fourmis n'aient point encore été approfondis, il en
est cependant quelques-uns sur lesquels on a des renseignements précis. Quelque belle après-midi, au mois de juillet ou
d'août, les insectes ailés des deux sexes quittent le nid et partent pour leur voyage de noce. Les travailleurs agrandissent
les issues et en pratique de nouvelles ; une grande activité
règne à la surface du nid. L'essaim, pareil à un nuage épais
d'insectes, s'élève à une hauteur considérable ; choisissant
d'habitude soit un arbre, soit une tour comme centre, il vole
en cercle pendant des heures et l'accouplement a lieu au cours
de ses évolutions. Il retourne ensuite vers le sol, où les insectes mâles, privés d'abri, incapables de se nourrir eux-
mêmes, ne tardent pas à devenir la proie des araignées ou des

oiseaux ou à périr d'inanition. — « Les travailleurs, ou four-
» mis neutres de leur communauté, ne s'intéressent plus à
» eux, sachant bien que leur tâche est achevée. » — La plupart des femelles fécondées éprouvent le même sort ; un petit
nombre seulement réussit à se cacher dans des trous qu'elles
rencontrent ou qu'elles creusent, et y fondent une nouvelle
colonie. Leur premier soin est de se débarrasser de leurs
ailes devenues inutiles, les tiraillant et les tordant à l'aide
de leurs tarses terminés par des crochets ; après quoi elles
déposent leurs œufs et deviennent avec le temps reines de la
nouvelle communauté.

D'après Forel, une femelle fécondée ne revient jamais à
son premier domicile, mais il en reste au nid quelques-unes
qui ont été fécondées avant la formation de l'essaim et
auxquelles les travailleurs qui les gardent, arrachent les
ailes. Cependant la plupart des observateurs affirment qu'un
certain nombre de femelles fécondées retournent chez elles
et deviennent mères là où elles ont passé leur enfance. Il
y a probablement du vrai dans chacune de ces opinions. Un
correspondant de la *Groniger Deckblad* (numéro du 16 juin
1877) remarque que vu le fâcheux effet de la réclusion en
pareille circonstance, l'observation de Forel lui semble la
moins probable et que si les fourmis retiennent les femelles
fécondées avant l'envolée ; s'il s'en rencontre probablement
un corps de réserve auquel les ouvrières n'ont recours qu'en
cas de nécessité et si elles n'ont pas réussi à recueillir quelques
reines sur le retour.

Élevage. — Les œufs n'augmentent de volume et ne se
transforment en larves qu'à condition d'être léchés sur toute
leur surface. — Pendant près de **quinze** jours, les fourmis ouvrières les montent ou les descendent d'étage en étage dans le
nid, suivant les conditions de chaleur, d'humidité, etc...; au
bout de ce temps, les larves apparaissent et réclament à leur
tour les soins des ouvrières. Celles-ci les nourrissent avec la
pâture dont elles ont fait provision dans leur gésier ou pro-
ventricule, et qu'elles lancent bouche contre bouche dans l'in-
testin des jeunes fourmis, qui témoignent de leur appétit en
remuant leurs petites têtes brunes. — Les ouvrières veillent
également à la propreté des larves et les préservent du froid
ou de l'humidité en les changeant de cellule ou d'étage.

Parvenues à maturité les larves tissent des cocons et deviennent chrysalides (œufs de fourmis des marchands d'oiseaux). — Dans cet état elles n'ont plus besoin de nourriture, mais exigent encore des soins minutieux contre l'humidité, le froid et la malpropreté. — Quand l'insecte, complètement développé, est prêt à paraître, les ouvrières facilitent l'opération en déchirant le cocon avec leurs dents. Ce qu'il y a de remarquable, c'est qu'elles ne semblent pas consommer cette délivrance à jour fixe, mais tantôt plus tôt, tantôt plus tard, suivant la rapidité du développement. « Au sortir de la chrysa-
» lide le petit insecte est encore recouvert d'une mince peau,
» semblable à une chemise, dont il lui faut se débarrasser. —
» Cela se fait très adroitement ; puis on le lave, on le brosse,
» on le nourrit, enfin, tout se passe comme dans une famille
» humaine. — Les cocons vides sont emportés hors du nid
» et on peut en voir des tas pendant longtemps. — Certaines
» fourmis les emportent au loin, ou s'en servent pour cons-
» truire leurs habitations [1]. »

Éducation. — La jeune fourmi, à son entrée dans le monde, ne paraît pas avoir une connaissance complète des devoirs qui lui incombent comme membre d'une communauté. — On la promène à travers le nid et « on lui apprend à prati-
» quer les vertus domestiques, surtout à soigner les larves ». Plus tard, on lui enseigne à distinguer entre amis et ennemis. Quand un nid est attaqué, les jeunes fourmis ne prennent jamais part à la mêlée ; elles ne songent qu'à mettre les chrysalides hors d'atteinte. Du reste, le résultat d'une expérience que fit Forel démontre que ce n'est pas entièrement d'instinct que les fourmis reconnaissent les ennemis héréditaires de leur race. — Il avait réuni dans un casier en verre neuf espèces de fourmis naturellement ennemies, dont trois étaient représentées par de jeunes insectes et les autres par des chrysalides. Loin de se quereller, les jeunes fourmis se mirent à soigner de concert les chrysalides, jusqu'à éclosion. Alors se présenta le spectacle curieux d'une colonie artificielle composée d'ennemis naturels et vivant en parfaite harmonie, comme ces « familles hétérogènes » que l'on voit dans les foires.

Pucerons. — Il est reconnu que les pucerons servent pour

1. Büchner, *Geistesleben der Thiere* (pp. 66-67).

ainsi dire, de vache à plusieurs espèces de fourmis. Huber fut
le premier à découvrir ce fait ; il remarqua que les fourmis
recherchent les œufs de pucerons, et leur donnent les mêmes
soins qu'aux leurs. Après l'éclosion elles pourvoient à la nourriture des jeunes pucerons et en tirent un liquide sucré et
mielleux en leur frottant l'abdomen avec les antennes, ce qui
produit une sorte d'excrétion. Ch. Darwin a également observé
cette opération et voici ce qu'il dit à ce propos :

« Ayant remarqué sur une plante des fourmis qui surveil-
» laient un groupe d'une douzaine de pucerons, je les séparai.
» Au bout de quelques heures je pensai que les pucerons de-
» vaient éprouver le besoin d'excréter et je les examinai à la
» loupe, mais sans résultat : j'essayai alors, sans plus de suc-
» cès, d'imiter à l'aide d'un cheveu le chatouillement des an-
» tennes des fourmis. Enfin je permis à une de ces dernières
» de revenir auprès des pucerons. Elle parut aussitôt se
» rendre compte de la bonne trouvaille qu'elle venait de
» faire et se mit en devoir de traire le troupeau en détail.
» Au contact de ses antennes, chaque puceron soulevait son
» abdomen et en rejetait une goutte limpide et sucrée que la
» fourmi s'empressait d'avaler ; affaire d'instinct du reste, car
» les jeunes pucerons qui ne pouvaient être guidés par l'expé-
» rience se comportaient de même. »

Oui, mais il en résulte aussi qu'il y a là, de la part des
pucerons, production volontaire du liquide en question ; pour
mieux dire, l'instinct qui les porte à le produire s'est développé en rapport avec les besoins des fourmis, si bien que le
frottement des antennes agit comme cause déterminante de
la secrétion ; la preuve en est, que sans elle, les pucerons
n'excrètent que lorsque l'accumulation du fluide secrété les
y forcent. Ici se pose la question de savoir comment concilier ce fait avec les principes de l'évolution ; comment cet instinct, dont profitent les fourmis, a-t-il pris naissance chez les
pucerons qui, de prime abord, ne semblent en retirer aucun
avantage ! Ch. Darwin s'en tire de la manière suivante :
« Quoiqu'il soit sans exemple qu'un animal se comporte de
» telle ou telle façon dans l'intérêt exclusif d'un autre, il est
» de fait que chaque espèce cherche à tirer parti de l'instinct
» des autres ; comme la secrétion est très visqueuse, il est
» probable que les pucerons trouvent commode d'en être dé-

» barrassés, et qu'ils ne l'excrètent pas uniquement pour le
» plus grand bien des fourmis [1]. »

Certaines fourmis qui ont des pucerons construisent des
galeries ou tunnels conduisant aux arbres ou arbustes sur
lesquels paissent leurs troupeaux. Forel découvrit un de ces
chemins couverts qui occupait toute la hauteur d'un mur, de
chaque côté. Quelquefois, ces tunnels se prolongent de manière
à englober la tige des plantes où résident les pucerons. Ces derniers se trouvent alors en prison, mais, en pareil cas, le tunnel
s'élargit et forme des cavités considérables pour le logement
des insectes. Les portes de ces cellules sont justes à la taille
des fourmis; les pucerons ne peuvent y passer. Forel cite un
exemple curieux de ce genre de prison ou d'étable; elle se
trouvait aménagée dans l'intérieur d'une sorte de cocon suspendu à une branche, et contenait des pucerons dont les fourmis avaient le plus grand soin. Huber rapporte des cas analogues.

On doit à Sir John Lubbock des détails fort intéressants sur
la manière dont les *Lasius flavus* se comportent vis-à-vis
des pucerons. Après avoir constaté qu'elles en soignent les
œufs avec la plus grande vigilance et les transportent aux
cellules inférieures de leur nid à la moindre alerte, il rapporte une série de faits tout à fait nouveaux qui révèlent un
degré surprenant de méthode de la part de ces insectes dans
leurs procédés.

« Je m'étais imaginé que mes œufs de pucerons apparte-
» naient à l'une des espèces qui se trouvent d'habitude à la
» racine des plantes qu'englobent les nids du *Lasius flavus*.
» Quelle ne fut pas ma surprise, après l'éclosion, de voir les
» jeunes se diriger vers la sortie du nid, quelquefois même
» avec l'aide des fourmis. Je mis à leur portée des racines
» d'herbe, etc..., mais en vain; ils semblaient mal à leur aise,
» erraient à l'aventure et finissaient par périr. Du reste, ils
» ne ressemblaient pas à l'espèce souterraine. En 1878, j'es-
» sayai de nouveau d'en élever, et réussis à faire éclore un
» grand nombre d'œufs; mais ce fut là tout mon succès.
» Cette année-ci, j'ai obtenu de meilleurs résultats. J'avais
» mis les œufs dans un nid de *Lasius flavus*, près duquel se

---

1. *Origine des espèces*, sixième édition anglaise, pages 207-208.

» trouvait un casier en verre contenant plusieurs spécimens
» vivants de plantes que l'on trouve communément dans le
» voisinage des nids de fourmis. L'éclosion eut lieu dans le
» courant de la première semaine de mars, et les fourmis
» transportèrent aussitôt une partie des jeunes dans le casier
» aux plantes. Peu de temps après, je remarquai à l'embran-
» chement des feuilles d'un pied de marguerites, quelques
» petits pucerons dont je n'aurais pu retracer l'origine, mais
» qui ressemblaient beaucoup à ceux du nid. En tout cas,
» l'endroit semblait leur convenir, et il est certain que les
» fourmis les trouvèrent à leur goût, car elles n'eurent rien
» de plus pressé que de leur construire une prison sur place.
» Les choses en restèrent là tout l'été, mais, le 9 octobre, je
» m'aperçus que les pucerons avaient fait des œufs entière-
» ment semblables à ceux que j'avais trouvés dans les nids
» de fourmis, et que plusieurs pieds de marguerites alen-
» tour recélaient aussi des insectes et des œufs de la même
» espèce.

» J'avoue que cette découverte me surprit beaucoup. Les
» observations d'Huber étaient déjà fort remarquables ; mais,
» enfin, qu'il y eût des œufs de pucerons dans les nids où les
» insectes eux-mêmes étaient enfermés, n'était, après tout,
» qu'une coïncidence naturelle. Mais voici, d'une part, des
» pucerons qui habitent des plants hors du nid et y déposent
» leurs œufs vers le commencement d'octobre, de l'autre, des
» fourmis qui, sans intérêt immédiat, enlèvent ces œufs pour
» les mettre à l'abri dans leur nid, les soignent assidûment
» pendant tout l'hiver et au mois de mars, sortent les jeunes
» pucerons et les remettent sur la plante d'où ils proviennent.
» C'est là, à mon avis, un trait de prudence très remarquable
» démontrant que, si les fourmis de nos contrées ne font pas
» de provisions pour l'hiver, elles soignent pendant six mois
» les œufs qui assureront leur nourriture durant l'été. »

J'emprunte à la « *Geistesleben der Thiere* » de Büchner,
l'exemple suivant, raconté par M. Nottebohm, inspecteur des
bâtiments à Carlsruhe, dans une conférence intitulée : « Colo-
nisation des pucerons par les fourmis », le 24 mai 1876 ; il me
paraît encore plus étonnant que ce qui précède : « De deux
» jeunes saules-pleureurs que j'avais plantés dans mon jardin,
» à Kattowitz (Haute-Silésie), l'un réussit à souhait et attei-

» gnit en cinq ou six ans son maximum de développement
» comme feuillage, tandis que l'autre se couvrait régulière-
» ment chaque année, à l'époque des bourgeons, de milliers de
» pucerons qui détruisaient les jeunes feuilles et retardaient
» la croissance de l'arbre. Ce que voyant, je résolus d'en finir
» avec ces insectes. Lorsque vint le mois de mars, je pris une
» seringue et nettoyai, avec grand soin, chaque bourgeon de
» chaque branche. Grâce à cette opération, l'arbre retrouva
» sa vigueur, et je me réjouis de voir branches et feuilles en-
» tièrement libres de pucerons. Mais ma joie fut courte. Par
» une belle matinée, au commencement de juin, je remarquai
» une masse de fourmis montant et descendant le long du tronc
» et, en y regardant de plus près, je vis à mon grand éton-
» nement, de nombreuses bandes occupées à transporter cha-
» cune un puceron vers le sommet de l'arbre, dont elles avaient
» déjà garni les bandes inférieures. Au bout de quelques se-
» maines, le mal fut pire que jamais. L'arbre s'élevait au
» milieu d'une petite pelouse toute peuplée de fourmis, et seul
» offrait une place favorable à une colonie de pucerons. J'a-
» vais détruit cette colonie, mais les fourmis la reconstituè-
» rent en allant chercher au loin de nouveaux colons qu'elles
» établirent sur les jeunes feuilles [1]. »

Marc Cook rapporte qu'en observant des fourmis ouvrières
de l'espèce à monticules, qui circulaient du nid à l'arbre où
elles allaient traire leurs aphides, il remarqua un bien plus
grand nombre d'abdomens gonflés parmi celles qui descendaient le long du tronc que parmi celles qui rentraient dans le
nid. Il finit par découvrir au pied de l'arbre, à l'entrée des
galeries souterraines, un groupe de fourmis qui se faisaient
nourrir comme des larves, et auxquelles il donna le nom de
« pensionnaires ». Il observa, paraît-il, le même fait chez d'autres espèces de fourmis, et, en particulier, chez les fourmis
des bois de Pensylvanie qui nourrissent de cette façon les
hauts personnages qui gardent la reine. Selon lui, il y aurait
là une conséquence naturelle du système de distribution qui
caractérise en général le travail des fourmis. Celles qui ont
leur tâche à l'intérieur du nid laissent à d'autres le soin
de pourvoir à leur alimentation ainsi qu'à celle des jeunes;

1. *Loc. cit.*, page 121.

c'est un échange de services qui s'effectue de la manière la plus propice à l'intérêt général, comme le démontre l'expérience [1].

Outre les pucerons, il existe plusieurs sortes d'insectes que les fourmis exploitent de la même manière dans différentes parties du monde. Certaines espèces entretiennent à la fois des chenilles et des pucerons; mais Mac Cook a reconnu, qu'en pareil cas, chaque troupeau a son étable à part. Selon le même observateur, les chenilles du genre *Lycœna* sont aussi recherchées des fourmis à cause du fluide sucré qu'elles secrètent.

Esclavage. — Il y a au moins trois espèces chez lesquelles l'esclavage est en vogue; ce sont les *Formica rufescens, sanguinea* et *strongylognathus*. Ce fut P. Huber qui, à l'origine, découvrit ce trait de mœurs, en observant la première de ces espèces dont les esclaves appartiennent, paraît-il, au genre F fusca ou fourmi noire. Elles attaquent en masse le nid de ces dernières, leur livrent un combat sanglant et si la victoire leur reste, elles s'emparent des chrysalides, les emportent et les soignent jusqu'à éclosion, pour en tirer des esclaves. On trouvera, dans le livre de Ch. Darwin (*Origin of species*, 6ᵉ édition anglaise, page 218), le récit d'une de ces batailles dont il fut témoin.

Ainsi écloses dans le nid de leurs maîtres, les jeunes esclaves semblent s'y considérer comme chez elles, car elles ne cherchent jamais à s'en échapper et le défendent avec énergie. Du reste, la tâche qui leur incombe varie suivant les espèces. Les *Formica sanguinea* se contentent d'un plus petit nombre d'esclaves que les *F. rufescens*, et les emploient exclusivement aux soins de l'intérieur, qu'elles ne leur permettent pas de quitter. Il n'y a donc qu'un moyen de les voir: c'est d'ouvrir le nid où les esclaves se distinguent, par leur petite taille et leur couleur noire d'avec leurs maîtresses dont le corps est rouge et plus gros. Ces dernières se chargent des corvées à l'extérieur, et lorsqu'elles émigrent, on les voit porter leurs esclaves qu'elles tiennent à la bouche. Les fourmis du genre rufescens, outre qu'elles ont un plus grand nombre d'esclaves, leur attribuent une bien plus large part de

____

1. *Loc. cit.*, page 123.

besogne; d'abord, les mâles et les femelles fécondes ne travaillent pas; ensuite, les femelles stériles ou ouvrières ne
s'occupent que de la chasse aux esclaves, qui, par conséquent,
deviennent l'unique soutien de la communauté. Les maîtres
ne savent ni construire leurs nids, ni nourrir leurs larves ; ce
sont les esclaves qui prennent l'initiative de l'émigration et
qui, cette fois, portent leurs maîtres. Une trentaine de ces
fourmis qu'Huber avait enfermées, avec leurs larves et leurs
chrysalides, mais sans esclaves, dans un local bien approvisionné de leur pâture favorite, se montrèrent incapables de se
nourrir elles-mêmes. En ayant vu périr plusieurs, il introduisit une esclave. Celle-ci se mit aussitôt à l'œuvre, nourrissant les survivants, soignant les larves et construisant des
cellules.

Pour vérifier cette expérience, Lespès imagina de placer un
morceau de sucre à proximité d'un nid. Survint une esclave
qui, après s'être bien repue, retourna au nid. D'autres lui succédèrent, et ce manège durait depuis quelque temps, lorsque
plusieurs maîtresses, s'apercevant de ce qui se passait, vinrent rappeler leurs esclaves au sentiment de leurs devoirs, en
leur tirant les jambes. Elles furent aussitôt servies. Les expériences de Forel confirment, en tous points, celles d'Huber.
D'ailleurs, en ce qui concerne les fourmis du genre rufescens,
il suffit de remarquer la conformation de l'insecte, pour voir
qu'il lui est impossible de se nourrir lui-même. Les mâchoires
longues et étroites sont faites pour transpercer la tête d'une
ennemie ; mais ne peuvent servir à manger, qu'autant que la
bouche de l'esclave y introduit la pâture à l'état liquide. Il
faut donc chercher bien loin l'origine de cet instinct de l'esclavage, puisqu'il a eu le temps de modifier si profondément la conformation première de l'insecte. Voici comment
Ch. Darwin se résume, après avoir parlé de la tâche respective des esclaves chez les *Formica sanguinea* et *rufescens*.

« Cette dernière espèce, dit-il, s'en rapporte entièrement à
» ses nombreuses esclaves, pour la construction du nid, l'émi
» gration et l'alimentation de la communauté; elle ne peut
» même pas manger sans leur aide. Au contraire, l'espèce
» sanguinea n'a qu'un petit nombre d'esclaves, surtout au
» commencement de l'été, se charge de l'émigration, lorsque

» le moment lui en paraît venu, et transporte ses serviteurs.
» En Suisse comme en Angleterre, les fourmis maîtresses
» vont seules à la chasse aux esclaves, mais elles leur con-
» fient la garde des larves. En Suisse, maîtres et esclaves
» travaillent de concert à la construction du nid et s'occupent
» des aphides. En Angleterre, ce sont les maîtres seuls qui,
» d'habitude, quittent le nid en quête de matériaux et de pâ-
» ture, non seulement pour eux-mêmes mais aussi pour leurs
» esclaves et pour les larves ; ils font donc beaucoup plus de
» besogne qu'en hiver. »

Ch. Darwin croit devoir attribuer la moins grande activité
des fourmis maîtresses en Suisse, au nombre de leurs esclaves.
Il dit avoir observé, en Angleterre, une communauté où les
esclaves abondaient et vu les maîtres sortir du nid, en com-
pagnie de quelques esclaves, se rendre à un pin d'Écosse et
en commencer l'ascension, sans doute, avec l'idée d'y rencontrer des aphides. Du reste, la chasse aux aphides serait, selon
Huber, la principale occupation des esclaves en Suisse. Encore une observation de Darwin.

Il s'agissait de reconnaître si les fourmis du genre F. sanguinea distinguent les chrysalides du genre F. fusca (espèce
paisible qui leur fournit d'habitude leurs esclaves) d'avec celle
du genre F. flava, dont elles ne réussissent que rarement à
s'emparer, et non sans de vifs combats. « Les chrysalides des
» fourmis noires furent recueillies avec empressement, mais
» celles des fourmis jaunes firent, tout d'abord, l'effet d'un
» épouvantail ; cependant, au bout d'un quart d'heure, les
» fourmis jaunes, ayant quitté leur nid, que j'avais quelque
» peu dérangé, l'ennemi reprit courage et enleva les chrysa-
» lides. Il me parut évident que, dès le début, il avait reconnu
» la différence entre les deux espèces de chrysalides. »

Il y a là un instinct remarquable, dont l'origine, d'après
Ch. Darwin, s'expliquerait de la manière suivante : « J'ai sou-
» vent vu, dit-il, des fourmis qui ne pratiquent pas l'escla-
» vage emporter dans leur nid les chrysalides d'une autre
» espèce que j'avais répandues aux alentours. Elles n'y virent
» sans doute, qu'un genre de provision comme un autre ; mais
» il peut arriver que quelques-unes de ces chrysalides se dé-
» veloppent et que les fourmis étrangères, ainsi introduites,
» se livrent aux travaux que leur instinct naturel leur in-

» dique. Or, si leur coopération est appréciée de la commu-
» nauté — si l'espèce dont se compose cette dernière trouve
» plus d'avantage à se procurer des serviteurs aux dépens
» d'autrui que par la voie de la reproduction, l'habitude de
» recueillir des larves en guise de pâture pourrait, avec le
» temps, se transformer, d'une manière permanente et pren-
» dre l'esclavage pour objectif. Une fois acquis, et alors même
» qu'il serait plus faible qu'il ne se montre chez les *F. san-*
» *guinea* en Angleterre, cet instinct pourrait se développer
» dans la mesure de l'intérêt de l'espèce, et aboutir à un
» type tel que celui des *F. rufescens*, dont l'existence même
» dépend de l'esclavage. »

Les fourmis paraissent, en outre, se servir de certains insectes comme de bêtes de somme. Je citerai, à ce sujet,
l'exemple que rapporte Perty, dans sa *Vie intellectuelle des
animaux* (2ᵉ édition, page 329) :

« D'après Audubon, certaines punaises (*leaf-bugs*) servent
» d'esclaves aux fourmis des forêts du Brésil. Lorsque ces
» dernières ont coupé une quantité suffisante de feuilles, elles
» se les font porter à domicile par une colonne de punaises,
» rangées deux à deux. Elles en surveillent la marche, font
» rentrer dans les rangs les punaises qui s'en écartent, hâtent
» le pas des retardataires en les mordant, et, la corvée ache-
» vée, les enferment dans quelque endroit où elles leur ser-
» vent de maigres rations. »

Guerres. — Il y aurait beaucoup à dire à ce sujet, car les
faits abondent ; mais je ne puis m'y étendre. Le « *casus belli* »
le plus fréquent provient du pillage des nids par les fourmis
à esclaves. Les observateurs sont d'accord à reconnaître que
ce pillage s'effectue par une levée en masse d'une tribu qui
fond sur un nid de l'espèce qui lui fournit ses esclaves.

D'après Forel et Lespès, des éclaireurs vont d'abord reconnaître le pays, et lorsqu'ils ont découvert un nid qui leur
paraît se prêter à une attaque, ils y conduisent le corps d'expédition. Un jour, Forel vit plusieurs fourmis Amazones (*F.
rufescens*), qui examinaient les abords d'un nid de fourmis
noires (*F. fusca*). Mais les architectes connaissent leur affaire
et savent si bien dissimuler les issues que l'ennemi en est
souvent pour ses frais d'inspection.

Si toutefois, les espions réussissent à se rendre compte du

terrain, ils retournent droit à leur nid. Forel en a vu se promener à la surface de leur domicile, comme s'ils délibéraient
avant de prendre une décision ; puis, pénétrer dans le nid où
l'on attendait évidemment leur rapport, car bientôt après, les
guerriers commençaient à défiler en colonne d'attaque dans
la direction du camp étranger. De son côté, Lespès donne les
détails suivants sur ces expéditions :

« Elles n'ont lieu que vers la fin de l'été et en automne,
» c'est-à-dire à l'époque où les fourmis ailées des races es-
» claves (*F. fusca* et *F. cunicularia*), se sont déjà envolées ;
» car les Amazones ne tiennent pas à ramener des bouches
» inutiles. Vers trois ou quatre heures de l'après-midi, si le
» temps est clair, les maraudeurs se mettent en route, tout
» d'abord sans ordre apparent; mais bientôt ils se forment en
» colonne et s'avancent rapidement, changeant chaque jour
» de direction. Ils marchent en ordre serré, et l'avant-garde
» semble, tout le temps, examiner le sol. A chaque instant, il
» en arrive d'autres qui les devancent et grossissent la tête de
» colonne. En attendant, ce qui les occupe, c'est de trouver
» la piste des fourmis qu'elles se proposent de dépouiller et
» c'est l'odorat qui les guide. Elles s'en vont reniflant, comme
» des chiens de chasse, et viennent-elles à découvrir la piste,
» elles bondissent aussitôt en avant suivies de toute la co-
» lonne. La plus petite armée que j'aie observée comptait plu-
» sieurs centaines de combattants, mais j'en ai vu qui for-
» maient une colonne de cinq mètres de long sur cinquante
» centimètres de large. Enfin, après une étape plus ou moins
» longue (elle dure quelquefois une bonne heure), le corps
» d'expédition arrive au nid convoité, y pénètre et en ressort
» bientôt, suivi de la masse des assiégés. Des deux côtés, ce
» sont les larves et les chrysalides qui absorbent toute l'at-
» tention ; les unes cherchent à les dérober, les autres, à les
» mettre hors d'atteinte sur les plantes voisines, sachant
» les Amazones incapables de grimper. Les maraudeurs sont
» poursuivis et dépouillés d'autant de butin que possible ;
» mais ils ne font guère attention à ces attaques, et ne
» songent qu'à retourner chez eux aussi vite que possible,
» non pas par le chemin le plus court mais par celui qu'ils ont
» déjà suivi et que leur odorat leur indique. De retour au nid,
» ils confient leur butin aux esclaves et ne s'en occupent

» plus. Quelques jours après, les chrysalides parviennent à
» maturité, et les jeunes insectes prennent part, sans bron-
» cher, aux différents travaux de la communauté [1]. »
Voici d'autres détails empruntés à Büchner :

« De temps en temps, l'armée fait une courte halte, soit
» pour permettre à l'arrière-garde de rejoindre, soit pour
» discuter la marche suivie, soit enfin, parce qu'elle s'est
» fourvoyée. Huber ne paraît avoir constaté qu'une seule mé-
» saventure de ce genre ; mais Forel eût occasion d'observer
» plusieurs bandes qui avaient fait fausse route. Selon lui, le
» nombre des guerriers varie de cent à plus de deux mille ;
» ils avancent d'environ un mètre par minute, mais la nature
» des circonstances influe sur leur vitesse qui est naturelle-
» ment moindre au retour lorsqu'ils sont chargés de butin. Si
» la distance à parcourir est très grande, il arrive que les
» fatigues de la marche devenant excessives, l'armée bat en
» retraite ; Forel en vit une qui se retirait après avoir franchi
» deux cent quarante mètres ! Quelquefois aussi à la vue
» du camp ennemi le découragement semble s'emparer de
» l'expédition qui n'ose plus commencer l'attaque. Quand
» l'emplacement du nid ne se révèle pas du premier coup,
» des compagnies d'éclaireurs poussent des reconnaissances
» en avant et rejoignent l'une après l'autre le gros de la
» bande. Forel dit avoir vu une de ces armées passer un
» premier jour à battre la campagne, s'avançant en zigzag et
» faisant force haltes, et le lendemain, sûre de son chemin,
» se diriger rapidement et sans la moindre hésitation vers
» son but. Il paraît qu'il ne suffit pas d'une seule fourmi sa-
» chant le chemin pour guider une expédition ; il y en a tou-
» jours un grand nombre d'affectées à ce service. C'est au
» retour que les erreurs se produisent le plus fréquemment
» dans l'orientation, parce qu'empêtrées de butin comme
» elles le sont, les fourmis éprouvent de la difficulté à se
» comprendre. Alors on en voit se détacher de la bande,
» parcourir les alentours jusqu'à ce qu'elles aient trouvé un
» point de repère, et s'élancer sur la piste. Il y en a qui ne
» retrouvent jamais le chemin de leur domicile. Ce qui les
» déroute le plus facilement c'est de ressortir du nid ennemi

---

1. *Geistesleben der Thiere*, pages 145-149.

» par un point éloigné de celui par où elles sont entrées ; se
» trouvant soudainement en pays inconnu, elles ne savent de
» quel côté tourner, et ce n'est que par hasard qu'elles finis-
» sent parfois, à force d'errer, par rencontrer la piste qu'elles
» reconnaissent à l'odorat. Mais ces mésaventures arrivent
» rarement quand la bande n'est pas chargée de butin et
» marche en bon ordre. Certaines espèces (*F. fusca, rufa,*
» *sanguinea*) savent mieux se tirer d'affaire que les fourmis
» amazones. Lorsqu'elles se sont égarées, elles déposent leur
» fardeau, et ne le reprennent qu'après s'être orientées. Si le
» butin est trop considérable, elles l'emportent en plusieurs
» fois.... Comme on l'a vu, les fourmis n'ont pas de chefs
» proprement dits, mais il n'en est pas moins à remarquer
» l'existence d'un petit groupe d'insectes qui paraissent s'être
» concertés d'avance et se charger des décisions à prendre au
» cours de l'expédition. Les autres ne s'empressent pas tou-
» jours de suivre ; mais les membres du « conseil » en ont
» raison en leur tapant sur la tête. Du reste, la colonne ne se
» met en marche que quand ces derniers se sont assurés que
» le gros de l'armée est prêt à s'ébranler.

» Un jour, Forel aperçut des Amazones qui sondaient le
» terrain à la surface d'un nid de fourmis noires, sans pouvoir
» découvrir la moindre ouverture. L'une d'elles finit cepen-
» dant par trouver un trou pas plus gros que la tête d'une
» épingle, par où les maraudeurs commencèrent à se glisser
» dans le nid. Mais comme de cette manière l'invasion ne se
» faisait que lentement, une partie des fourmis continua ses
» recherches. Une autre ouverture se présentant un peu plus
» loin, toute la bande y passa. Pendant cinq minutes ce fut
» une tranquillité complète ; puis deux colonnes commencèrent
» à défiler chacune par un trou, et s'unirent à la sortie.
» Chaque fourmi portait sa charge de butin.

» Dans une expédition d'Amazones contre des fourmis de
» l'espèce *Rufibarbis*, il arriva à l'avant-garde de se trouver
» dans le voisinage du nid ennemi beaucoup plus tôt qu'elle
» ne s'y attendait. Aussitôt elle fit halte et envoya des émis-
» saires prévenir le centre et l'arrière-garde. En moins de
» trente secondes la jonction avait eu lieu, et l'armée se jetait
» en masse sur le dôme du nid. Tactique d'autant plus néces-
» saire que, durant la halte de l'avant-garde, les Rufibarbes s'é-

» taient avisées de l'approche de l'ennemi et en avaient profité
» pour couvrir le dôme de défenseurs. La mêlée qui s'en suivit
» ne saurait se décrire, mais le nombre finit par triompher et
» les Amazones forcèrent l'entrée du nid, tandis que les as-
» siégés s'en échappaient par milliers, portant leurs larves et
» leurs chrysalides, et piétinant leurs adversaires sur leur pas-
» sage, tant ils avaient hâte de gagner l'abri des plantes et buis-
» sons du voisinage. Leur activité était telle que les Amazones
» abandonnèrent tout espoir de butin et se mirent à battre
» en retraite. A cette vue, les Rufibarbes, furieuses de l'at-
» taque qu'elles avaient essuyée, leur donnèrent la chasse et
» s'efforcèrent de dépouiller les quelques fourmis qui avaient
» réussi à saisir une proie. Or, en pareille circonstance,
» l'Amazone fait glisser ses mâchoires le long de la chrysalide
» qu'elle porte et cherche à percer la tête de son adversaire;
» les Rufibarbes avaient donc à guetter le moment où leurs
» ennemies lâchaient leur proie et à s'en saisir sans s'exposer.
» Pour plus de sûreté elles s'y prenaient souvent à deux,
» l'une attaquant de face, l'autre tirant les jambes de l'adver-
» saire pour faire diversion.

» Elles se démenèrent si bien, que l'arrière-garde des Ama-
» zones dut abandonner son butin, après une lutte obstinée
» où nombre de combattants périrent de part et d'autre.
» Quelques Amazones par un effort désespéré réussirent à se
» frayer un chemin à travers l'ennemi jusqu'au nid et à en-
» lever d'autres chrysalides; mais la plupart lâchèrent leur
» butin pour porter secours à leurs camarades en danger.
» Enfin, environ dix minutes après le commencement de la
» retraite les Amazones eurent vidé le terrain, et, grâce à
» leur agilité, distancèrent leurs adversaires à moitié chemin
» de leur nid. Ainsi échoua une attaque par suite d'un petit
» retard !

» Forel assista à une autre expédition à laquelle prirent
» part plusieurs femelles fécondes d'Amazones, et qui aboutit
» au pillage du nid attaqué. Comme dans l'exemple précédent,
» la retraite s'effectua péniblement sous les assauts d'un
» ennemi bien supérieur en nombre, et les pertes furent
» grandes des deux côtés.

» J'ai dit que dans leurs expéditions les fourmis paraissaient
» généralement agir d'un commun accord. Voici quelques

» exemples qui prouvent qu'il n'en est pas toujours ainsi. Une
» colonne d'attaque avait à peine parcouru dix mètres qu'elle
» se partagea en deux bandes dont l'une revint au nid. L'autre
» continua son chemin pendant quelque temps, parut hésiter
» et finit par rebrousser chemin aussi. Près du nid, elle ren-
» contra la première qui s'ébranlait dans une autre direction
» et se joignit à elle. Enfin, après maintes évolutions et haltes,
» la colonne entière revint à domicile. On aurait dit une pro-
» menade, et peut-être n'était-ce qu'une marche militaire ;
» mais, d'après certains indices, il était permis de croire que
» les fourmis ne s'entendaient ni sur le but de l'expédition ni
» sur son utilité.

» Les difficultés de la route ne sont pas pour arrêter les
» Amazones une fois parties. Forel en a vu traverser une
» flaque d'eau malgré de nombreuses noyades, continuer
» leur chemin sur une grande route malgré la poussière et
» le vent qui les balayait par moitié, et braver les mêmes
» dangers au retour sans lâcher leur butin. Ce ne fut qu'avec
» peine et après avoir subi de grandes pertes qu'elles réus-
» sirent à regagner leur logis ; mais elles n'en repartirent
» pas moins à la recherche de nouveau butin. »

Dans l'excellent épitome où Büchner a rassemblé les observations de Forel, se trouve le passage suivant :

« Les ennemies les plus redoutables des Amazones sont les
» fourmis sanguines (*F. sanguinea*) qui pratiquent aussi l'es-
» clavage, et par suite se heurtent souvent aux « Rufes-
» centes » dans leurs expéditions. Plus faibles qu'elles et
» moins bien douées pour la lutte, elles l'emportent en intel-
» ligence ; Forel les considère même comme les plus intel-
» ligentes de toutes les fourmis. Il indique une expérience
» qui montre bien la capacité relative des deux espèces. Si
» l'on vide un sac contenant un nid d'esclaves dans le voisi-
» nage d'un nid d'Amazones, ces dernières ne manquent pas
» de prendre le tas confus de fourmis, de larves, de chrysa-
» lides et de matériaux pour le dôme d'un nid ennemi, et
» perdent leur temps à tacher d'en découvrir l'entrée, au lieu
» de s'emparer des chrysalides. En pareille circonstance, les
» fourmis sanguines ne s'y trompent pas et se mettent de
» suite à dépouiller le tas. »

Une autre fois, tandis qu'une colonne d'Amazones se diri-

geait vers un nid de fourmis noires, Forel y fit une brèche et
vida à l'entrée un sac plein de fourmis sanguines :

« Au moment où les habitants se portaient au dehors pour
» refouler l'invasion des fourmis sanguines, arriva l'avant-
» garde Amazone. A la vue des fourmis sanguines, elle se
» replia et attendit l'arrivée du corps d'armée. La nouvelle
» parut tout d'abord déconcerter la bande, mais elle reprit
» bientôt courage et se précipita en masse sur l'ennemi.
» Repoussée la première fois par les forces réunies des autres
» espèces, elle revint à la charge, enleva le dôme et mit en
» déroute l'armée ennemie à laquelle venaient de se joindre
» un grand nombre de *Formica pratensis* introduites par
» Forel au milieu de la bagarre. Après un instant de repos
» sur le champ de bataille, les conquérants pénétrèrent dans
» le nid pour se saisir du butin; après quoi ils se mirent en
» marche pour le retour, sauf quelques fourmis, qui, animées
» d'une rage folle, restèrent à massacrer les vaincus et les
» fuyards.

» Des Rufibarbes dont le domicile venait d'être saccagé
» donnèrent la chasse à l'ennemi et le suivirent jusque dans
» son nid qu'elles faillirent emporter d'assaut. Elles se jetaient
» pour ainsi dire au devant de la mort et périrent par cen-
» taines, non sans avoir infligé des pertes aux Amazones. Il
» se trouva que le nid de ces dernières contenait des esclaves
» Rufibarbes, qui prirent fait et cause contre les gens de leur
» race. Il y avait aussi des esclaves noires, de sorte que la
» communauté comprenait trois espèces différentes.

» Les fourmis ont l'habitude de retourner au même nid,
» tant qu'il n'est pas entièrement vide ou que les habitants ne
» l'ont pas barricadé de nouveau. Une colonne revenait à un
» nid pour le piller de nouveau; rencontrant à moitié chemin
» son arrière-garde, elle apprit qu'il ne restait plus de
» butin et changeant aussitôt son itinéraire, se dirigea vers
» un nid de Rufibarbes qu'elle saccagea après avoir tué la
» moitié des habitants. Après le départ de leurs ennemies, le
» reste des Rufibarbes revint et se mit en devoir d'élever une
» autre progéniture, mais treize jours plus tard les Amazones
» se présentaient de nouveau et leur enlevaient un riche butin.
» Lorsque les besoins de l'expédition ne réclament pas la pré-
» sence de l'armée entière en un seul point, les fourmis se

» forment en deux bandes qui vont à la découverte chacune
» de son côté. Si la fortune n'en favorise qu'une, l'autre se
» joint à elle et l'armée se trouve de nouveau réunie. En
» s'efforçant de surmonter les obstacles de la route, un certain
» nombre de fourmis se séparent du gros de la troupe, se per-
» dent et ont une peine infinie à retrouver le nid. Curieux de
» savoir avec quelle rapidité les expéditions se succèdent,
» Forel observa une colonie attentivement pendant trente
» jours et la vit se mettre en campagne quarante-quatre fois
» dans cet intervalle. Parmi ces incursions vingt-huit réussi-
» rent complètement, neuf en partie, le reste échoua. Quatre
» fois l'armée se partagea en deux. Les Rufibarbes et les
» fourmis noires eurent à essuyer chacune la moitié des
» attaques. Une razzia heureuse rapportait en moyenne un
» millier de larves ou de chrysalides, de sorte que pendant un
» été propice, une tribu puissante s'assure probablement pour
» l'avenir, près de quarante mille esclaves !

» Les batailles les plus sanglantes sont celles qui ont lieu de
» temps à autre entre Amazones. Elles se mettent en pièces
» avec une fureur incroyable, et l'on en voit quelquefois cinq
» ou six qui se sont transpercées, rouler ensemble par terre
» sans qu'il soit possible de distinguer entre ami et ennemi.
» De même parmi les hommes la guerre civile est la pire de
» toutes. »

Voyons maintenant comment les fourmis sanguines s'y
prennent lorsqu'elles vont faire provision d'esclaves :

« Elles s'avancent par petites compagnies, et envoient
» chercher des renforts en cas de besoin : il en résulte qu'en
» général leur marche s'opère assez lentement. Il y a un
» échange continuel de communications entre les différentes
» compagnies, et la première arrivée au nid de l'ennemi ne
» livre pas de suite un assaut comme le font les Amazones,
» mais s'occupe à reconnaître la position en attendant que les
» autres se joignent à elle. Ce temps d'arrêt permet aux
» assiégés de prendre leurs dispositions et souvent de faire
» quelques prisonnières. Une fois les renforts arrivés, la
» colonne d'attaque se forme en cercle autour du nid et, se
» maintenant dans cette position, les mâchoires ouvertes et
» les antennes en arrière, repousse les sorties des assiégés.
» Puis, quand elles se sentent en nombre suffisant pour se

» porter en avant, elles livrent un assaut dans le but de s'em-
» parer des portes et issues. Si elles réussissent, ce qui leur
» arrive presque toujours, elles établissent un corps de garde
» à chaque ouverture, avec consigne de ne laisser sortir que
» ceux des assiégés qui se présentent les mains vides. De cette
» manière il ne reste bientôt plus au nid que les chrysalides.
» Les fourmis noires résistent un peu plus longtemps que les
» Rufibarbes, et essaient de se barricader jusqu'au dernier
» moment, alors même que toute résistance est inutile ; mais
» les fourmis sanguines en viennent facilement à bout ; moins
» impétueuses que les Amazones dont elles n'ont pas les armes
» formidables, elles l'emportent par la taille et la force. Le
» gros de l'armée pénètre alors dans le nid pour y chercher le
» butin, tandis que le reste poursuit les fuyards pour leur
» enlever les chrysalides qui peuvent avoir échappé à la
» vigilance des sentinelles, et les relance jusque dans les
» trous de grillons qui leur servent de refuge. En un mot,
» c'est une véritable razzia. Au retour les ravisseurs ne se
» pressent nullement, ils savent qu'ils n'ont rien à redouter
» et mettent quelquefois plusieurs jours à vider un nid pour
» peu qu'il soit d'une étendue considérable et à quelque dis-
» tance. Quant aux fourmis qui ont eu à subir pareille spolia-
» tion, elles s'éloignent pour toujours.
    » L'armée la mieux disciplinée et la mieux conduite parmi
» les hommes ne s'y prendrait pas mieux pour attaquer une
» ville ou une forteresse. »
    Huber, témoin d'une bataille livrée par des fourmis san-
guines, la rapporte en ces termes :
    « Par une matinée de juillet, vers les dix heures, je vis une
» petite colonne sortir du nid et se diriger rapidement vers
» un nid de fourmis noires. A peine l'avaient-elles entouré,
» qu'une partie de la garnison fit une sortie, leur infligea une
» défaite et fit plusieurs prisonnières. Les débris se refor-
» mèrent, attendirent l'arrivée des renforts et ne les trouvant
» pas suffisants, envoyèrent des messagers en réclamer davan-
» tage. Mais même lorsque les nouvelles forces furent à leur
» disposition, elles semblèrent reculer à l'idée d'un combat,
» et il fallut que les fourmis noires qui s'étaient formées en
» phalange de deux pieds carrés vinssent les attaquer.
» L'affaire commença par plusieurs escarmouches qui se

» transformèrent bientôt en une mêlée générale. Pendant que
» l'issue du combat était encore incertaine, les fourmis
» noires avaient transporté leurs chrysalides vers un point
» éloigné de leur nid ; lorsque la victoire parut leur échapper,
» elles essayèrent de les emporter avec elles dans leur fuite.
» Mais elles en furent empêchées, et durent laisser le butin
» aux mains de l'ennemi, dont le premier soin fut de s'as-
» surer du nid en y mettant une garnison ; après quoi l'on se
» mit au pillage, opération qui dura toute la nuit et le len-
» demain. »

D'après Büchner, « les batailles entre fourmis de même
» espèce amènent souvent une alliance permanente, surtout
» quand les ouvrières sont en petit nombre de part et d'autre.
» Plus sages en cela que les hommes, ces petits insectes
» reconnaissent bien vite en pareille circonstance qu'au lieu
» de s'entre-détruire en se battant il leur vaut bien mieux
» s'unir. Quelquefois une colonie en évince une autre d'une
» manière tout à fait amicale. Forel raconte qu'ayant placé
» sur une table un nid de *Leptothorax acervorum* et vidé
» sur le morceau d'écorce qui le contenait, toute une co-
» lonie de la même espèce, il vit ces dernières fortes de la
» supériorité de leur nombre s'emparer du nid et en chasser
» les habitants. Comme ceux-ci ne savaient où aller, ils
» revenaient naturellement à leur domicile, mais à chaque
» fois leurs adversaires les emportaient à une plus grande
» distance. Une des fourmis de la colonie envahissante arriva
» ainsi chargée jusqu'au bord de la table, et s'étant assurée,
» au moyen de ses antennes, qu'elle se trouvait pour ainsi
» dire au bout du monde, elle lança impitoyablement son
» fardeau dans le vide, attendit quelques instants pour voir
» si elle n'avait pas manqué son coup, puis reprit le chemin
» du nid. Cependant Forel avait ramassé la fourmi qui était
» tombée à terre ; il la mit sur le passage de son adversaire
» à son retour, et put voir cette dernière exécuter la même
» manœuvre que la première fois. L'expérience fut répétée
» à plusieurs reprises et toujours avec le même résultat. En
» fin de compte, les deux colonies furent enfermées dans un
» même casier en verre et apprirent peu à peu à s'entendre. »

Il y a des cas où les fourmis guerrières se montrent très
cruelles :

« Elles arrachent lentement à leur victime épuisée par ses
» blessures ou paralysée de terreur, les antennes, puis les
» jambes, et si elle ne meurt pas sous ces tortures, elles
» l'emportent toute mutilée vers quelque point isolé où elle
» périt sans secours. Il se rencontre parfois parmi les vain-
» queurs des cœurs cléments, qui se contentent d'emporter
» les vaincus à quelque distance pour s'en débarrasser, sans
» leur faire le moindre mal. »

Dans l'*Intelligence des Animaux* de Büchner, page 87, se
trouvent les détails suivants :

« Les portes d'un nid sont souvent gardées par des senti-
» nelles qui en défendent l'entrée de diverses façons. Forel
» a vu un nid de *Colobopsis truncata* dont les deux ou trois
» petites ouvertures étaient gardées par des soldats disposés
» de façon que les ouvertures fussent fermées par leur tête qui
» en raison de sa grosseur et de sa forme cylindrique res-
» semble assez à un bouchon. Le même observateur a vu les
» *Myrmecina Latreillei* se défendre par un artifice semblable
» contre les invasions des *Strongylognathus* esclavagistes ;
» seulement dans ce cas ce sont les ouvrières qui bouchent
» les trous avec leur tête ou avec leur abdomen. Les *Campo-*
» *notus* passent la tête par l'ouverture en renversant leurs
» antennes, et portent de tout le poids de leur corps un coup
» à l'ennemi qui approche. Les fourmis à tertres de Pensyl-
» vanie, observées par Mac Cook, postent des sentinelles
» dans les ouvertures ; à la première alarme, elles se jettent
» sur l'ennemi tandis que la garnison s'organise avec une
» rapidité extraordinaire pour faire une sortie en masse.

» Certaines espèces d'un tempérament timide offrent peu
» de résistance et prennent vite la fuite avec leurs larves,
» leurs chrysalides et leurs reines fécondes. Les *Lasius*, au
» contraire, dont les nids sont très vastes et solidement
» établis, les défendent avec courage et habileté. Elles livrent,
» dit Forel, de véritables combats de barricades, comblant et
» défendant les différents passages l'un après l'autre, si bien
» que l'ennemi n'avance que pas à pas, et en a pour long-
» temps à moins d'une grande supériorité numérique. Pen-
» dant la lutte, une partie des ouvrières prépare des souter-
» rains par derrière pour permettre à la garnison de fuir en
» cas de nécessité. D'habitude cependant, ces souterrains ont

» été construits d'avance et l'on voit s'élever au loin pendant
» un combat, un nouveau dôme auquel les ouvrières peuvent
» travailler assez facilement, grâce à ces voies de communi-
» cation.

» Les *F. exsecta* et *pressilabris* dont le corps faible et
» tendre a besoin d'être protégé adoptent une tactique par-
» ticulière. Évitant les combats singuliers, elles s'avancent
» serrées les unes contre les autres et ne se jettent au dos de
» l'ennemi qu'une fois la victoire assurée. Mais ce qui leur
» réussit le mieux, c'est leur manière de se battre plusieurs
» contre une. Elles saisissent les pattes de leur adversaire et
» les clouent pour ainsi dire à terre, tandis qu'une des leurs
» se jette sur son dos et cherche à lui mordre le cou ; mais si
» quelque danger vient à les menacer, elles lâchent souvent
» prise, de sorte que dans les batailles entre les *F. exsecta*
» et les *F. pratensis*, on peut voir un certain nombre de ces
» dernières qui sont plus fortes courir çà et là avec une de
» leurs petites ennemies accrochée à l'épaule et s'efforçant de
» leur lacérer le cou. Si la fourmi qui la porte est prise de
» crampes, c'est que la chaîne nerveuse a été atteinte. Par
» contre, si une *F. exsecta* est saisie par derrière par une
» *F. pratensis*, elle est perdue.

» Les fourmis de gazon suivent à peu près la même tac-
» tique que les *F. exsecta*. Du reste les *Lasius* attaquent
» aussi leurs ennemies par les jambes et s'y prennent trois,
» quatre et même cinq à la fois. Elles s'entendent très bien à
» la guerre de barricades dans leurs nids, et se réservent des
» issues souterraines en cas de défaite. Leur supériorité
» numérique les fait craindre de la plupart des autres es-
» pèces. Forel s'avisa un jour de vider le contenu de dix nids
» de *F. pratensis* au pied d'un tronc d'arbre qu'habitaient des
» *Lasius fuliginosus*. Ces derniers furent aussitôt assiégés,
» mais pas pour longtemps ; car ayant envoyé des émissaires
» à tous les nids amis du voisinage, ils reçurent bientôt de
» tels renforts que force fut aux *F. pratensis* de prendre la
» fuite, laissant derrière elles nombre de morts et leurs
» chrysalides que les vainqueurs emportèrent dans leurs nids
» pour s'en repaître. »

Mais il n'y a pas que les espèces guerrières ou esclavagistes
qui se livrent bataille. Les fourmis agricoles se font aussi la

guerre avec beaucoup de férocité. Les graines étant pour elles
de première nécessité, elles en font naturellement le plus
grand cas, et quand les provisions viennent à manquer, elles
cherchent à s'en procurer aux dépens les unes des autres.

« De toutes les luttes que j'ai observées, dit Moggridge,
» les plus acharnées se sont toujours produites entre colonies
» de la même espèce... les plus intéressantes à étudier,
» sont celles qui ont lieu lorsqu'une bande de *A. barbara*
» en quête de grains, pille un nid voisin et de même race : il
» y a toujours résistance prolongée de la part du plus faible,
» qui ne réussit que rarement à recouvrer son bien.

» Les autres espèces de fourmis que j'ai observées cessent
» bien vite les hostilités ; c'est à peine si elles durent quelques
» heures ou tout au plus une journée ; mais les *A. barbara*
» continuent à se battre plusieurs jours, voire même plu-
» sieurs semaines de suite. Je pus consacrer pas mal de temps
» à l'étude d'un de ces conflits qui ne dura pas moins de qua-
» rante-six jours, à savoir du 18 janvier au 4 mars.

» Je ne voudrais pas affirmer qu'il n'y eut aucune suspen-
» sion d'armes dans cet intervalle de temps, mais ce que je
» sais, c'est qu'à chaque visite que je fis au théâtre de la
» guerre, — et j'en fis douze, soit deux par semaine, — j'as-
» sistai à une scène de violence et de rapine, ainsi que je vais
» le raconter.

» Entre deux nids situés l'un au-dessus de l'autre à environ
» quinze pieds de distance sur le même talus, circulait une
» armée de fourmis. On aurait dit qu'elles étaient en train de
» rentrer leur moisson, mais en y regardant bien je m'aper-
» çus que tandis que la masse montait vers le nid d'en haut,
» certaines fourmis descendaient vers celui d'en bas. En outre
» il se produisait des rixes de temps en temps ; telle fourmi,
» en voyant une autre chargée d'une graine, s'emparait de
» l'extrémité libre du fardeau et s'efforçait de l'arracher à
» son adversaire ; et comme ni l'une ni l'autre ne voulait
» céder, le groupe se trouvait à la fin entraîné du côté du
» plus fort. Parfois d'autres s'en mêlaient et prenant fait et
» cause pour l'un des combattants se mettaient à tirer sur
» l'autre, qui se laissait arracher l'abdomen plutôt que de
» lâcher prise, et n'ayant plus que la tête et les jambes,
» entraînée par son ennemie, offrait encore une résistance

» désespérée. Dans ces combats les fourmis cherchaient sou-
» vent à se prendre par les antennes, sans doute parce que
» ces organes sont particulièrement sensibles à la douleur ;
» car je remarquai qu'une fois atteintes en ce point elles
» lâchaient prise à l'instant et semblaient complètement
» déroutées.

» Ce ne fut qu'après quelques jours d'observation que j'ar-
» rivai à comprendre ce qui se passait. La colonie d'en haut
» était en train de piller celle d'en bas, et cette dernière
» cherchait à reprendre son bien de force et à dérober des
» graines au nid de l'ennemi. Mais les agresseurs étaient évi-
» demment les plus forts et leurs convois se succédaient
» d'une manière continue, ramenant à bon port leur part de
» butin, sans représailles appréciables de la part de leurs
» victimes.

» Du reste ils semblaient avoir paré à toute éventualité,
» car si par hasard une fourmi d'en bas réussissait à sortir
» du nid ennemi avec une graine, et à regagner le sien, après
» un trajet périlleux de six minutes, ce n'était que pour être
» assaillie par une troupe d'adversaires postés évidemment à
» dessein et dont l'une se chargeait de rapporter la graine à
» domicile.

» Après le 4 mars, je ne vis plus trace d'hostilités entre les
» deux nids et celui d'en bas continua à être habité. Mais je
» me rappelle une autre guerre de ce genre, qui après avoir
» duré trente et un jours eut pour résultat l'abandon complet
» de l'un des nids. Curieux d'en examiner l'intérieur, je le
» mis à jour, et m'aperçus alors que tous les greniers en
» étaient vides à l'exception d'un seul que les fourmis avaient
» dû négliger depuis longtemps, car les racines d'herbes
» l'avaient envahi. Chose remarquable, aucune des graines
» qui s'y trouvaient n'avait germé.

» Sans doute quelque besoin urgent pousse les fourmis à ces
» actes de rapine, et il est certain que les différents nids d'une
» même espèce ne se trouvent pas toujours dans les mêmes
» conditions à un moment donné. Par exemple, les colonies
» dont j'ai parlé plus haut se faisaient la guerre, alors que la
» plupart des autres nids étaient clos, et je voyais les bri-
» gands braver le vent la pluie et le froid, tandis que le
» reste de leurs congénères prenait ses aises sous terre. »

D'après ce que rapporte Mac Cook, les fourmis agricoles du Texas ne paraissent pas moins belliqueuses que les fourmis d'Europe :

« Souvent les jeunes communautés ne deviennent prospères
» qu'au prix de bien des épreuves, — témoin un exemple
» inédit emprunté à un manuscrit du docteur Lincecum. Une
» nouvelle fourmilière venait de s'établir à une douzaine de
» mètres d'un nid de vétérans, et comme les fourmis agri-
» coles prétendent à une certaine zone, autour de leur domi-
» cile, et n'y souffrent pas d'empiètement, la distance entre
» les deux colonies ne paraissait pas devoir suffire au main-
» tien de la paix. Prévoyant des complications intéressantes,
» le docteur résolut de faire de fréquentes visites à ces deux
» nids, afin d'observer ce qui se passerait. Dès le lendemain
» ou le surlendemain, il s'aperçut que les vétérans avaient
» cerné en masse la jeune colonie, en avaient forcé l'entrée,
» et s'occupaient à en arracher les habitants et à les massa-
» crer. Inférieurs comme taille à leurs ennemis, les assiégés
» ne s'en défendaient pas moins avec courage contre les
» masses envahissantes et leur faisaient subir de grandes
» pertes. Le champ de bataille, semé de cadavres, couvrait
» un espace de dix à quinze pieds autour de l'entrée de la
» fourmilière. Les jeunes colons s'appliquaient à couper
» les jambes de leurs adversaires, tandis que les vétérans
» s'attaquaient à la tête ou à l'abdomen. Deux jours plus tard
» la lutte avait cessé, laissant comme preuve de son acharne-
» ment, une quantité de cadavres enlacés dans une étreinte
» mortelle, et des centaines de corps dont les têtes jonchaient
» le sol.

» Un exemple analogue est cité par le docteur dans la
» partie de son mémoire qui a été publiée. Dans ce cas les
» vétérans mirent quarante-huit heures à exterminer leurs
» nouveaux voisins ; ils ne les avaient pas molestés tant
» qu'ils se cachaient, mais sitôt qu'ils les virent déblayer la
» surface, ils leur déclarèrent la guerre. La distance entre les
» deux nids était d'environ vingt pieds. »

Mac Cook a soin d'ajouter : « Que ces fourmis ne se
» montrent pas toujours aussi jalouses de leur territoire ou
» en tout cas que leurs prétentions ne sont pas toujours les
» mêmes. » Il a vu bien des colonies séparées seulement de

vingt et même de dix pieds, vivre en bonne harmonie. Il en conclut, tout en admettant l'exactitude des observations de Lincecum, « qu'il est seulement prouvé que chez les fourmis
» comme chez les hommes, des nations voisines se brouillent
» et en viennent aux mains ; mais qu'il serait difficile, dans
» un cas comme dans l'autre, d'apprécier le motif de ces que-
» relles ou d'expliquer la raison de la différence des procédés
» entre voisins que semble révéler les observations de Lin-
» cecum et les siennes. »

Voici, du reste, quelques détails sur les guerres de ces insectes, que j'emprunte au même auteur :

« Les fourmis errantes ne sont pas considérées comme des
» ennemis par les fourmis agricoles qui leur permettent même
» de s'établir dans le rayon de leur champ de culture ou
» *disque*. Mais quelquefois les petits tertres qui indiquent
» l'entrée d'un nid de fourmis errantes deviennent si nom-
» breux que les maîtres du terrain n'y tiennent plus. Pour se
» débarrasser de leurs hôtes incommodes, ils n'ont point re-
» cours à la violence ; ils s'ingénient tout bonnement à leur
» susciter toutes sortes de tracas. C'est par exemple la sur-
» face de leur disque qui nécessite des réparations ; vite les
» fourmis sortent en foule, ramassent les petites boules noires
» que les vers de terre rejettent partout en grande quantité
» sur le sol des prairies, en pavent leur domaine jusqu'à
» enfouissement des nids étrangers. — La surface s'élevant
» ainsi d'un ou deux pouces, les fourmis errantes se trouvent
» comme dans une nouvelle Pompéï et font de vigoureux
» efforts pour se dépêtrer. — Mais à mesure qu'elles se frayent
» un chemin, de nouveaux obstacles se présentent, les galeries
» finissent par être encombrées et il n'y a plus qu'à se sou-
» mettre. — Ramassant leurs provisions, elles quittent sans
» fracas le territoire des géants inhospitaliers. Ainsi triomphe
» sans effusion de sang la politique d'obstruction. »

Citons, en dernier lieu, un combat entre deux colonies de *Tetramorium cæspitum* observé également par Mac Cook. Les armées ennemies choisirent comme champ de bataille l'espace qui sépare Broad street de Penn Square à Philadelphie, et prolongèrent la lutte pendant près de trois semaines. — Quoiqu'appartenant à la même espèce, elles ne se trompaient jamais de camp ; il est probable que quelque attouchement particulier des antennes leur servait à distinguer entre amies et ennemies.

Insectes hébergés. — Plusieurs espèces de fourmis ont la singulière habitude d'héberger, dans leurs nids, certains insectes qui, selon toute apparence, ne leur sont d'aucune utilité et jouent, en quelque sorte, un rôle d'agrément. Ces insectes ne se trouvent nulle part ailleurs et chaque espèce de fourmi en élève une espèce particulière. Dans les nids de la fourmi moissonneuse du midi de l'Europe, Moggridge a trouvé des quantités de petits coléoptères bruns et luisants appartenant au rare et très petit genre *Colconera* et appelés par Kraatz *Colconera attæ*, d'après le nom des fourmis chez lesquelles elle est domiciliée. Dans le même nid habite un grillon (*Gryllus myrmecophilus*) de la grosseur d'un grain de blé, que Paolo Savi avait déjà reconnu chez plusieurs espèces de fourmis en Toscane, et qu'il déclare vivre dans d'excellents rapports avec ses hôtes, jouant alentour du nid par un beau temps, s'y abritant contre les intempéries de l'air, et se laissant emporter par les fourmis dans leurs émigrations. De son côté, M. Bates remarque que « parmi » les formes les plus anomales de coléoptères il faut ranger » ceux que l'on trouve dans les nids de fourmis ». Je pourrais citer les observations de sir John Lubbock et de bien d'autres, mais je craindrais de m'attarder ; j'ajouterai seulement que, suivant le Révérend White, il y a en tout quarante espèces de coléoptères (faisant partie pour la plupart de sa collection), qui habitent les nids de fourmis et sont inconnus ailleurs.

Comme les fourmis vivent en bons termes avec ces étrangers, et en prennent même soin jusqu'à un certain point, les transportant d'une colonie à une autre quand elles émigrent, il faut bien qu'elles en apprécient la société. Il serait cependant quelque peu ridicule de ne voir là qu'une fantaisie de leur part ; il vaut mieux conclure, que ces insectes comme les Pucerons ont leur utilité quoique l'on ne soit point encore parvenu à la déterminer.

Repos et soins de propreté. — Il est probable que chez les fourmis de toute espèce, le sommeil succède au travail par intervalles, — mais les observations qui ont été faites à ce sujet ne se rapportent qu'à deux ou trois espèces. Les détails

suivants sont empruntés à Mac Cook; il s'agit de la fourmi
moissonneuse du Texas :

« Au moment où j'écris, dit-il, j'ai sous les yeux des fourmis
» que j'observe depuis huit heures; il est passé onze heures,
» et le groupe est à peu près dispersé, mais il en reste quel-
» ques-unes plongées dans le sommeil. L'une d'elles s'est
» accommodée d'une légère dépression de forme ovale et y
» repose l'abdomen incliné le long de la pente, la face tournée
» vers la lampe, et les jambes repliées sur le corps. Elle est
» si profondément endormie que je puis la frôler doucement
» de la barbe de ma plume d'oie sans la réveiller. J'ai beau
» accentuer quelque peu le frôlement, le diriger vers la tête,
» chatouiller le cou ou le point d'union de la tête au pro-
» thorax, rien n'y fait. Enfin, après plusieurs minutes d'essai,
» je réussis à la réveiller d'un coup sec du bec de la plume.
» Elle étend le cou, puis les jambes, se secoue, puis s'approche
» de la lumière et commence sa toilette; ce dernier trait est
» commun à toutes les fourmis. Quant au reste, quatre mois
» d'observation n'ont fait que confirmer l'exactitude de la
» description que je viens de donner en ce qui concerne l'état
» de sommeil chez les deux espèces de fourmis moissonneuses
» dont il a été question. J'ai également touché des fourmis de
» Floride, soit avec le bec d'une plume, soit même avec la
» pointe d'un crayon sans les réveiller; mais leurs manifes-
» tations différaient par quelques détails de l'exemple pré-
» cédent.

» Ainsi, j'ai souvent vu les *F. crudelis* bailler après un
» somme. Je ne puis décrire autrement leur façon d'agir,
» elle ressemble nettement à celle de l'homme; les mâchoires
» s'ouvrent par la contraction musculaire que l'on sait, en
» laissant quelquefois saillir la langue, et les membres s'é-
» tirent en apparence tout comme chez l'homme lorsqu'il
» baille. Dans le sommeil les antennes ont un petit frisson-
» nement qui, par moments, ressemble à une respiration
» régulière, et souvent les pattes de devant se lèvent et
» s'abaissent l'une après l'autre comme en cadence et à in-
» tervalles fixes.

» La durée du sommeil paraît varier suivant les circons-
» tances, et probablement aussi, suivant l'organisme. Les
» soldats géants des fourmis moissonneuses de Floride, d'un

» tempérament plus lourd que les ouvrières de même race,
» dorment plus longtemps comme il est facile de le vérifier
» par l'observation. Leur sommeil est aussi plus profond, car
» il s'interrompt plus difficilement. Pendant qu'un groupe de
» fourmis se repose, d'autres vaquent à leurs affaires, et
» circulent au milieu des dormeuses en les coudoyant par-
» fois avec rudesse. De temps en temps, surviennent de nou-
» veaux candidats au sommeil, qui, ne songeant qu'à s'as-
» surer une bonne part de lumière et de chaleur, encombrent
» les bonnes places et en repoussent leurs camarades assou-
» pies. J'ai vu des fourmis qui travaillaient dans les galeries,
» lâcher soudain la boulette qu'elles tenaient, se mêler au
» groupe des reposantes et s'endormir profondément. Du reste,
» assoupies ou non, les fourmis ont bon caractère et se laissent
» coudoyer sans colère, alors que les hommes seraient prompts
» à se fâcher. Celles dont le sommeil est interrompu, chan-
» gent de position, ou bien se peignent un peu ; après quoi
» elles se rendorment, à moins qu'elles ne soient suffisamment
» reposées. Tout en faisant ces observations, je remarquai que
» les « soldats » ne se dérangeaient pas aussi facilement que
» les autres ; leur sommeil persistait en dépit de l'agitation
» générale. Du reste, rien que leur manière de s'éveiller
» indiquait un tempérament plus lourd et plus indolent. »

Selon Mac Cook, la durée habituelle du sommeil chez les
fourmis est d'environ trois heures.

Comme plusieurs autres insectes, les fourmis se livrent à
des soins de propreté en vue desquels la nature leur a fourni
des appareils pour se peigner, se brosser, etc., etc. Mais il est
un trait qui distingue certaines espèces ; c'est qu'elles s'entr'aident dans leur toilette. Citons à ce propos les fourmis du
genre *Atta*, au sujet desquelles Mac Cook nous donne les
détails suivants :

« Voyez ce couple ; l'une est en train de « décrasser » l'autre.
» Elle a commencé par lécher soigneusement la figure, y
» compris les mâchoires qui restent ouvertes durant l'o-
» pération ; puis un côté du thorax et des hanches, les
» jambes l'une après l'autre, l'abdomen ensuite, l'autre côté
» du corps en remontant vers la tête. Survient une troisième
» fourmi, elle prête main forte pendant quelque temps, puis
» se retire laissant la première à sa besogne. Quant à l'insecte

» que l'on manipule, son attitude exprime une profonde
» satisfaction, comme celle d'un chien dont on chatouille le
» dos. Elle étend ses membres et les livre souples et relâchés
» aux mains de son amie, puis, roulant doucement sur le côté,
» voire même sur le dos, semble personnifier la mollesse et
» l'abandon. C'est vraiment un plaisir de voir des créatures
» jouir ainsi des soins qu'on leur donne.

» J'ai vu une fourmi s'agenouiller devant une autre,
» allonger le cou tout en baissant la tête et par son attitude et
» son immobilité exprimer nettement le désir qu'on lui fît sa
» toilette. Il n'y avait pas à s'y méprendre et l'autre fourmi
» se mit aussitôt à l'œuvre. S'il n'était pas dangereux de se
» fier aux analogies que l'on rencontre en étudiant la nature,
» on ne serait pas loin d'admettre l'existence d'un système
» modifié de bains turcs à l'usage de ces petits êtres.

» En fait de gymnastique, les fourmis sont de véritables
» acrobates. Leurs tours m'ont souvent amusé, et j'y revien-
» drai. Pour le moment je n'en citerai qu'un exemple que
» j'eus l'occasion d'observer un matin au cours des ablutions.
» L'atmosphère de mon cabinet de travail s'étant refroidie,
» j'avais transporté la fourmilière dans une autre salle qui
» était chauffée et l'avais mise devant le feu. Ranimées par
» l'influence bienfaisante de la chaleur, les fourmis se mirent
» à déployer une activité extraordinaire. Une touffe d'herbes
» au centre du casier en fut bientôt couverte. Montant jus-
» qu'aux pointes les plus élevées, tantôt elles tournaient en
» s'accrochant comme des gymnastes sur un trapèze, tantôt
» elles se laissaient pendre par les jambes de derrière tout en
» se nettoyant la tête de leurs pattes de devant ou en se
» pliant en deux, de manière à se lécher l'abdomen. Il y en
» avait qui faisaient leur toilette à deux ; j'en vis même trois
» qui s'entr'aidaient. En pareil cas, « l'opératrice » s'éta-
» blissait au-dessus de « l'opérée » ; toutes deux étendues de
» toute leur longueur, se maintenaient dans leur position en
» passant autour du brin d'herbe d'un côté une jambe de
» devant, de l'autre une jambe de derrière. Celle d'en bas
» s'élevait ou s'abaissait suivant les besoins de l'opération à
» laquelle elle se livrait avec délices. Quand un changement
» de position devenait nécessaire, il s'effectuait avec une
» grande agilité. »

Une autre espèce de fourmi du genre *Ecilon* observée par Bates, s'y prend d'une manière analogue pour faire sa toilette : « Çà et là, dit-il, j'en voyais qui se faisaient laver et
» essuyer les jambes l'une après l'autre par des camarades ;
» opération qui consiste à passer la langue et les mâchoires
» le long du membre et qui se terminait par un coup de brosse
» aux antennes. »

Jeux et récréation. — La vie des fourmis n'est pas entièrement consacrée au travail ; du moins est-il reconnu que certaines espèces ont leurs intervalles de loisir.

Büchner (*Geistesleben der Thiere,* page 163) cite, à ce sujet, les observations célèbres d'Huber :

« Des *Formica pratensis* s'étaient rassemblées à la sur-
» face de leur nid et se comportaient de manière à faire
» croire qu'elles célébraient des jeux à l'occasion de quelque
» fête. Se dressant sur leurs pattes de derrière, elles se pas-
» saient les pattes de devant autour du corps, s'empoignaient
» par les antennes, par les pieds, par les mâchoires, et
» luttaient amicalement. Puis se lâchant, elles couraient l'une
» après l'autre comme si elles jouaient aux cachettes. Celle
» qui l'emportait faisait le tour du cercle renversant les
» autres comme autant de quilles.

» Ce récit d'Huber a été reproduit dans plusieurs ouvrages
» populaires, mais, malgré sa précision, il a rencontré beau-
» coup de sceptiques parmi la masse des lecteurs. Forel
» dit n'y avoir cru réellement qu'après l'avoir vérifié de
» ses propres yeux, et à plusieurs reprises en observant
» une colonie de *F. pratensis*. En ayant soin de s'appro-
» cher bien doucement, il put chaque fois les voir se saisir
» par les pieds ou par les mâchoires, se rouler par terre,
» s'entraîner jusque dans le nid, puis ressortir et ainsi
» de suite. Le tout en bonne part, comme il convient entre
» concurrents amis. Au moindre souffle de l'observateur les
» jeux cessaient. Je comprends, du reste, ajoute Forel, que le
» fait passe pour tenir du merveilleux auprès de ceux qui ne
» l'ont pas observé, surtout lorsque l'on songe qu'il est
» étranger à toute attraction sexuelle. »

Pour les fourmis de l'autre hémisphère, nous avons le témoignage de Mac Cook, qui décrit ainsi une récréation à laquelle il assista :

« Une douzaine de jeunes reines, sorties ensemble de leur
» fourmilière, s'amusaient à monter plusieurs à la fois, sur
» un gros caillou, à l'entrée du nid, puis, s'accroupissant
» la face au vent, elles se bousculaient et se pinçaient pour
» rire ; c'était à qui aurait la meilleure place. Les fourmis
» ouvrières ne prenaient aucune part à ces ébats qu'elles
» semblaient surveiller ; de temps en temps elles saluaient
» les princesses de leurs antennes ou bien leur touchaient l'ab-
» domen, mais pour le reste elles leur laissaient pleine et
» entière liberté. »

Voyons maintenant comment les fourmis se délassent selon
Bates :

« Les Ecitons ne vivent pas exclusivement pour travailler :
» je les ai vues interrompre leur tâche et se livrer, selon toutes
» les apparences, à une véritable récréation, mais toujours
» dans quelque coin ensoleillé de la forêt. En pareil cas, le
» gros de l'armée et les différentes colonnes se trouvaient dis-
» posées comme d'habitude, mais au lieu de se porter en avant,
» en pillant de droite et de gauche, elles semblaient tout
» d'un coup prises de paresse. Les unes se promenaient sévè-
» rement de long en large ; les autres se frottaient les antennes
» avec leurs pattes de devant, d'autres enfin se faisaient
» réciproquement leur toilette de la manière la plus amu-
» sante du monde. »

Suit le passage qui a déjà été cité. « Enfin tout indiquait
» qu'en faisant halte les fourmis n'avaient d'autre but que de
» se délasser. Ces intervalles de repos et de récréation leur
» sont probablement nécessaires pour se préparer à leur be-
» sogne ; mais rien qu'à les voir, on en venait forcément
» à conclure qu'elles étaient tout bonnement en train de
» s'amuser [1]. »

Mœurs funéraires. — Nous avons déjà dit ailleurs que sir
John Lubbock avait remarqué le soin avec lequel ses fourmis
disposaient de leurs morts. Cette habitude paraît être générale chez beaucoup d'espèces de fourmis ; elle est due sans
doute à des nécessités sanitaires ayant provoqué des actes
d'abord réfléchis qui par sélection naturelle ont donné naissance à un instinct avantageux. Selon Mac Cook rien chez les

----

1. *Loc. cit.*

fourmis ne présente plus d'intérêt pour l'observateur, que
leurs mœurs funéraires [1] :

« Toutes les espèces que j'ai étudiées se comportent de la
» même manière envers les morts. S'ils appartiennent à leur
» colonie, on leur témoigne quelque respect en leur don-
» nant la sépulture ; s'ils appartiennent à une communauté
» étrangère, on en extrait d'abord tous les sucs, puis on
» les dépose dans une sorte de fosse commune à l'écart. Je
» n'ai pas été à même de voir de cimetières de fourmis agri-
» coles en plein champ, ou d'observer leurs mœurs en ma-
» tière de funérailles, mais mes nids artificiels m'ont fourni
» quelques données à ce sujet. Voici, par exemple, ce que je
» remarquai dans la première colonie. Huit fourmis étran-
» gères, que j'y avais introduites, avaient été mises en
» pièces. Tout d'abord les colons ne s'occupèrent pas des
» restes ; mais une fois habitués à leur nouvelle demeure, ils
» recueillirent les membres épars et se mirent à les promener
» tout autour de la fourmilière. Le lendemain, même manège
» avec quelques cadavres en plus résultant de décès dans la
» colonie. Ce n'était qu'allées et venues de long en large, de
» haut en bas, dans tous les coins du casier. Cela dura ainsi
» pendant quatre jours. Si, par hasard, une des fourmis
» venait à lâcher son fardeau, aussitôt une autre s'en chargeait
» et se joignait au cortège. L'embarras, je le comprenais
» bien, c'étaient qu'elles ne pouvaient trouver de point suffi-
» samment éloigné du nid pour y ensevelir les restes. Mais
» elles tenaient tellement à réussir, que rien ne les rebutait
» dans leurs recherches. Il semble qu'avec un peu d'intelli-
» gence, elles auraient dû reconnaître plus tôt qu'elles se
» trouvaient enfermées dans un espace limité. S'en étant enfin
» aperçues, elles s'arrangèrent du mieux qu'elles purent ; le
» coin le plus éloigné de la surface inférieure fut choisi comme
» lieu de sépulture comme étant le plus éloigné des galeries de
» la terrasse du haut. Une petite fosse pratiquée contre
» la paroi de verre, reçut une partie des cadavres ; le reste
» fut disposé dans les fentes. Dès lors cette plateforme devint
» le cimetière de la colonie ; les trous, fentes ou coins ser-
» vaient de tombes, sans pourtant toujours dissimuler les

1. *Loc. cit.*, p. 337.

» restes. D'ailleurs, les vivants ne l'adoptèrent jamais qu'à
» contre-cœur, et souvent, pris de quelque scrupule, ils dé-
» terraient les cadavres, les changeaient de place ou les
» emportaient au loin à la recherche d'un endroit plus conve-
» nable. Dans tous les cas, chaque fois qu'il se produisait un
» décès dans la colonie, le mort n'était porté au cimetière
» qu'après avoir été promené de tous côtés.

» Je remarquai la même conduite dans des fourmilières de
» *barbatus* et de *crudelis* que j'avais établies dans des bocaux
» en verre. Tel était leur désir de disposer de leurs morts
» en dehors du nid, qu'elles grimpaient avec leur fardeau
» le long de la paroi glissante du bocal jusqu'au bord ; corvée
» qu'elles ne semblaient guère entreprendre que dans ces fu-
» nèbres circonstances. Les chutes n'étaient pas pour les dé-
» courager ; elles auraient persisté quand même dans leurs
» efforts. Mais, comme les fourmis du casier, elles finirent
» par se rendre compte de leur position et adoptèrent comme
» cimetière et comme coin aux rebuts la partie de la surface
» la plus éloignée de l'entrée des galeries, c'est-à-dire l'autre
» extrémité du diamètre tout contre la paroi. Mme Treat m'af-
» firme avoir observé le même manège dans ses nids artificiels
» de *Formica crudelis*. »

» Je lui dois également un renseignement curieux sur
» le cérémonial funèbre des fourmis sanguines. Un jour
» qu'elle était allée examiner un nid qui se trouvait dans sa
» propriété de Vineland, New-Jersey, elle aperçut, près de
» l'entrée, un monceau de cadavres d'esclaves (fourmis noires).
» C'étaient probablement des carcasses rapportées d'une ex-
» pédition récente ; en tous cas, elles appartenaient toutes à
» la même espèce. Mme Treat m'apprit, à ce propos, que les
» fourmis sanguines ne mêlent jamais leurs morts avec ceux
» de leurs esclaves ; il paraît qu'elles les mettent à part, et
» les portent au loin en suivant un système d'isolement. Quelle
» analogie avec les coutumes des hommes ! Combien d'entre
» eux ne portent-ils pas leurs préjugés de race, de classe ou
» de religion jusqu'aux portes du cimetière où le corps re-
» tourne à la terre d'où il est sorti. »

Il est à remarquer que dans tout ce qui précède il n'est pas
question d'enterrement proprement dit, tels que le pratiquaient les fourmis de l'Europe méridionale suivant Pline.

Mais le compte rendu de la Société Linnéenne de l'année 1861 contient un rapport très précis d'après lequel il paraîtrait que les fourmis, à Sydney, ont l'habitude d'enterrer leurs morts. Mme Hutton, l'auteur du mémoire, n'a pas l'autorité d'un observateur connu ; mais les circonstances ne paraissent pas avoir été de nature à l'induire en erreur. Elle avait tué plusieurs « soldats » d'une tribu de fourmis. Revenant une demi-heure après au lieu du massacre, elle vit qu'une foule de fourmis entouraient les cadavres et résolut d'observer la manière dont elles se comporteraient.

« En apercevant quatre ou cinq qui s'étaient détachées du
» groupe et se dirigeaient vers un petit tertre où se trouvait
» un nid, je me mis à les suivre. Elles pénétrèrent à l'in-
» térieur et reparurent bientôt avec une nombreuse suite,
» marchant en procession, deux à deux. Arrivées à l'endroit
» où se trouvaient les cadavres, elles y firent une pause de
» quelques minutes, puis, enlevant les corps de leurs cama-
» rades, elles se remirent en marche toujours deux à deux,
» une paire portant un mort, la paire suivante faisant cor-
» tège et ainsi de suite. Du moins, je pus en compter qua-
» rante dans cet ordre, après quoi venait pêle-mêle une foule
» d'environ deux cents fourmis. De temps à autre les por-
» teurs s'arrêtaient et confiaient leur fardeau au couple sui-
» vant qu'ils relevaient à leur tour. On arriva ainsi à un
» endroit sablonneux près de la mer, où une tombe fut
» creusée pour chaque cadavre et recouverte avec soin après
» la mise en terre. Un incident curieux vint accroître l'intérêt
» de cette scène déjà si remarquable. Une demi-douzaine de
» fourmis au moment où l'on creusait les tombes avaient
» essayé de se dérober à la besogne ; elles furent ramenées de
» force, mises à mort sur le champ et jetées dans une fosse
» commune. »

Le Révérend W. Farren White, dans un article publié par le « Leisure Hour » (1880), cite le témoignage de Mme Hutton, et le confirme par ses propres observations :

« J'ai vu, dit-il, ces petits fossoyeurs porter des morts
» avec leurs mâchoires ; il y en avait un qui s'occupait à
» enterrer un cadavre..... A vrai dire un enterrement était
» une opération assez difficile ; en effet, les fourmis avaient
» adopté comme cimetières de petits plateaux que j'avais

» disposés à la surface de leur nid, et dont le rebord est
» presque vertical. Néanmoins elles ne pouvaient se ré-
» soudre à laisser leurs morts à la surface du nid, et ne man-
» quaient jamais de les enfouir dans ces cimetières exté-
» rieurs. — A quelque temps de là j'enlevai les plateaux et
» mis la fourmilière sens dessus dessous ; après quoi je dis-
» posai, à la surface, six autres plateaux dont deux étaient
» remplis de sucre. Tous les six furent adoptés comme
» cimetières, et reçurent nombre de cadavres parmi lesquels
» ceux des larves qui avaient péri dans le bouleversement de
» la fourmilière.

» Je remarquai un jour, dans une colonie, un cimetière
» souterrain, où des fourmis étaient en train d'enterrer leurs
» morts en les recouvrant de poussière. L'une d'elles, évi-
» demment sous le coup d'une profonde émotion, voulait
» exhumer les corps mais en était empêchée par les fos-
» soyeurs. Le cimetière s'était ici transformé en un vaste
» caveau, complètement recouvert ainsi que le passage qui y
» conduisait. »

HABITUDES PARTICULIÈRES A CERTAINES ESPÈCES.

Fourmis « coupe-feuilles » de la région des Amazones
(Œcodoma cephalotes). — M. Bates décrit, ainsi qu'il suit, la
manière de procéder de ces fourmis :

« Ayant choisi un arbre, elles s'y portent en masse.....
» Chacune s'établit à la surface d'une feuille, et, se servant
» de ses mâchoires comme de ciseaux, y pratique une incision
» en forme de demi-cercle ; les mâchoires deviennent alors
» des tenailles avec lesquelles l'insecte saisit brusquement le
» morceau découpé et l'arrache. Quelquefois les feuilles
» tombent à terre et s'y accumulent jusqu'à ce qu'une autre
» bande de travailleurs les emporte ; mais d'habitude chaque
» fourmi se charge de son morceau et le rapporte à domicile.
» Comme elles suivent toutes le même chemin, il se forme
» bientôt un sentier dont la surface nette et unie ressemble à
» la trace d'une roue de charrette dans l'herbe. »

Le morceau de feuille se porte tout droit au dessus de la
tête, de sorte que l'on reconnaît facilement les fourmis qui

reviennent au nid. Du reste, l'observation a démontré qu'elles cheminent d'un côté ou de l'autre de la route, suivant qu'elles s'en vont aux provisions ou qu'elles en reviennent, et qu'ainsi il existe toujours deux courants de sens contraire. Arrivées au nid, les fourmis remettent leurs feuilles à des ouvrières d'une sorte plus petite, dont la tâche consiste à les hacher ; nous verrons plus loin dans quel but. Ces ouvrières ne prennent jamais part aux travaux du dehors ; si elles sortent, ce n'est que pour prendre l'air ou s'exercer, car elles ne font que courir çà et là sans raison. Quelquefois elles s'amusent à grimper sur les morceaux de feuille dont les autres fourmis sont chargées, et se font ainsi porter au logis.

A force d'observations, Bates finit par découvrir le but que poursuivent ces fourmis ; et, à en croire son témoignage ainsi que celui de Belt et de Müller, il y a de quoi exciter notre curiosité. Il paraît que les feuilles ne servent pas directement à l'alimentation des insectes, mais que hachées elles forment des couches sur lesquelles poussent de petits champignons dont se nourrissent les fourmis. On peut donc appeler ces dernières « fourmis maraîchères » puisqu'elles travaillent à préparer un terrain favorable à la culture de certains légumes. En fait de matériaux, elles ne sont pas difficiles ; tout ce qu'elles demandent, c'est que les champignons puissent y pousser. Sous ce rapport, elles font grand cas du blanc de l'écorce d'orange. Il existe cependant certains arbustes dont elles n'estiment que les fleurs. Mais revenons-en à Bates :

« Elles tiennent beaucoup à l'aération de leurs demeures
» souterraines et pratiquent, à cet effet, de nombreux trous
» qui communiquent avec l'atmosphère et dont elles règlent
» l'ouverture de manière à maintenir une température cons-
» tante à l'intérieur. Et, d'ailleurs, le soin qu'elles prennent
» de n'apporter au nid que des feuilles ni trop sèches, ni trop
» humides, s'accorde bien avec le sentiment des besoins d'un
» végétal dont la culture réclame des conditions spéciales de
» température et d'humidité. Vienne une averse, les fourmis
» jettent les morceaux de feuilles mouillées à l'entrée du nid
» et ne les rentrent que quand ils sont à peu près secs ; mais
» si la pluie persiste, elles les laissent s'empâter dans le sol dé-
» trempé et ne s'en occupent plus. Au contraire, par un temps

» sec et chaud, elles ne sortent qu'au frais ou pendant la nuit,
» surtout si elles habitent un endroit exposé aux ardeurs du
» soleil, de manière à ne pas exposer leur récolte à ses rayons
» desséchants. Aussitôt rentrées, les feuilles passent aux
» mains des petites ouvrières qui les hachent. Il arrive parfois
» aux fourmis, surtout aux jeunes, de se tromper et d'appor-
» ter des brins d'herbe, quoique l'herbe soit prohibée par
» la communauté ; mais l'erreur est vite reconnue, et j'ima-
» gine que la jeune coupable reçoit une belle réprimande de
» la part d'un des régisseurs.

» Quand un nid a été bouleversé, les fourmis prennent
» toutes les peines du monde pour ramasser les provisions
» répandues de tous côtés ; quelquefois même, après avoir
» donné un coup de bêche dans un nid, j'ai constaté le lende-
» main que la motte de terre que j'avais rejetée était perforée
» en tous sens. les fourmis s'étaient frayé un chemin pour ar-
» river à leurs provisions enfouies. De même quand elles
» émigrent, elles emportent toujours leurs munitions avec
» elles. »

Le docteur Fr. Ellendorf de Wiedenbrück, qui a habité
l'Amérique centrale pendant plusieurs années, s'est aussi
appliqué à étudier les mœurs de ces fourmis ; la description
qu'il en fait se trouve dans la *Geistesleben der Thiere* de
Büchner. Le docteur fait observer qu'il leur serait impossible de se glisser pendant des milles à travers l'herbe la plus
courte avec leur fardeau sur la tête :

« C'est pourquoi, dit-il, elles commencent par se frayer un
» chemin d'environ cinq pouces de large en coupant l'herbe
» au ras du sol; les millions d'insectes qui y circulent conti-
» nuellement, jour et nuit, ne tardent pas à l'aplanir.....
» Vue d'un point élevé, cette masse compacte avec ses ban-
» nières vertes qui s'agitent au dessus des têtes, fait l'effet
» d'un serpent vert de taille gigantesque glissant sur le
» sol [1]. »

Il raconte aussi comment il imagina d'entraver la marche
d'une colonne, et ce qui en advint :

« Une herbe haute et épaisse que les fourmis ne pouvaient
» franchir avec leurs fardeaux sur la tête, bordait le chemin

1. *Loc. cit.*, p. 97.

» de chaque côté. Je mis une branche de près d'un pied de
» diamètre en travers de la route, en ayant soin de l'enfoncer
» quelque peu dans le sol, pour que les fourmis ne pussent
» se faufiler en dessous. Les premières arrivées essayèrent,
» en effet, de ce moyen de passer outre, puis elles voulurent
» passer par dessus, ce qui leur était impossible avec le poids
» qu'elles portaient sur leurs têtes. Pendant ce temps, celles
» qui s'en allaient aux provisions, n'ayant rien qui les gênât,
» avaient pu franchir l'obstacle et, se trouvant face à face
» avec celles qui revenaient, se virent obligées de leur passer
» sur le dos, ce qui ne manqua pas de créer un beau gâchis.
» Je m'aperçus bientôt que les fourmis à bannières se te-
» naient immobiles, comme si elles attendaient un mot d'ordre,
» et quel ne fut pas mon étonnement quand je revins à l'obs-
» tacle dont je m'étais éloigné pour inspecter la colonne, de
» voir que, de part et d'autre, l'on travaillait à un tunnel. Sur
» une longueur de plus d'un pied, les fourmis du convoi
» avaient déposé leurs fardeaux pour procéder à l'opération
» et, lorsqu'elle fut terminée, c'est-à-dire au bout d'une demi-
» heure, elles se chargèrent de nouveau de leurs bannières,
» et la colonne se remit en marche. »

Voici maintenant une émigration racontée par le même
observateur :

« En suivant un chemin de fourmis qui conduisait à une
» plantation de cacaoyers, j'avais découvert un nid de four-
» mis que je pris l'habitude de visiter quotidiennement. Un
» jour que je m'y rendais, je rencontrai, à une assez grande
» distance, une colonne serrée qui en venait ; chaque fourmi
» avait son fardeau : les unes portaient des feuilles, les autres
» des larves, les autres des scarabées, des papillons, etc...
» et, plus j'approchais du nid, plus l'activité devenait intense.
» Il s'agissait, évidemment, d'un déménagement et, pour dé-
» couvrir le nouveau domicile, je n'avais qu'à suivre la ligne
» du convoi. J'aperçus alors, à quelque distance du nid, le
» long de l'ancienne route, un embranchement tout nouveau
» qui conduisait à un endroit plus frais et d'une certaine
» élévation. Les fourmis avaient dû se frayer un chemin à
» travers l'herbe, et j'en vis des milliers qui étaient encore
» occupées à faucher aux approches de leur nouvelle de-
» meure. Là, tout était animation : architectes, maçons,

» charpentiers, mineurs, rien ne manquait. Certaines four-
» mis étaient en train de creuser la terre pour en retirer des
» petites boulettes qui leur servaient à construire un mur;
» d'autres apportaient de petits morceaux de paille, des brin-
» dilles, des tiges, etc..... Ce qui m'intriguait, c'était de
» savoir ce qui avait pu leur faire quitter le premier nid.
» Aussitôt qu'il fut complètement désert, je le retournai avec
» ma bêche et je découvris, à près d'un pied et demi de pro-
» fondeur, plusieurs trous d'une grosse espèce de marmottes,
» très redoutées des planteurs, parce que dans leurs opéra-
» tions souterraines elles ne respectent rien et rongent les
» plus fortes racines de cacaoyer. L'intérieur de la fourmi-
» lière s'était effondré à la suite de ces excavations. Quant au
» nouvel établissement, je ne pus malheureusement en sur-
» veiller l'achèvement, car le lendemain il me fallut partir
» pour San Juan del Sur; mais, à mon retour, huit jours
» après, je trouvai la colonie entièrement installée et va-
» quant, comme d'ordinaire, à la récolte des feuilles de
» caféier. »

Fourmis moissonneuses (Atta). — On désigne ainsi certaines fourmis qui récoltent pendant l'été des graines nutri-
tives, et les emmagasinent pour leur consommation d'hiver.
Elles appartiennent presque toutes au genre Atta, dont on
compte actuellement dix-neuf espèces disséminées à la surface
du globe. Les observateurs qui les ont fait connaître de nos
jours sont : M. Moggridge [1] (Europe méridionale); le docteur
Lincecum [2] et M. Mac Cook [3] (Texas) ; enfin le colonel Sykes [4]
et le docteur Jerdon [5] (Inde). Elles sont assez répandues en
Europe et en Palestine [6]. Salomon et plusieurs des écrivains
classiques de l'antiquité en avaient certainement connaissance, et la fidélité de leurs observations, longtemps contestée
avec l'autorité d'Huber, se trouve à l'heure qu'il est entièrement justifiée.

Voici, d'après M. Moggridge, un observateur aussi cons-

---

1. *Harvesting Ants and Trap-door Spiders*, Londres, 1873 ; supplément, 1874.
2. *Journal de la Société linnéenne*, vol. VI, p. 29, 1862.
3. *Fourmis agricoles du Texas*, Philadelphie, 1880.
4. *Comptes rendus de la Société entomologique de Londres*, I, 103, 1836.
5. *Journal de la Société littéraire de Madras*, 1851.
6. Moggridge, *loc. cit.*, p. 6-10.

ciencieux qu'infatigable, quelles sont les habitudes des fourmis
moissonneuses d'Europe. Du nid, rayonnent dans tous les
sens et à des distances de vingt à trente mètres et davantage,
des convois doubles, c'est-à-dire composés de fourmis qui
vont et viennent, comme chez les « coupe-feuilles ». Les différentes routes mènent aux « champs » où les colonnes
s'éparpillent pour ramasser les graines de leurs herbes
favorites.

« Ce qu'il y a de remarquable, dit M. Moggridge, c'est que
» les fourmis ne s'en tiennent pas aux graines mûres, elles
» rapportent également des capsules encore vertes à la tige
» fraîchement brisée. La manière dont elles s'y prennent pour
» les arracher est assez curieuse. Une fourmi a-t-elle par
» exemple jeté son dévolu sur une gousse bien remplie mais
» encore verte, de *Capsella bursa-pastoris,* elle grimpe le
» long de la tige sans s'arrêter aux gousses qui sont prêtes à
» s'ouvrir ; une fois arrivée à celle qu'elle convoite elle la sai-
» sit avec ses mâchoires et la tord, en pivotant sur ses pattes
» de derrière, jusqu'à ce que la queue se rompe. Puis elle re-
» descend avec ce fardeau démesuré qu'elle traîne à travers
» maintes impasses, et se joint au convoi qui retourne au nid.
Elles récoltent de la même manière les capsules de *Stellaria
media* et les calices entiers contenant les graines de thym.
» Deux fourmis s'entendent quelquefois pour opérer en-
» semble ; dans ce cas l'une s'occupe à tordre le pédoncule
» et l'autre à le ronger au point où se produit le maximum de
» tension. Je ne les ai jamais vues se fier entièrement à
» l'action de leurs mâchoires ; il se peut qu'elle soit insuffi-
» sante. Dans certains cas, au lieu de redescendre avec les
» capsules qu'elles ont détachées, elles les laissent tomber
» à terre et leurs amies se chargent de les emporter ; ce trait
» s'accorde bien avec le récit d'Elien qui nous représente les
» fourmis coupant de petits épis de blé et les jetant à leurs
» gens en bas, τῷ δήμῳ τῷ κάτω. »

L'observation qui termine le passage que je viens de citer
en tant qu'elle montre que les fourmis connaissent le principe de la répartition du travail, se trouve confirmée par
l'anecdote que raconte le même auteur, à propos d'une sauterelle morte que des fourmis emportaient vers leur nid :

« La sauterelle était trop grosse pour passer par l'ouver-

» ture, on essaya de la démembrer, mais sans succès. Plu-
» sieurs fourmis imaginèrent alors d'écarter les ailes et les
» jambes aussi loin que possible de leur position naturelle, et
» d'autres choisissant l'endroit où les muscles se trouvaient le
» plus étirés, se mirent à les ronger. Grâce à cet expédient;
» la difficulté fut surmontée et la sauterelle passa dans le
» nid. »

Autre exemple emprunté à Lespès :

« Quand les fourmis vont moissonner loin de leur nid, elles
» établissent le long de la route des dépôts qu'elles abritent
» sous des feuilles, sous des pierres, ou de telle autre ma-
» nière qui leur convient, et chargent certaines ouvrières de
» transporter la récolte de dépôt en dépôt. »

Büchner (*loc. cit.*, page 101) cite certains observateurs que
nous avons déjà nommés :

« Le Révérend H. Clark raconte qu'à Rio de Janeiro, une
» colonie de Sa-ubas a creusé sous la rivière Parahyba,
» dont la largeur égale celle de la Tamise à Londres, un véri-
» table tunnel qui conduit à un magasin d'approvisionnement
» sur la rive opposée. Bates rapporte que des fourmis de la
» même espèce avaient percé la digue du réservoir du mou-
» lin de Magoary, aux environs de Para, et que l'eau s'était
» échappée avant qu'on eût pu y remédier. Il dit aussi avoir
» vu sortir, à plus de soixante-dix mètres de distance, des
» vapeurs sulfureuses, dont un jardinier français avait fu-
» migué à l'aide d'un soufflet, l'entrée d'un nid de Sa-ubas,
» dans le jardin botanique de Para. »

Voici un autre exemple de coopération que j'emprunte à
Belt :

« Entre la nouvelle fourmilière et l'ancienne se trouvait
» une pente assez raide. Au lieu de perdre leur temps à la
» descendre, les fourmis s'arrêtaient au sommet et laissaient
» rouler leurs fardeaux jusqu'en bas, où une autre équipe
» s'en emparaient pour les porter au nid. C'était un spectacle
» curieux que celui de ces insectes sortant en toute hâte de
» leur ancienne demeure avec des paquets de provisions, les
» jetant au bas de la côte et se dépêchant de revenir en cher-
» cher d'autres. »

Comme je l'ai déjà dit, l'observation a relevé un procédé
analogue chez les fourmis « coupe-feuilles » ; nous avons vu

en effet qu'il leur arrive de jeter les morceaux qu'elles ont
découpés à des porteurs qui se tiennent en bas. Il y a lieu
donc d'ajouter foi au témoignage de Vincent Gredler de Bot-
zen, tel que le rapporte le *Zool. Gart.* xv, page 434 :

« Un des moines du monastère du P. Gredler avait depuis
» quelques mois l'habitude de mettre sur l'appui de sa fe-
» nêtre du sucre pilé que venaient chercher des fourmis
» établies dans le jardin. Certaines remarques de Gredler,
» lui donnèrent l'idée de mettre le sucre dans un vieil en-
» crier et de le suspendre à la traverse de la fenêtre. Les
» fourmis qui se trouvaient mêlées au sucre eurent bien vite
» reconnu le chemin qu'il leur fallait prendre pour retourner
» chez elles, et se mirent sans plus tarder, à grimper le
» long de la ficelle avec leurs grains de sucre. Peu de temps
» après, la tribu était au courant de la situation et suivait en
» procession la nouvelle route. Cette manœuvre continua
» pendant deux jours ; mais le troisième, la colonne s'arrêta
» à l'endroit où le sucre avait été d'abord placé sur l'appui de
» la fenêtre, et, chose surprenante, parut s'y approvisionner.
» Or, voici ce que révéla l'observation : une douzaine de
» fourmis, perchées dans l'encrier, amenaient les grains de
» sucre jusqu'au bord et les jetaient de là à leurs cama-
» rades. »

Je pourrais citer beaucoup d'autres exemples pour montrer
que les fourmis pratiquent la division du travail ; j'aurai
occasion d'en mentionner de nouveaux à propos d'autres
sujets au cours de ce chapitre ; mais je crois en avoir déjà
assez dit pour que le fait soit hors de doute.

Passons maintenant à une expérience de Moggridge, qui
démontre que les fourmis peuvent se tromper et qu'elles
tirent une leçon de leur méprise ; du reste les observations
abondent à ce sujet. Voici ce que dit Moggridge :

« Il arrive parfois à une fourmi de faire un mauvais choix ;
» à son retour, les autres ne se gênent pas pour lui apprendre
» que ce qu'elle rapporte est sans valeur, la poussent hors
» du nid et lui font jeter son butin. Voulant m'assurer pour
» mon compte que ces petites créatures étaient sujettes à
» erreur, comme le reste des mortels, je répandis des perles
» de porcelaine blanche et grise sur le chemin d'un convoi de
» moissonneuses. Au bout de quelques instants, je vis une

» fourmi s'approcher d'une perle, la saisir avec quelque diffi-
» culté et l'emporter en toute hâte vers le nid. Pendant ce
» temps, il en était venu d'autres qui s'efforçaient vainement
» d'enlever les perles ; tout en surveillant leurs manœuvres,
» je ne perdais pas de vue l'ouverture par laquelle la pre-
» mière avait disparu avec sa perle. Sur ces entrefaites, j'eus
» à m'éloigner. Lorsque je revins au bout d'une heure,
» je constatai que les fourmis avaient cessé de s'occuper des
» perles qui étaient encore à la place où je les avais mises ;
» et je me crus autorisé à conclure qu'elles avaient reconnu
» leur erreur, et avaient repris leurs occupations habi-
» tuelles. »

Les graines sont mises de côté dans de véritables greniers
après avoir été mondées. Cette opération se fait à l'intérieur
du nid, et la balle est jetée au dehors pour que le vent
l'emporte.

Ce qui est inexplicable c'est que ces graines ne germent
pas, malgré qu'elles soient enfouies sous terre à une profondeur qui devrait les y disposer. Moggridge affirme avoir exa-
miné plusieurs milliers de graines fournies par vingt et un
nids ; et en avoir trouvé, du mois de novembre au mois de
février, vingt-sept qui commençaient à germer ; mais il n'en
découvrit aucune pendant octobre, mars, avril et mai, c'est-
à-dire pendant les mois les plus favorables à la germination.
Il ne se fait aucune idée de la manière dont les fourmis s'y
prennent pour empêcher leurs graines de germer ; à en juger
par leurs greniers, elles ne cherchent pas à les soustraire à
l'influence de l'humidité, de la chaleur ou de l'air. En tous
cas, les graines ne perdent rien de leur vitalité. Comme
preuve, Moggridge cite un semis qui lui donna toute une
pousse de jeunes plantes.

« Un heureux hasard, ajoute-t-il, m'a permis de constater
» que les graines germent dans un grenier dont l'entrée est
» interdite aux fourmis ; ce qui semble prouver que ce n'est
» pas telle ou telle condition d'emmagasinage, mais bien la
» présence de fourmis qui est nécessaire à la conservation des
» graines.

» Je découvris deux fourmilières d'*Atta structor*, dont une
» partie s'était trouvée isolée par suite de l'effondrement
» d'un mur. Les greniers étaient remplis de graines qui

» avaient commencé à pousser, malgré qu'elles fussent com-
» plètement enfouies dans la terre. Je savais que dans le cas
» de l'un de ces nids, l'effondrement du mur ne datait que de
» dix jours, de sorte que les graines avaient dû germer de-
» puis lors.

» Du reste les expériences que j'ai faites me portent égale-
» ment à attribuer leur conservation à une influence directe
» et voulue de la part des fourmis, ou aux vapeurs acides
» qu'elles émettent en certains cas et non aux conditions
» dans lesquelles ces insectes établissent leurs greniers. »

Les expériences auxquelles Moggridge fait allusion avaient
consisté en premier lieu à enfermer dans une éprouvette close
avec un bouchon, une quantité de fourmis moissonneuses
avec leur reine et leurs larves ainsi que diverses graines. En
germant toutes sans exception, ces dernières avaient prouvé
qu'une atmosphère saturée des exhalaisons des fourmis était
impuissante à les conserver. Moggridge en soumit ensuite
à des vapeurs d'acide formique, comme le lui avait suggéré M. Darwin ; les graines en souffrirent, mais la germination se produisit quand même. Reste donc à savoir comment les fourmis s'y prennent pour l'empêcher dans leurs
greniers.

Quel que soit leur procédé, elles savent évidemment que la
siccité est un facteur important; il résulte, en effet, des
observations de Moggridge que, quand leurs graines deviennent par trop humides, elles les portent au dehors pour
les mettre au soleil, et les rentrent lorsqu'elles les trouvent
suffisamment sèches.

Enfin, il paraît qu'elles connaissent aussi le meilleur moyen
d'enrayer les progrès de la germination lorsque celle-ci se
produit dans le nid, car elles rongent toujours le germe en
pareil cas. — C'est là, assurément, un des faits psychologiques les plus remarquables chez ces étonnantes créatures.

Fourmis du Texas. — Buckley et le docteur Lincecum
furent les premiers à appeler l'attention sur les habitudes de
ces fourmis; l'un en 1860 [1], l'autre en 1861, dans un premier
mémoire communiqué à la Société Linnéenne, par M. Darwin,
et, en 1866, dans un second mémoire publié dans le compte

1. *Académie des sciences nat. Philadelphie,* vol. XII, p. 445.

rendu de l'Académie des sciences naturelles de Philadelphie. En 1877, M. Mac-Cook se rendit au Texas exprès pour étudier ces insectes, et il a tout récemment publié le résultat de ses observations dans un livre de trois cents pages. Somme toute, elles confirment celles du docteur Lincecum et, pour ce motif aussi bien qu'en raison de leur valeur intrinsèque, on peut les considérer comme dignes de foi, tout en déplorant qu'elles ne soient pas plus complètes. En voici le résumé :

Les fourmis choisissent, pour y établir leur nid, une région couverte d'herbes et de plantes, et y font une clairière en forme de cercle de quinze à vingt pieds de diamètre. Elles nettoient avec le plus grand soin ce disque, et en remplissent les creux de manière à l'aplanir, si bien qu'avec le temps et sous l'influence combinée de la pluie et d'un piétinement continuel, la surface en devient ferme et unie. — Au centre, se trouve l'entrée du nid qui affecte souvent la forme d'un cône. Trois ou quatre routes, également soignées, partent du disque et rayonnent dans différentes directions; elles ont chacune plusieurs embranchements. Larges de trois à cinq pouces à l'origine, elles vont en se rétrécissant; quant à leur longueur, elle ne dépasserait pas soixante pieds suivant M. Mac-Cook, pourtant Lincecum en cite une qui avait trois cents pieds de long. — À l'époque de la moisson, les routes sont couvertes de fourmis, les unes se rendant aux provisions et s'éparpillant dans la campagne à mesure qu'elles s'éloignent, les autres revenant de tous côtés avec des chargements de graines et formant une masse de plus en plus considérable à mesure qu'elles approchent du nid.

La récolte des graines dans les fourrés qui bordent les routes s'opère de la manière suivante :

« Chaque fourmi explore le terrain pour son compte.
» Trouve-t-elle une graine qui lui convienne, elle commence
» par la dégager du sol dans lequel, soit la pluie, soit le pié-
» tinement des passants l'a enfoncée, puis elle la soulève et
» l'examine de tous côtés, en la tâtant avec ses mâchoires.
» Enfin, raidissant les jambes pour se hausser le corps, elle
» replie l'abdomen de manière à en appuyer l'extrémité contre

1. *Fourmis agricoles du Texas* (Lippincott et Cie, Philadelphie, 1880).

» la graine. J'estime que ce geste a pour but d'ajuster le far-
» deau d'une façon commode. Une fois chargée, notre mois-
» sonneuse reprend le chemin du logis. Les labyrinthes d'un
» gazon touffu, les cailloux, mottes de terre, racines en
» saillie ou plantes couchées qui encombrent la route, rien ne
» la rebute. Malgré un fardeau aussi long, aussi épais et deux
» fois plus large que son corps, elle triomphe de tous les obs-
» tacles, et, à force de vigueur et d'habileté, finit par regagner
» la route, sans s'être jamais trompée de direction. Dès lors,
» les difficultés s'aplanissent. Tenant haut la graine, de ma-
» nière à éviter tout contact avec le sol, elle prend une allure
» plus rapide, une sorte de trot qui l'amène bien vite au
» *disque* [1], au centre duquel elle disparaît. Telle est, en termes
» généraux, et en faisant la part de la nature du terrain et
» des graines, et peut-être de l'individu, la façon dont se com-
» portent les fourmis moissonneuses. En fait de sympathie et
» de secours mutuels, je n'ai pu constater que le fait suivant :
» une ouvrière de la petite sorte se trouvait aux prises avec
» une grosse graine dont elle avait de la peine à se charger,
» lorsqu'en survinrent successivement deux autres de la
» grande sorte qui lui prêtèrent chacune main forte. »

Outre les graines qu'elles ramassent de la manière que
nous venons de voir, ces fourmis font aussi la cueillette,
comme leurs congénères d'Europe.

« En ce qui concerne la *F. crudelis,* il paraît à peu près
» certain que, quand arrive la saison, elle n'attend pas que les
» plantes s'égrènent pour faire sa récolte, et il est de fait que
» les habitants d'une fourmilière, sur le tertre de laquelle on
» avait planté des épis de millet pourvus de tiges longues de
» dix-huit pouces, n'hésitèrent pas à grimper à cette hau-
» teur pour recueillir les graines ; j'en vis plus de vingt à la
» fois à l'œuvre sur un seul épi. »

Les greniers, qui n'ont, du reste, rien de commun avec les
chambres à larves, présentent une surface si ferme et si unie,
que Mac-Cook imagine que les fourmis doivent s'inspirer « de
quelques notions élémentaires de maçonnerie ». — Il en a

---

1. On appelle ainsi, nous l'avons vu, une sorte de place circulaire située
au-dessus de la fourmilière des moissonneuses et que ces dernières entretiennent
soigneusement dépourvue de végétation. C'est cette place que quelques espèces
transforment en une sorte de champ de culture.   (*Note du traducteur.*)

trouvé à une profondeur de quatre pieds et croit, d'après le témoignage des habitants du pays, qu'il peut en exister jusqu'à quinze pieds au-dessous du sol.

A l'instar des fourmis de Moggridge et de Sykes, celles du Texas ont pour habitude, suivant Lincecum, de sécher au soleil les graines mouillées. — Mac-Cook a malheureusement négligé ce point. — Quant à la conservation des graines, il n'a aucune explication à nous donner et ignore si l'espèce américaine ronge la radicule issue de la graine en germination à sa première apparition comme le font les fourmis d'Europe. Mais il est surtout deux lacunes qu'on est fondé à lui reprocher. C'est d'abord de ne pas avoir vérifié, par l'expérience, une allégation qu'il paraît admettre, et d'après laquelle les communautés dont certains membres ont succombé à un poison s'en méfieraient à l'avenir ; c'est ensuite de ne pas avoir élucidé la question très importante que soulève Lincecum quand il affirme, de la manière la plus positive, que les fourmis du Texas sèment, à la surface de leurs disques, la graine d'une plante particulière. l'*Aristida* ou *riz de fourmis*, pour en obtenir une récolte. Il est certain que cette plante se rencontre souvent à la surface des disques, et que les fourmis sont très friandes de sa graine ; mais comment se sème-t-elle ? Est-ce par suite de l'intervention de ces insectes ou pousse-t-elle naturellement parce que le disque présente une surface plus libre que le sol environnant.

Suivant le docteur Lincecum, le semis se ferait de bonne heure, afin de profiter des pluies d'automne qui le font lever. Dans les premiers jours de novembre, une bordure, large d'environ quatre pouces, commence à percer à la circonférence du disque. Dès lors, les fourmis s'occupent diligemment à écarter du voisinage de cet anneau toutes les herbes étrangères à leur plantation, jusqu'au mois de juin de l'année suivante, époque à laquelle la maturité s'accomplit, l'*Aristida* étant une plante biennale. Une fois la graine récoltée, les moissonneuses fauchent le chaume et l'enlèvent de manière à préparer le disque pour le semis de l'automne suivant. Lincecum affirme avoir vu les mêmes colonies de fourmis renouveler ce procédé d'année en année, et il ajoute :

« A n'en pas douter, c'est bien là une plante cultivée. Comment ne pas le reconnaître aux sarclages continuels pendant

» la poussée, au soin avec lequel la graine est récoltée, le
» chaume enlevé et le terrain préparé pour un nouveau semis
» à l'automne suivant, et ainsi de suite d'année en année,
» comme j'ai pu m'en assurer partout où la colonie n'avait
» pas à redouter les incursions d'animaux graminivores. »

Le docteur revient sur ce sujet en réponse à une lettre de
M. Darwin : « Pour moi, dit-il, il n'y a pas l'ombre d'un doute.
» Ce n'est ni en devinant, ni en tirant des conclusions à la
» légère que j'ai formé mon opinion. Voilà douze ans que j'ob-
» serve les mêmes colonies en toutes saisons, et je garantis
» l'exactitude de ce que j'ai avancé dans ma première lettre.
» Hier encore, pendant ma tournée, j'ai vu de belles récoltes
» de riz à fourmis et partout la preuve d'une culture entendue :
» pas une plante, pas un brin de mauvaise herbe, à moins de
» douze pouces tout autour des récoltes. » (*Journal de la
Société Linnéenne,* vol. VI, pages 30-31.)

Or Mac-Cook, tout en reconnaissant qu'il existe des planta-
tions telles que les a décrites Lincecum, rapporte qu'il ne les
a observées que dans quelques colonies, et s'étonne de ne pas
en avoir trouvé partout. Il confirme donc en partie les observations du docteur, mais il avoue son incrédulité à l'endroit
des semis, et croit tout simplement que les fourmis ont pu
reconnaître qu'elles avaient intérêt à épargner l'*Aristida* dans
le sarclage de leurs disques ; il admet du reste que l'hypothèse
de l'ensemencement ne dépasse pas les bornes qu'il est permis
d'assigner à la capacité intellectuelle des fourmis, et finit par
conclure que le fait, selon la formule du verdict écossais, est
« non prouvé ».

Voyons maintenant ce que le même observateur a à nous
dire sur les travaux souterrains de ces insectes :

« Quand le sol est humide ou de nature tenace, les mineurs
» n'ont pas grande difficulté à déblayer leurs galeries, les
» débris consistant en petites mottes faciles à porter. Mais
» quand le terrain est poudreux, l'opération n'est plus aussi
» simple. Elle serait interminable s'il fallait enlever les grains
» de poussière un à un ; mais les fourmis s'y prennent autre-
» ment. Elles confectionnent de petites boules, en les roulant
» soit contre la surface de la galerie, soit contre la partie
» inférieure de leurs têtes, soit enfin entre leurs mâchoires.
» La manipulation se fait avec les pattes de devant qui

» serrées aux côtés de la face, puis recourbées, s'étendent
» comme pour porter la main à la bouche. L'abdomen vient
» alors presser en se repliant sur la petite motte rassemblée
» entre les deux mâchoires ou entre les mâchoires d'une part
» et le dessous de la tête de l'autre. Voilà comment se prépare
» une charge, même dans les galeries latérales où j'ai souvent
» vu des fourmis travailler sur le dos ou sur le côté, comme
» les mineurs dans les houillères de Pensylvanie. »

Citons encore le passage suivant :

« Il est certain que les fourmis agricoles ne se nourrissent
» pas exclusivement de graines ; ma colonie du disque n° 2
» m'en donna la preuve. Sitôt que les fourmis se furent frayé
» un passage à travers la boue dont j'avais comblé l'ouver-
» ture de leur nid, elles s'éparpillèrent sur la surface du
» disque de tous côtés et disparurent dans l'herbe. Bientôt
» après j'en vis revenir un grand nombre chargées de Ter-
» mites mâles et femelles qui venaient probablement d'essai-
» mer avant l'averse. Les moissonneuses, au comble de l'ex-
» citation, couraient deçà et delà de toute leur vitesse. En peu
» de temps le vestibule du nid se trouva bondé. A l'entrée ce
» n'était qu'une masse de fourmis qui s'efforçaient en vain de
» pénétrer à l'intérieur avec leurs fardeaux, tandis que
» d'autres les mains vides, aiguillonnées par la soif du butin,
» jouaient des pieds et des mains pour sortir du nid. D'autres
» enfin, renonçant pour le moment à se frayer un chemin
» dans leur demeure, déposaient leurs charges et couraient
» en chercher d'autres, si bien que d'un côté de l'ouverture
» je remarquai une bonne poignée de termites entassés de
» cette manière.

» Peu à peu l'encombrement diminua, et les fourmis purent
» rentrer leur butin. J'avais été fort étonné de la rapidité
» avec laquelle la colonie s'était tout d'abord portée au dehors ;
» j'en conclus ensuite que les fourmis savaient d'avance l'effet
» que la pluie avait dû produire, et comptaient en profiter.
» En somme, j'ai la conviction que parmi leurs habitudes il
» faut compter celle de capturer des insectes que la pluie a
» abattus.

» Dans l'après-midi du même jour, en ouvrant une four-
» milière, j'y découvris toute une colonie de termites parfai-
» tement acclimatée en apparence. Le jour suivant je trouvai

» une quantité de spécimens ailés de ces insectes dans les
» greniers d'une vaste fourmilière; assurément ils étaient
» destinés à l'alimentation des habitants. »

L'habitude singulière qu'ont les fourmis de plusieurs espèces
de se porter les unes les autres d'un point à un autre, a
été remarquée de la plupart des observateurs, et Mac-Cook
s'étend tout particulièrement sur ce point. La fourmi qui se
charge d'une camarade la prend à mi-corps, la soulève à une
certaine hauteur et la maintient ainsi pendant qu'elle marche; l'autre rassemble ses jambes et se tient immobile. Huber
avait supposé que c'était affaire de plaisir et d'entente réciproques ; mais Mac-Cook s'accorde avec la majorité des observateurs pour y voir une façon primitive de s'indiquer entre
fourmis l'endroit où il faut aller prêter main forte.

« Ainsi s'explique l'espèce de raccolement que pratiquent les
» fourmis agricoles suivant Lincecum. Là où il n'y a ni chef,
» ni direction, ni police, toute entreprise publique telle qu'un
» changement de domicile, nécessite le consentement et la
» coopération des individus. *A priori* la manière dont les
» fourmis mettent la main sur leurs concitoyennes a plutôt
» l'air d'une mesure de coercition, et en somme ç'en est
» une. Mais toute contrainte cesse dès que le nouveau do-
» maine est atteint ; et si les captives ont été amenées de
» force dans ce milieu où leurs services sont en réquisition,
» c'est que leurs camarades comptaient qu'une fois là elles
» consentiraient à coopérer. Il est certain que dans la plupart
» des cas, les nouvelles venues ne se font pas prier, et se
» mettent immédiatement à l'œuvre. Mais il n'y a pas d'ap-
» parence qu'elles soient surveillées et qu'elles ne puissent
» retourner à leur ancienne demeure, si tel est leur bon
» plaisir. »

Fourmis d'Afrique. — Livingstone raconte que certaines
fourmis se sont établies sur une plaine où, chaque année,
l'eau séjourne si longtemps que le lotus y mûrit :

« Quand l'inondation se produit, elles se réfugient sur des
» plantes, sur les tiges desquelles elles se sont construit à une
» hauteur convenable des habitations en terre glaise. L'ex-
» périence leur a enseigné à prendre leurs précautions d'a-
» vance, car si elles attendaient que l'eau ait envahi leur
» territoire, elles ne pourraient se procurer les matériaux

» dont elles construisent leurs demeures aériennes, à moins
» de plonger pour chaque bouchée de terre [1]. »

Fourmi des arbres de l'Inde et de la Nouvelle-Galles du Sud. — Le propre de cette espèce est de s'établir sur les arbres. D'après le colonel Sykes, les nids sont en forme de sphère, d'environ dix pouces de diamètre. Pour les construire, les insectes ramassent de la bouse de vache et en fabriquent des petites plaques, qu'elles rassemblent comme des tuiles ou des ardoises, de manière à se ménager des ouvertures à l'abri de la pluie. Le toit consiste en une seule plaque qui couvre le nid comme d'une calotte, et l'intérieur se compose de cellules inégales dont les murs sont tapissés d'écailles ou de plaques comme l'extérieur.

Dans la Nouvelle-Galles du Sud on trouve, en outre, une espèce de fourmis qui habite le tronc des arbres. Le capitaine Cook en parle dans le récit de son expédition : « Elles s'éta-
» blissent à l'intérieur des branches dont elles enlèvent la
» moelle jusqu'au bout des plus minces, sans que l'arbre
» paraisse en souffrir. » Une branche vient-elle à se casser, on en voit sortir des troupes de fourmis. Certaines espèces de nos parages creusent également l'intérieur des arbres : mais pas au même degré.

Fourmi à miel (Myrmecocystus mexicanus). — On rencontre cette fourmi au Texas et au nouveau Mexique. Le capitaine W. B. Fleeson, qui s'en est tout particulièrement occupé, a fait part de ses observations à l'Académie des sciences de Californie : elles ont également été communiquées à M. Darwin, par M. Henri Edwards. En voici les points les plus saillants :

« Chaque communauté comprend trois sortes différentes de
» fourmis, jouant chacune un rôle qui lui est propre dans
» l'économie du nid, à savoir :

» 1º Des ouvrières de couleur jaune, chargées d'élever et
» de nourrir les fourmis de la deuxième catégorie :

» 2º Des fourmis à miel également de couleur jaune, à ab -
» domen sphérique très développé, ayant pour seule et unique
» fonction de secreter une sorte de miel dont les autres sem-
» blent se nourrir. Elles ne sortent jamais du nid ;

---

1. *Missionary Travels*, p. 328.

» 3° Des fourmis noires qui veillent à la sûreté du nid et à
» l'alimentation de la première catégorie. Elles sont plus
» grosses et plus fortes que les deux autres sortes et armées
» de mâchoires formidables. »

Le nid est de forme rectangulaire et d'environ quatre à cinq
pieds carrés de surface ; il est placé dans un terrain sablonneux

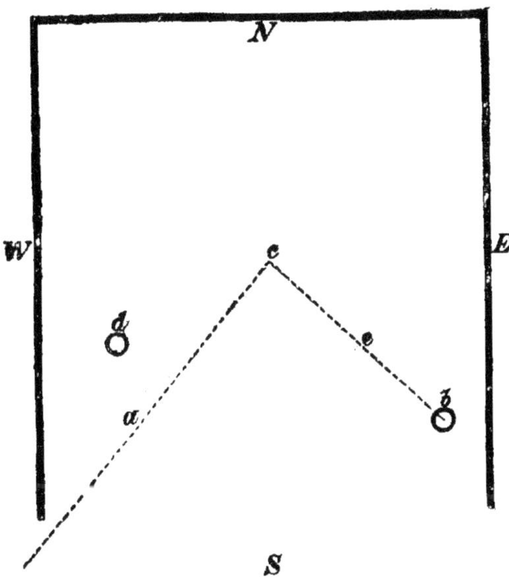

Fig. 7.

avec arbustes et fleurs. Du reste, il se reconnaît facilement
à la colonne serrée de sentinelles noires qui monte la garde
sur trois des côtés et dont les deux rangs se meuvent en sens
inverse. Dans le croquis (fig. 7) la colonne est représentée par
une ligne noire épaisse ; ce sont toujours les côtés de l'est, du
nord et de l'ouest qu'elle protège, le côté sud reste ouvert.
Qu'un ennemi approche de n'importe quel côté, aussitôt nombre de sentinelles quittent leur poste pour se porter à sa rencontre se dressant sur leurs pattes de derrière et remuant les
mâchoires en signe de défi. Tout insecte qui s'aventure trop
près du nid est mis en pièces, puis porté au loin, après quoi
les soldats reprennent leurs rangs ; ils ne songent qu'à défen-

dre leur demeure, et non à se repaitre des cadavres de leurs ennemis.

Quant au côté sud du camp, s'il reste ouvert, c'est pour ne pas entraver les opérations d'une autre bande de fourmis noires qui s'occupe de l'approvisionnement. Elles vont et viennent dans la direction C A, les unes se dirigeant vers le point C, centre du carré, pour y déposer leur butin, les autres repartant du même point pour chercher une nouvelle charge. De C en B où se trouve l'ouverture de la citadelle, circulent les ouvrières de couleur jaune qui transportent à l'intérieur les provisions que leurs camarades noires ont apportées en C. Il est à remarquer que chaque sorte s'en tient strictement au parcours qui lui est assigné, et que l'on chercherait vainement une fourmi jaune sur la ligne C A et une fourmi noire sur C B. C'est un admirable exemple de discipline. Le petit cercle en D représente un trou qui parait servir de tuyau de ventilation ; les fourmis n'en font usage ni pour entrer ni pour sortir.

Quant au nid, outre les galeries d'usage, on y trouve une chambre située à environ trois pieds de profondeur, où les fourmis ont tendu comme une toile d'araignée de leur fabrication. Elle se compose d'un réseau de carrés, d'environ 6 millimètres de côté, et ses extrémités sont assujetties tout autour aux murs de la chambre. Sur chaque carré repose une fourmi de la 2ᵉ catégorie ; elle y passe sa vie dans une réclusion perpétuelle, à confectionner du miel par un procédé analogue à celui des abeilles avec les fleurs, le pollen et les matériaux analogues que lui apportent sans cesse ses camarades de la 1ʳᵉ catégorie.

Voilà, en résumé, tout ce que l'on sait jusqu'à présent sur les habitudes de ces curieux insectes, dont l'organisation militaire ne le cède en rien à celle des Ecitons ; seulement elle se rattache à un système de défense et non d'aggression. Ce qui est surtout digne de remarque, c'est que selon toute apparence les ouvrières noires et les ouvrières jaunes appartiennent à « deux genres différents » ; s'il en est ainsi, c'est l'unique exemple que nous ayons de deux espèces distinctes travaillant côte à côte dans un but commun. On pourrait bien citer, il est vrai, certaines espèces de fourmis et leurs pucerons, mais l'analogie dans ce cas est plus apparente que réelle[1] ; en effet, le concours des pucerons est entièrement passif comme celui des fourmis à miel, tandis que dans l'exemple que nous venons de voir il s'agit d'une coopération active.

Ecitones. — C'est ainsi qu'on appelle un genre de fourmis de l'Amazone, genre « militaire » par excellence, et qui comprend plusieurs espèces. — Belt, Bates et quelques autres naturalistes ont observé ces fourmis avec soin, et nous pouvons nous en rapporter à leur témoignage, auquel j'emprunte les détails qui suivent :

Les *Eciton legionis* ont au plus haut degré l'instinct de l'organisation militaire. — S'agit-il d'une expédition, — et vivant comme elles le font de meurtre et de rapines, une expédition pour elles est affaire d'approvisionnement, — elles se lèvent en masse et s'avancent en bon ordre sur plusieurs rangs, formant une colonne de plus de cent mètres de long. — De petites troupes d'éclaireurs se détachent du corps d'armée pour se mettre à la recherche d'insectes, de larves, etc... Ils explorent chaque feuille, chaque brindille, tous les coins et recoins qui peuvent recéler une proie, et rejoignent la colonne avec le butin qu'ils ont pu récolter, à moins qu'il ne dépasse la mesure de leurs forces, auquel cas ils envoient chercher du renfort. Tout cadavre qu'une fourmi seule ne saurait porter, est mis en morceaux et expédié pièce à pièce. Nombre d'insectes cherchent à se mettre en sûreté en grimpant aux buissons et aux arbustes ; mais leurs ennemis les poursuivent sans pitié de branche en branche. Une fois acculés à l'extrémité de quelque brindille, il leur faut bien se rendre ou tomber dans les mains de la foule meurtrière qui se presse en bas. Quant au butin que les éclaireurs font constamment parvenir au quartier général, il est porté à l'arrière-garde par deux bandes de fourmis qui se tiennent de chaque côté du corps d'armée. Chaque bande s'arrange en colonne sur deux rangs se composant l'un de fourmis allant déposer le butin qu'elles ont reçu, et l'autre de fourmis revenant en chercher. On remarque aussi de chaque côté des individus de petite taille et moins foncés que les autres, qui ont l'air d'officiers ; ils vont et viennent le long de la colonne,

---

1. L'analogie est bien plus grande avec ce qui se passe chez les espèces esclavagistes où deux espèces travaillent aussi côte à côte, mais chez qui cette collaboration a été obtenue au début par la violence (*Trad.*).

tout en demeurant entre certaines limites de parcours qui
semblent leur avoir été assignées, et de temps en temps s'arrêtent pour se frotter les antennes avec des camarades dans
les rangs comme pour leur donner un ordre. — Lorsque les
éclaireurs découvrent un nid de guêpes dans un arbre, un
fort détachement s'y porte aussitôt, le dévaste et en retire
toutes les larves, tandis que les guêpes voltigent à l'entour,
impuissantes à se défendre contre une pareille invasion.

Quand c'est un nid d'une autre espèce de fourmis que ces
aventuriers ont rencontré, il arrive souvent que l'armée tout
entière vient l'assaillir. — Arrivée sur place, elle se met
à l'œuvre avec une énergie extraordinaire, creusant, minant,
sapant de tous côtés jusqu'à ce que toutes les richesses cachées
sous terre soient à sa merci. La manière dont les fourmis
savent organiser leur travail, en pareille circonstance, est fort
remarquable. Celles qui sont occupées à creuser au fond d'un
trou, ne perdent pas leur temps à emporter les débris, elles
les passent à d'autres, qui les font parvenir à la surface.
Celles qui sont au dehors s'en emparent, les emportent juste
assez loin pour qu'ils ne puissent retomber dans le trou, puis
reviennent à la hâte se poster à l'ouverture. M. Bates est tout
émerveillé d'une pareille marque de prévoyance. Ce n'est pas
à dire que la répartition du travail se fasse d'une manière
bien stricte ; car telle fourmi qui creusait change d'occupation
et se met à transporter les débris et *vice versa*. Mais il n'en
existe pas moins une véritable coopération pratiquée avec
intelligence. Voici, du reste, un exemple que j'emprunte à
Bates :

« Le lendemain matin, il n'y avait trace de fourmis ni à
» l'endroit où je les avais vues le jour précédent ni sous les
» arbres; mais environ cent mètres plus loin, je rencontrai
» l'armée, évidemment en maraude comme la veille, quoique
» suivant une tactique différente à cause de la nature du
» terrain. Elle était échelonnée sur le penchant d'un mon-
» ticule de terre légère qu'elle avait perforé en plusieurs en-
» droits jusqu'à une profondeur de huit à dix pouces. A
» l'ouverture de chaque trou se trouvait une masse de fourmis
» dont les unes aidaient leurs camarades d'en bas à hisser de
» gros insectes du genre *Formica* et les passaient à d'au-
» tres qui les mettaient en pièces et en remettaient à leur

» tour les morceaux à une bande de débardeurs chargés de
» les emporter. »

Les Ecitones de cette espèce n'ont pas de demeure fixe, et
vivent, pour ainsi dire, toujours en campagne. A la nuit, ils
campent dans quelque endroit dont le sol crevassé leur offre
un abri pour leur butin. Le lendemain matin, l'armée reprend
sa marche, et en moins de deux heures, il ne reste plus une
seule fourmi des myriades qui couvraient le terrain.

Plus grosses que les précédentes, les *Eciton hamata* marchent en masse ou en colonnes dans leurs expéditions, suivant la proie qu'elles ont en vue. Si, par exemple, elles
en veulent à une certaine espèce de fourmis qui abritent
leurs jeunes dans le creux de bûches pourries, elles se forment en colonnes, de manière à explorer de tous côtés. Une
des bandes vient-elle à rencontrer un tronc abattu, vite elle
s'éparpille à sa surface et en examine chaque trou, chaque
fente.

   « Parmi les ouvrières, dit M. Belt, il y en a de plusieurs
» tailles, et les plus petites rendent de grands services ; elles
» pénètrent dans le moindre trou et vont chercher leur proie
» jusque dans les ramifications les plus extrêmes. Quand des
» *Hypoclinea* sont attaquées dans leur nid, elles se précipi-
» tent au dehors avec leurs larves et leurs chrysalides dans les
» mâchoires, mais les Ecitones les interceptent avec une agi-
» lité extraordinaire et les dépouillent si rapidement que je
» n'ai jamais pu me rendre un compte exact de leur manière
» de s'y prendre. Aussitôt le butin saisi, elles se hâtent de
» rejoindre la colonne du côté du retour.

   » A l'entour du nid assiégé, à voir le désordre qui semble
» régner parmi les Ecitons, on dirait qu'elles ont perdu la
» tête ; mais elles sont si bien à leur affaire, que pas une
» *Hypoclinea* ne leur échappe ; du reste, elles ne cherchent
» pas à faire de mal, mais seulement à s'emparer des jeunes. »

Les colonnes de l'*Eciton hamata* se composent presque
entièrement d'ouvrières de différentes tailles, mais, comme
dans le cas de l'*Eciton legionis*, à des intervalles de deux ou
trois mètres l'on remarque de grosses fourmis, de couleur
claire, qui s'arrêtant, courant en arrière, et se servant de leurs
antennes comme pour donner des ordres, paraissent remplir
les fonctions d'officiers et diriger la marche de la colonne.

En ce qui concerne les habitudes de l'espèce, M. Belt nous donne les détails suivants :

« Les yeux des Ecitons sont très petits ; chez certaines es-
» pèces ils sont tout à fait rudimentaires, et manquent abso-
» lument chez d'autres. Sous ce rapport, elles contrastent
» singulièrement avec les *Pseudomyrma* qui fourragent
» isolément, et ont des yeux très développés. L'imperfection
» de la vue chez les Ecitons est tout à l'avantage de la
» communauté, et favorise leur tactique. Pourvues d'yeux
» plus clairvoyants, elles ne manqueraient pas de se disper-
» ser, chacune allant là où elle aurait aperçu un objet digne
» d'attention. Comme la plupart des autres espèces, elles se
» suivent à la piste, et je suis porté à croire qu'elles se don-
» nent avis de tout ce qui peut les intéresser, au moyen
» d'odeurs plus ou moins fortes et de nature variée qu'elles
» ont la faculté de répandre. Je remarquai un jour une co-
» lonne d'*Eciton hamata* qui cheminait au bas d'un talus
» haut de six pieds, et dont le côté avait une inclinaison
» presque verticale. Il s'était formé en un point un groupe
» d'une douzaine de fourmis qui paraissaient se consulter.
» Tout d'un coup l'une d'elles quitte ses camarades et grimpe
» à toutes jambes jusqu'au haut du talus. Les autres suivent
» ses traces, mais en allant et revenant sur la piste, de ma-
» nière à l'affirmer. Pour les mettre en défaut, je gratte un
» peu le terrain en avant du point où elles sont parvenues ;
» elles s'arrêtent, font plusieurs détours, retrouvent la piste,
» et continuent leur route en toute sécurité. Arrivées en haut
» du talus, elles pénètrent dans un taillis qui parait giboyeux.
» En peu de temps le reste de la colonne fut mis au courant
» de l'entreprise et se précipita en masse vers le terrain de
» chasse. Les Ecitons se distinguent entre toutes les fourmis
» en ce qu'elles n'ont point de demeure fixe ; quand elles ont
» épuisé les ressources d'une région, elles se portent sur un
» autre point, et je ne crois pas que l'*Eciton hamata* reste
» plus de quatre ou cinq jours dans le même endroit. J'ai
» souvent rencontré des colonnes d'émigrants, et elles sont
» faciles à reconnaître avec leurs officiers au teint clair, éche-
» lonnés le long des côtés. Chacune de ces bandes comprend
» des milliers de fourmis et atteint une longueur extraordi-
» naire ; j'en ai mesuré qui avaient plus de trois cents mètres.

» Elles campent dans le creux des arbres, et quelquefois
» sous de gros troncs abattus, quand elles y trouvent des ca-
» vités convenables. Je découvris un jour toute une colonie
» qui, semblable à un immense essaim d'abeilles, accroché
» par dessous à un tronc d'arbre, pendait en grappe jusqu'à
» terre. A voir les longues jambes des fourmis, on aurait dit
» un réseau de fils contenant cette masse d'insectes dont le
» volume égalait au moins un mètre cube. Au dehors, plu-
» sieurs colonnes s'occupaient à apporter, les unes des larves,
» les autres des membres d'insectes qu'elles avaient dépecés.
» Ce qui me surprit surtout, ce fut de voir dans ce nid vivant
» des passages tubulaires qui conduisaient au centre de la
» masse, et où s'engageaient les fourmis chargées de butin.
» Ayant plongé un long bâton jusqu'au milieu de la grappe, je
» l'en retirai couvert de fourmis portant des larves et des
» chrysalides qui étaient sans doute tenues au chaud par
» l'essaim qui les entourait. Outre les ouvrières foncées et
» les officiers de couleur claire, je remarquai certains spéci-
» mens munis d'énormes mâchoires qu'ils ouvraient d'une
» manière menaçante, tout en se promenant. »

Le lecteur se rappelle sans doute que nous avons parlé
d'une espèce de fourmis qui manifeste de la sympathie pour
ses amies en détresse ; c'est de l'*Eciton hamata* qu'il s'a-
gissait.

Comme mœurs, l'*Eciton drepanophora* lui ressemble beaucoup ; du reste, sous ce rapport les diverses espèces d'*Eciton* ne diffèrent que par des détails. M. Bates raconte les
expériences qu'il fit avec une colonne d'*E. drepanophora*.
Chaque fois qu'il la dérangeait ou qu'il lui dérobait une
fourmi, des messagers couraient annoncer l'incident plusieurs
mètres en arrière et aussitôt un mouvement de retraite s'opé-
rait en ce point. Les colonnes ne sont que sur quatre ou au
plus six rangs, mais en revanche elles s'étendent sur une
longueur de plus d'un demi-mille. C'est cette espèce, qui,
suivant M. Bates, choisit quelque coin ensoleillé d'une
clairière pour se livrer à ses récréations.

Arrivons maintenant à l'*Eciton prædator* qu'a observé le
même auteur :

« Petite et d'un rouge foncé, elle ressemble beaucoup, dit
» Bates, à la fourmi rouge ordinaire que l'on rencontre en An-

» gleterre. Elle est très répandue à Ega où elle a été décou-
» verte. A l'encontre des autres Ecitons, elle dispose ses armées
» non en colonnes mais en phalanges serrées où se pressent
» des myriades de fourmis. Rien de plus remarquable que la
» rapidité de marche de ces masses. Partout où elles passent,
» elles sèment le trouble et l'alarme. Balayant la surface du
» sol, montant jusqu'au sommet des arbres peu élevés pour
» en examiner chaque feuille, rien ne leur échappe. Viennent-
» elles à rencontrer un amas de matières végétales en décom-
» position, où le butin abonde, aussitôt elles se concentrent
» en ce point ; à voir cette masse luisante s'agiter sur place,
» on dirait un flot de liquide rouge foncé. En peu de temps la
» fouille est achevée, et la phalange se remet en marche. Elle
» trouve une proie facile parmi les insectes au corps mou et
» inactif, qu'elles dépècent pour en faciliter le transport,
» selon les traditions de la race Ecitone. Sur un terrain uni
» une de ces phalanges couvrirait environ six mètres carrés ;
» en l'examinant de près on s'aperçoit qu'elle se compose non
» pas d'une masse de fourmis marchant toutes ensemble dans
» la même direction, mais d'un certain nombre de colonnes
» contiguës qui s'écartent plus ou moins par moments pour
» se rejoindre ensuite. Parfois même les côtés de la phalange
» s'éparpillent comme une nuée de tirailleurs. Je n'ai jamais
» réussi à découvrir un nid de ces fourmis. »

Restent deux espèces aveugles d'Ecitons, qui se distinguent par leurs habitudes. Bates nous donne sur leur compte
les renseignements suivants :

« Les armées de ces deux espèces (*E. vastator* et *E. erra-*
» *tica*), marchent toujours à couvert sous un abri que les four-
» mis construisent rapidement à mesure qu'elles avancent.
» Procédant ainsi pas à pas, pour ainsi dire, l'expédition finit
» par rencontrer un terrain de chasse dont elle explore tous
» les coins. Quant aux tunnels par lesquels cheminent ces
» aveugles, ils sont souvent d'une longueur considérable ;
» j'en ai relevé qui avaient jusqu'à deux cents mètres. Les
» grains de terre dont se composent les arcades sont pris sur
» place et, ajustés à sec, au lieu d'être cimentés avec de la
» salive comme dans les tunnels des Termites. Les Ecitons
» construisent les deux côtés simultanément, et font preuve
» d'une grande habileté en ajustant la clef de voûte sans

» compromettre la stabilité d'un édifice que ne consolide
» aucun ciment. Parmi les neutres, il y en a de deux sortes.
» Les uns ont la tête très forte, sans toutefois présenter
» l'énorme développement des mâchoires qui distingue les
» grosses ouvrières chez les *E. hamata* et *drepanophora*
» et sont préposés à la défense de la communauté ; les autres,
» plus petits et de conformation différente, sont ouvrières
» proprement dites. Chaque fois que je faisais une brèche à
» un tunnel, il se produisait un grand mouvement à l'inté-
» rieur, mais les petits neutres restaient toujours pour ré-
» parer l'avarie, tandis que leurs camarades à grosse tête,
» se portaient au dehors et montaient la garde, les mâ-
» choires en l'air et ouvertes de la façon la plus menaçante. »

Annornia arcens. — Ainsi s'appelle une espèce de fourmis
de l'Afrique occidentale, qui, par ses habitudes et son intelligence, se rapproche beaucoup des fourmis « militaires » de
l'autre hémisphère. Il suffira donc d'en parler en termes
généraux.

Nomades comme les Ecitons, elles campent dans le creux
des arbres, sous des rochers en surplomb, etc., etc. En
marche, elles forment une colonne serrée d'une grande longueur, celles qui portent le butin et les larves au centre, les
soldats et les officiers de chaque côté. Ces derniers ont la tête
forte et armée de puissantes mâchoires ; ils ne s'occupent
jamais du transport et n'ont d'autre fonction que de maintenir
l'ordre, de servir d'éclaireurs et d'attaquer l'ennemi. Il est un
trait par lequel cette espèce de fourmis se rapproche tout
particulièrement des Ecitons aveugles : elles se construisent
presque toujours un chemin couvert. C'est une espèce de
tunnel en terre qu'elles humectent de leur salive et auquel on
reconnaît facilement leur trajet. Mais ce n'est évidemment
qu'un expédient pour se dérober à l'ardeur du soleil d'Afrique,
car là où elles n'y sont point exposées, à l'ombre des arbres,
parmi les hautes herbes ou pendant la nuit, elles se passent
de leur abri artificiel. Lorsqu'une pluie d'orage inonde leur
camp, elles se réunissent en masse et flottent comme une île
au centre de laquelle se trouvent les jeunes.

Il est curieux que les fourmis d'hémisphères différents possèdent en commun tant de traits remarquables. Les fourmis
chasseresses de la Trinité, et, au dire de Mme Mérian, les

fourmis de la Visitation de Cayenne, se rattachent par leurs
habitudes à la catégorie que je viens de décrire.

De l'intelligence en général chez les différentes espèces.

Parmi les faits qui ont été relatés, il en est plusieurs qui
témoignent d'un degré extraordinaire d'intelligence de la part
des fourmis qui ne peuvent s'expliquer, quelle que soit d'ailleurs la part que l'on fasse à l'instinct aveugle qu'en admettant que les fourmis savent ce qu'elles font et pourquoi elles
le font. Mais comme je reconnais combien il est difficile en
pareil cas de distinguer nettement entre la passivité instinctive et l'activité intelligente, j'ai préféré réserver pour la fin
du chapitre actuel plusieurs exemples observés isolément chez
différentes espèces de fourmis, que l'on ne saurait ranger
dans la catégorie des actes instinctifs, c'est-à-dire des actes
effectués sans appréciation du rapport qui existe entre les
moyens et la fin.

On se rappellera le criterium que nous avons adopté en ce
qui concerne l'instinct et l'intelligence proprement dite : les
mouvements adaptés de l'individu sont-ils ceux de l'espèce et
se reproduisent-ils constamment sous l'empire des mêmes
circonstances, ou bien lui sont-ils inspirés par les incidents
nouveaux auxquels il se trouve mêlé? J'insiste sur cette distinction dont l'importance sera mise en relief par la suite.

Or, à prendre les observations de Sir John Lubbock il serait
naturel d'en conclure que des fourmis qui manifestent des
instincts aussi nombreux et aussi complexes doivent être
suffisamment douées d'intelligence générale pour savoir au
moins s'adapter à des innovations d'une grande simplicité.
L'expérience prouve cependant que malgré l'étendue et le
détail de leurs connaissances quand il s'agit de complications
habituelles, elles sont sans ressource pour parer à la moindre
difficulté insolite. Voici comment Sir John s'y prit pour le
démontrer. Le croquis (fig. 8) représente les dispositions
adoptées dans la première expérience. Sur un nid N se trouvait une soucoupe S pleine d'eau et au centre de celle-ci un
poids W d'où partait une baguette B chargée de larves en A. Un

morceau de bois CD reposant également sur le nid, surplombait en D de manière à toucher le point A de la baguette. Lorsque les fourmis eurent fait plusieurs voyages suivant CDA, le morceau de bois fut élevé d'environ trois dixièmes de pouce.

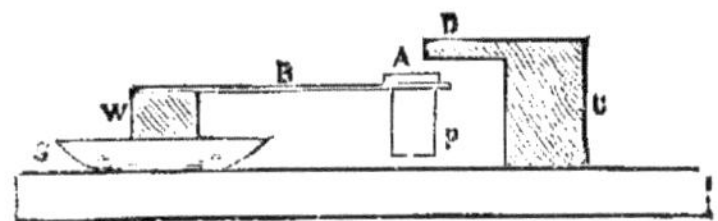

« Les fourmis, fidèles à leur route accoutumée, arrivaient à
» l'extrémité de D, d'où elles cherchaient à atteindre A, qui
» n'était que tout juste hors de portée... Après avoir persisté
» quelque temps dans leurs efforts, elles abandonnèrent la
» partie sans qu'il leur fût jamais venu à l'idée de se laisser
» glisser de la hauteur de ces 3/10 de pouce !. Or, au moment
» où j'élevai le bloc CD, il se trouvait une quinzaine de fourmis
» en A. Elles auraient pu facilement regagner la projection D,
» en se servant du dos d'une de leurs camarades. Mais elles
» n'y songèrent pas plus qu'à se laisser tomber du bas de
» la bande de papier P. Une ou deux d'entre elles firent bien
» involontairement cette chute ; mais les autres, après avoir
» erré longtemps de tous côtés, finirent par tomber dans
» l'eau. »

Comme variante de cette première expérience, Sir John imagina de disposer les larves à l'extérieur, en un point qu'il relia au nid, par un brin de paille en guise de pont. Une fois les fourmis bien familiarisées avec le chemin, il retira le brin de paille du côté du nid, de manière que l'extrémité ne touchât plus du côté des larves et put constater de la part des insectes de nombreux efforts pour atteindre d'un bord à l'autre, sans qu'un seul s'avisât de rétablir le pont. Mais voici qui dénote d'une manière encore plus frappante un manque d'intelligence, les circonstances ne comportant qu'une adaptation exigeant moins encore l'existence des facultés d'imagination.

« A environ un demi-pouce au-dessus d'un nid de *Lasius*
» *flavus*, j'avais suspendu un verre à miel où les fourmis
» ne pouvaient se rendre que par une espèce de pont en
» papier de 10 pieds de long, mais j'avais pour le moment

» pourvu à un trajet plus court, au moyen d'un petit tas de
» terre sous le verre qui permettait aux fourmis d'y grimper.
» Je les laissai se régaler de miel, puis j'enlevai un peu de
» terre en dessous du verre, de manière à laisser un espace
» d'environ 1/3 de pouce. Toute insignifiante que fût cette
» distance, les fourmis qui se trouvaient dans le verre ne
» voulurent pas la sauter et préférèrent s'en retourner par le
» pont de papier ; de même celles qui voulaient aller au
» miel s'efforçaient d'atteindre le verre, qu'elles pouvaient
» presque toucher de leurs antennes, sans jamais réfléchir
» que quelques grains de sable entassés, leur auraient permis
» de grimper tout droit ; elles finissaient aussi par faire le
» grand tour. Je résolus de ne rien changer aux dispositions
» de l'expérience pendant plusieurs semaines, et pendant tout
» ce temps, les fourmis continuèrent à fréquenter le pont de
» papier. »

Autre expérience du même genre. Une baguette verticale A
en porte une autre B, qui incline presque à toucher le sol au
point C. A l'extrémité de la baguette B, pend un petit casier
en verre D dans lequel se trouvent des larves et quelques
fourmis, et dont la distance verticale au-dessus de C, n'est que
de la moitié d'un pouce. « Néanmoins, dit Sir John, et malgré
» leur préférence évidente pour le chemin le plus court, les
» fourmis ne peuvent se résoudre à sauter et s'en reviennent
» par les baguettes, soit une distance de 7 pieds. » — Il eut
beau réduire la hauteur CD de moitié, si bien que les fourmis
touchaient le casier de leurs antennes ; le saut leur parût
encore trop aventureux. Enfin pour voir jusqu'où elles pousse-
raient la déraison dans leur timidité, Sir John augmenta la
longueur des baguettes, qu'il disposa horizontalement cette
fois de manière à fournir un parcours de 16 pieds, et il ré-
pandit une terre fine en dessous du casier. Mais rien n'y fit.
Malgré le peu de hauteur du saut, malgré l'absence de tout
danger, vu la nature du terrain au dessous du casier, enfin,
malgré la facilité avec laquelle elles auraient pu amonceler la
terre jusqu'à toucher le casier, les fourmis s'en tinrent au
chemin le plus long.

Je dois cependant remarquer à ce propos que toutes les
espèces ne montrent pas la même répugnance à se laisser
tomber d'une certaine hauteur ; selon Moggridge, les « mois-

sonneuses » d'Europe se plairaient assez à ce genre de gymnastique, et Belt en dit autant des fourmis « coupe-feuilles » des Amazones. — Le docteur Bastian, dans son ouvrage sur « le cerveau considéré comme organe de l'intelligence », émet l'avis que « le manque d'intelligence que paraissent manifester nos fourmis d'Angleterre, lorsqu'elles s'effrayent d'un saut, peut fort bien n'être que le résultat d'une vue imparfaite » (pages 241-242) ; il n'en resterait pas moins à expliquer pourquoi des fourmis se trouvant au-dessous d'un casier, qu'elles pouvaient toucher de leurs antennes, ne songèrent même pas à amonceler la terre qu'elles avaient sous la main.

Il ne faudrait pas toutefois conclure de ce qui précède, que les fourmis de Sir John Lubbock sont privées de toute capacité intellectuelle ; l'expérience suivante montre qu'il n'en est pas ainsi :

« Ayant mis quelques provisions dans une boîte peu pro-
» fonde, munie d'un couvercle en verre et d'un seul trou sur
» le côté, j'y introduisis des *Lasius niger*, qui eurent bientôt
» fait connaissance avec les lieux. Lorsque les rapports
» entre le nid et la boîte se furent bien établis, et que je
» pus compter une trentaine d'insectes en circulation, je
» répandis un peu de terre fine devant le trou, de manière à
» le couvrir d'une couche d'un demi-pouce d'épaisseur, puis
» j'enlevai les fourmis qui se trouvaient dans la boîte. Aussitôt
» qu'elles se furent remises de l'émotion que leur avait causée
» ma façon d'agir, elles firent plusieurs fois le tour de la boîte
» dans l'espoir de trouver une autre entrée. Mais n'y réussis-
» sant pas, elles se mirent à creuser juste au-dessus du trou,
» de manière à en déblayer l'ouverture, après quoi elles
» reprirent leur travail d'approvisionnement. »

L'expérience fut répétée plusieurs fois avec les *Lasius niger* et des *L. flavus*, et toujours avec le même résultat.

Il paraît donc que ces fourmis ne sont pas absolument dépourvues de raisonnement ; leurs efforts pour découvrir une nouvelle entrée qui leur permit de pénétrer dans la boîte, sans avoir à dégager le trou qu'elles connaissaient, prouvent qu'elles se rendaient compte des circonstances, et qu'elles faisaient appel à une faculté adaptive, qui, pour être élémentaire n'en appartient pas moins au domaine de la raison.

Parmi les données sur l'intelligence générale des fourmis, il convient de citer le résultat d'observations rigoureuses pratiquées d'heure en heure, de 6 heures 30 du matin à 10 heures du soir, pendant trois mois sans interruption, et dont le but était de reconnaitre si les fourmis appliquent le principe de la division du travail. Il fut démontré que, pendant l'hiver, alors que la communauté est plus ou moins engourdie, certains individus sont chargés de l'approvisionnement, et sont remplacés en cas d'accident. Voici du reste comment Sir John Lubbock résume les notes qu'il prit pendant cette longue période d'observation :

« Tout d'abord ce furent les fourmis numérotées 5, 6 et 7.
» qui s'occupèrent de pourvoir à l'alimentation. Le 22 novem-
» bre et le 11 décembre, le miel fut visité par une quatrième
» fourmi n° 8 ; mais à part cela, toute la besogne de l'appro-
» visionnement se fit par l'entremise des numéros 5 et 6, aidés
» de temps en temps par leur camarade n° 7. Comme on aurait
» pu m'objecter que ces trois insectes obéissaient tout simple-
» ment à un instinct de gourmandise ou à un besoin d'activité
» hors du commun, je séquestrai la fourmi n° 6, au moment
» où elle sortait pour aller au miel, le 5 décembre. Or le
» même soir, il s'en présentait une autre (n° 9) et, comme
» d'après mes notes, c'était la première (en dehors du premier
» groupe) qui fût sortie depuis plusieurs jours, nous sommes
» en droit de conclure que ce n'était point là un effet du
» hasard. La nouvelle fourmi prit la place du n° 6 et le 11 jan-
» vier, le n° 5 ayant été enfermé à son tour, elle accomplit à
» elle seule avec quelque assistance de la part du n° 7, le
» transport des provisions. — Le 17, je la séquestrai et le 19
» elle fut remplacée par une nouvelle recrue (n° 10) qui le 22
» et les jours suivants se fit aider par une amie (n° 11). Tout
» cela me parait fort curieux. Ainsi du 1er novembre au 5 jan-
» vier, à part une ou deux exceptions dues au hasard, trois
» fourmis font toute la besogne, l'une d'elles se contentant de
» prêter la main de temps en temps. — Je séquestre ses deux
» amies, et alors seulement il s'en présente une autre. Au
» bout d'une semaine, je l'enferme à son tour ; deux autres
» viennent la remplacer. Voyons maintenant ce qui se passe
» dans l'autre nid 1 ; là je n'interviens pas, et les mêmes
» fourmis s'occupent du ménage du commencement jusqu'à
» la fin. »

Il paraît donc établi que certaines fourmis ont mission
d'approvisionner la communauté, et qu'en hiver où la consommation est faible, deux ou trois suffisent à la tâche.

Passons maintenant des fourmis de Sir John Lubbock à
d'autres espèces qui contrastent avec elles par leur faculté
intellectuelle d'adaptation ; faculté aussi remarquable que l'instinct qu'elles manifestent et dont j'ai déjà eu occasion de parler. Malheureusement les observations sont peu nombreuses ;
au moins présentent-elles un grand intérêt et je les trouve
de nature à encourager les expériences à ce sujet. D'abord
Réaumur affirme que les fourmis ne cherchent pas à enlever
le miel d'une ruche habitée par des abeilles, parce qu'elles
savent qu'elles seraient mises à mort. Mais que la ruche soit
déserte, ou que les abeilles viennent à périr, elles ont bientôt
fait de l'envahir et ne l'abandonnent que lorsque le miel est
épuisé.

P. Huber parle d'un mur que des fourmis étaient en train
de construire :

« Il était destiné à supporter une voûte qui commençait à
» couvrir une vaste salle du côté opposé. Mais les maçons
» n'avaient pas donné assez de hauteur à la voûte, et il était
» évident qu'une fois terminée elle viendrait rencontrer le
» mur trop près de terre. A peine venais-je de faire cette re-
» marque, que je vis une fourmi s'arrêter, contempler l'édi-
» fice, et, frappée sans doute du défaut que je venais de relever,
» démolir le commencement de voûte et en élever une autre.
» Au début d'une entreprise, une fourmi a toujours l'air de
» concevoir lentement un plan d'action. Ainsi deux brins de
» paille croisés, à la surface du nid lui semblent-ils convenir
» au plancher d'une cellule dont de petits morceaux de bois
» lui fournissent les côtés, elle commence par bien examiner
» la position des différentes pièces, puis elle procède rapide-
» ment au maçonnage ajustant les grains de terre avec beau-
» coup d'habileté entre les pièces de charpente. Elle va cher-
» cher de tous côtés les matériaux qu'elle juge nécessaires, et
» dans son ardeur à exécuter son plan, ne se fait pas faute à
» l'occasion de dérober ce qui lui convient à ses amies. A
» force de se démener, elle finit par donner assez de corps à
» son idée, pour que ses camarades la saisissent. »

Comme exemple d'intelligence chez les fourmis noires

(*F. fusca*), Ebrard cite le fait suivant (*Étude de Mœurs,* page 3).

« La terre était humide et le travail allait grand train. Ce
» n'était qu'allées et venues de fourmis sortant de leur sou-
» terrain et revenant avec de petites mottes. Pour concentrer
» mon attention je fixai mes regards sur la plus grande des
» cellules en construction dans laquelle plusieurs fourmis
» étaient à l'ouvrage. Les travaux étaient déjà avancés, et
» l'on pouvait déjà voir une projection tout autour des parois,
» mais il y avait encore au milieu un espace de douze à quinze
» millimètres à couvrir. L'usage d'un pilier ou d'un arc-
» boutant quelconque se trouvait tout indiqué pour soutenir
» le toit de terre en cet endroit ; et beaucoup de fourmis ne
» manquent pas d'en construire en pareille occasion, mais les
» fourmis noires procèdent autrement. Dans le cas qui nous
» occupe, après un moment d'hésitation, elles s'avisèrent
» d'une herbe qui poussait tout à côté et dont les feuilles
» étroites se pressaient les unes les autres. Ayant choisi la
» feuille la plus proche, elles en chargèrent l'extrémité de
» terre humide jusqu'à ce qu'elle vint pencher au dessus de
» l'espace à couvrir. Malheureusement la feuille pliait trop
» près du bout et menaçait de se rompre. Pour prévenir ce
» malheur, les fourmis se mirent à ronger le bas de la feuille
» de manière à la faire plier dans toute sa longueur. Encore
» ne penchait-elle pas assez, mais un paquet de terre disposé
» habilement entre le pied de la plante et celui de la feuille
» finit par donner à cette dernière l'inclinaison nécessaire pour
» servir de poutre à la toiture qui y fut dès lors installée. »

» Ce qui distingue les constructions des fourmis, dit Forel,
» c'est l'absence d'un type particulier à chaque espèce, comme
» l'on en rencontre chez les guêpes, les abeilles et autres. Les
» fourmis savent modifier leur ouvrage suivant les circons-
» tances, et d'ailleurs chacune d'elles travaille pour son
» compte suivant son idée, quoiqu'à l'occasion elle soit aidée
» par des camarades qui ont compris son dessein. De là
» l'apparence confuse de l'installation. Il se produit natu-
» rellement de nombreuses collisions, et des démolitions
» réciproques. Mais après tout ce sont toujours les fourmis
» qui ont découvert le système le plus avantageux, et qui font
» preuve d'une patience supérieure, qui finissent par convertir

» la majorité et finalement la communauté entière à leurs
» idées. Non sans rixes, toutefois, car chacune aspire à s'im-
» poser. Une fois sa cause gagnée, celle qui vient de triompher
» se confond bientôt dans la foule. »

Espinas, *Les Sociétés animales*, 2ᵉ éd., page 384, remarque
également que chaque fourmi suit son idée et y travaille toute
seule jusqu'à ce qu'une camarade s'en rende compte et vienne
travailler de concert avec elle. En ce qui concerne les moissonneuses d'Europe, Moggridge affirme avoir souvent vu les
fourmis d'un nid qu'il venait de bouleverser entourer quelque
larve d'Elatéride et en diriger les mouvements vers quelque
petit trou que l'insecte agrandissait en s'y fourrant.

« Souvent aussi, dit-il, la larve passait inaperçue. M'est
» avis que la considération que les fourmis lui témoignaient
» à l'occasion avait un but intéressé, elles voulaient tout
» simplement profiter du tunnel pour pénétrer dans les
» galeries et les greniers souterrains, dont les décombres
» avaient bouché l'entrée. En tout cas, je les ai souvent vues
» se servir en pareille circonstance des trous pratiqués par
» l'Elatéride. »

A titre d'adaptation intelligente inspirée par des conditions
insolites, le même observateur décrit la façon d'agir d'une
masse de ces fourmis enfermées dans un bocal rempli de
terre.

« Le lendemain matin je comptai dix ouvertures ; à en
» juger par les monceaux de terre, les travaux avaient dû
» être continués pendant la nuit. La somme d'ouvrage ac-
» complie était vraiment étonnante, si l'on se rappelle que
» dix-huit heures auparavant, fourmis et larves se trou-
» vaient sur une surface unie close de tous côtés par une
» paroi de verre.

» Je trouve que la rapidité avec laquelle les prisonnières
» surent trouver de l'ouvrage pour tout leur monde de ma-
» nière à éviter toute confusion, démontre beaucoup d'intelli-
» gence. Il y avait dans le bocal moins d'un dixième de la
» quantité de terre et plus du tiers du nombre d'ouvrières que
» contient un nid de dimension ordinaire. Une ou deux en-
» trées n'auraient donc pas suffi pour permettre aux fourmis
» de vaquer sans encombre à leur besogne, et de pénétrer en
» force à l'intérieur où les appelait un devoir des plus impor-

» tants : celui de préparer les passages et les cellules des
» larves. Tandis que, grâce aux nombreux orifices en forme
» d'entonnoir qu'elles avaient tout d'abord pratiqués, elles
» pouvaient monter et descendre en foule, et par suite accom-
» plir rapidement leur tâche.

» Au bout de quelques jours je remarquai que le nombre
» des entrées se trouvait réduit à deux ; et bientôt après je
» n'en vis plus qu'une. »

D'après Mac-Cook, les moissonneuses du Texas établissent
leurs *disques* au soleil ; or, il raconte qu'il en avait découvert
un qui se trouvait ombragé en partie par un petit arbre qui
s'élevait juste en dehors du disque :

« Il est probable que l'arbre avait poussé postérieurement
» à l'établissement de la colonie qui, pour une raison ou pour
» une autre, l'avait laissé grandir, et ne pouvait plus s'en
» débarrasser. L'ombre qu'il projetait n'était encore qu'insi-
» gnifiante, mais elle n'en avait pas moins décidé les fourmis
» à s'établir à quinze pieds plus loin, en un point où je trouvai
» un nid en voie de formation. En tout cas c'est le seul exem-
» ple de changement de domicile que je puisse citer. »

Le fait suivant est extraordinaire, je dirai même incroyable ;
aussi me plais-je à reconnaître que Mac-Cook n'affirme pas
l'avoir observé lui-même ; il se peut donc qu'il ne fasse que
répéter ce qu'on lui avait raconté :

« Pendant mes recherches sur les mœurs de la fourmi
» découpeuse, je me laissai persuader par un fermier qui
» me pressait de faire une excursion de nuit à sa ferme située
» à quelque distance de notre camp pour examiner les ra-
» vages que causaient ces insectes parmi certaines plantes.
» Après avoir vainement exploré les champs dans l'obscurité
» force nous fut de relancer notre fermier dans son lit.
» Il nous conduisit aussitôt à un nid de fourmis qu'ombra-
» geait un jeune pêcher ; c'étaient bien des fourmis agricoles
» et toutes les autres fourmilières que nous visitâmes appar-
» tenaient également à cette espèce. J'expliquerai plus loin
» comment les habitants du pays en étaient venus à les
» confondre avec des « découpeuses », et pourquoi ces four-
» mis « agricoles » s'étaient livrées à des opérations qui les
» faisaient méconnaître. Ce que je tiens à constater ici, c'est
» que les fourmis au dire du fermier avaient dépouillé le

» pêcher de ses premières feuilles au printemps et l'avaient
» mis presque à nu ; et je suis certain que leur but était de
» détruire le rideau de verdure qui ombrageait leur demeure,
» afin de jouir pleinement de la lumière du soleil. »

C'est là une conclusion qui demanderait à être justifiée
jusqu'à l'évidence ; malheureusement Mac-Cook ne dit pas s'il
put reconnaître lui-même à certains indices que l'arbre avait
en effet été dénudé comme l'affirmait le fermier et de plus que
les fourmis en étaient responsables. Ailleurs encore, le même
observateur nous laisse dans l'incertitude, quoique son récit
se trouve en partie confirmé par Moggridge et par Ebrard
dans un passage déjà cité :

« Je me trouvai, dit-il, en présence d'un procédé nouveau
» que je vis pratiquer par plusieurs fourmis. Elles commen-
» çaient par entailler un brin d'herbe, puis, grimpant jusqu'au
» bout, elles le faisaient ployer et semblaient sans servir
» comme d'un levier pour multiplier l'effort au point entamé.
» Çà et là, j'en remarquai qui avaient l'air d'opérer de con-
» cert ; c'est-à-dire que l'une continuait à entailler le brin
» d'herbe, tandis que l'autre faisait levier à l'extrémité. Je
» regrette de n'avoir pu me livrer à une série d'observations
» pour bien établir le caractère intentionnel de cette coopéra-
» tion ; mais ce fut le seul nid où je pus la constater. »

Voici maintenant comment Moggridge semble plus ou moins
confirmer le témoignage de Mac-Cook :

« De cette manière (il avait enfermé des « moissonneuses »
» d'Europe dans un nid artificiel pour mieux les étudier) bien
» des choses me furent révélées, que je n'aurais pu constater
» autrement. C'est ainsi que j'observai la manière dont les
» fourmis s'y prirent pour se débarrasser des racines qui
» obstruaient leurs galeries. L'opération se faisait à deux :
» l'une tirant sur l'extrémité libre de la racine, l'autre ron-
» geant au point où les fibres se ressentaient le plus de la
» tension. »

Le même observateur nous a d'ailleurs décrit un procédé
analogue de la part de ses moissonneuses quand elles récoltent
des graines.

On pourrait donc, après tout, ajouter quelque foi à un passage de la *Biographie animale* de Bingley (Fourmis), où
l'auteur raconte que plusieurs membres de l'expédition du

capitaine Cook à la Nouvelle-Galles du Sud, entre autres
Sir Joseph Banks découvrirent une espèce de fourmis d'un
vert de feuille, « qui habitent les arbres et y construisent
» leurs nids dont la grosseur varie depuis celle de la tête d'un
» homme jusqu'à celle du poing. Ces nids sont très curieux ;
» leur enveloppe se compose de plusieurs feuilles larges
» comme la main que les fourmis abaissent jusqu'à ce qu'elles
» se touchent par la pointe et collent ensemble en forme de
» bourse au moyen d'une matière gluante qu'elles secrètent...
» Nous ne fûmes pas à même d'observer comment elles s'y
» prennent pour faire ployer les feuilles, mais nous en vimes
» des myriades qui s'occupaient à les maintenir abaissées,
» tandis que d'autres procédaient, à l'intérieur, au collage.
» Pour nous assurer que les feuilles avaient plié sous l'effort
» de ces artisans minuscules, et avaient été maintenues ainsi
» par eux, nous chassâmes ces derniers ; aussitôt les feuilles
» se relevèrent avec une force que nous aurions cru la masse
» des fourmis incapable de surmonter. »

Ce fait remarquable semble aussi confirmé par l'exemple
suivant :

« La plus formidable, dit Sir E. Tennent, est la grosse
» fourmi rouge *(Dimiya)*, qui pullule dans les jardins et sur
» les arbres fruitiers. Elle construit son nid sur les arbres
» dont les feuilles lui conviennent comme forme et comme
» flexibilité, en collant ensemble plusieurs de ces dernières en
» forme de globe dont elle tapisse l'intérieur d'une sorte de
» papier transparent semblable à celui que fabriquent les
» guêpes. Je me suis amusé à les observer à l'œuvre ; une file de
» fourmis postées le long d'une feuille attire une autre feuille
» jusqu'à ce qu'elle soit bord à bord avec la première et la
» maintiennent ainsi avec leurs mâchoires, tandis que leurs
» camarades à l'intérieur unissent solidement le tout ensem-
» ble au moyen du tissu collant dont j'ai parlé. Si la feuille
» à atteindre est trop éloignée, les fourmis font la chaîne en
» se suspendant les unes aux autres et parviennent ainsi à la
» saisir. »

J'en viens maintenant à une observation très intéressante,
communiquée par le colonel Sykes, à Kirby, qui nous en fait
part dans son ouvrage : « Histoire, mœurs et instincts des
Animaux » ; voici le passage :

« Pendant son séjour à Poona, le colonel avait l'habitude
» de faire dresser le dessert (fruits, gâteaux et confitures) sur
» un guéridon sous la véranda de la salle à manger. Comme
» mesure de précaution on laissait un espace de plus d'un
» pouce entre le mur et le guéridon que l'on recouvrait d'une
» nappe et dont les pieds reposaient dans des godets pleins
» d'eau. Tout d'abord ces derniers parurent rebuter les four-
» mis, mais comme il n'y avait guère qu'un pouce et demi
» d'eau à franchir, elles se décidèrent à risquer l'aventure, et
» chaque matin on en trouvait des centaines sur les friandises.
» On avait beau les tuer, il en revenait toujours autant. A la
» fin quelqu'un imagina de passer un pinceau imprégné de
» térébenthine autour des pieds du guéridon juste au-dessus
» de l'eau des godets. Pendant quelques jours cet artifice
» réussit à protéger le dessert, mais bientôt le pillage recom-
» mença de plus belle. Par quelle voie les fourmis réussis-
» saient-elles à atteindre le but de leur convoitise? Le colonel
» cherchait en vain la clef de ce mystère, lorsqu'un beau jour,
» en passant près du guéridon, il vit tomber sur la nappe une
» fourmi qu'il avait remarquée sur le mur environ un pied
» plus haut et put constater toute une série de ces sauts
» périlleux. Ainsi malgré les obstacles que l'on avait accu-
» mulés, les insectes ne s'étaient pas découragés ; leur intelli-
» gence leur avait indiqué que l'espace qui séparait le gué-
» ridon du mur n'était pas pour les rebuter et qu'en grimpant
» à une certaine hauteur, ils pouvaient avec une petite pous-
» sée contre le mur se laisser tomber en toute sûreté sur la
» table »

Le témoignage d'un observateur aussi précis que le colonel
Sykes devrait peut-être être accepté d'emblée. Mais partout
où il s'agit d'une manifestation remarquable d'intelligence de
la part des animaux, l'on cherche naturellement et avec raison
à en contrôler les preuves, quelque sûre que soit d'ailleurs la
source dont elles proviennent. C'est donc à titre de confirmation que j'ajoute quelques exemples de la manière à la fois
ingénieuse et persévérante dont les fourmis surmontent les
difficultés qu'elles rencontrent.

Le professeur Leuckart avait entouré d'un linge saturé
d'eau de tabac le tronc d'un arbre sur lequel se trouvaient les
pucerons d'une colonie de fourmis. Lorsque celles qui s'en re-

tournaient au nid, arrivèrent à ce linge, elles rebroussèrent chemin et grimpant sur des branches en surplomb se laissèrent tomber de manière à franchir l'obstacle. Celles qui venaient du nid commencèrent par examiner ce qui leur barrait le chemin, puis elles s'en furent chercher des petits paquets de terre dont elles se firent une chaussée d'un bord à l'autre du linge.

On peut rapprocher de cette observation, celle du cardinal Fleury que cite Réaumur dans son *Histoire des insectes* (1734). Voulant empêcher des fourmis de grimper sur un arbre, le cardinal en avait enduit le tronc d'une couche de glue ; mais comme dans l'exemple précédent les insectes eurent recours à une chaussée construite avec de la terre, des grains de sable, etc., etc. Une autre fois, le cardinal vit une bande de fourmis arriver à une caisse d'oranger qui était entourée d'eau, en jetant un pont au moyen de petits morceaux de bois. A ne considérer que le choix des matériaux dans l'un et l'autre cas, on y voit la preuve d'une connaissance pratique de leur valeur relative.

Büchner, qui cite ces deux exemples (*loc. cit.*, page 120), ajoute que le peintre G. Theuerkauf (Wasserthorstr. 49 Berlin), dans une lettre datant du 18 novembre 1875, lui communique une observation analogue témoignant d'encore plus de génie de la part des fourmis :

« Voulant mettre un terme à une invasion d'aphides et de
» fourmis qui pullulaient sur un merisier dans son jardin,
» Vollbaum, le manufacturier d'Elbing, eut recours au gou-
» dron dont il enduisit le sol tout autour de l'arbre sur une
» largeur d'un pied. Les premières fourmis qui essayèrent de
» passer ne manquèrent pas de s'engluer, mais les autres ne
» s'y laissèrent pas prendre. Retournant sur l'arbre chercher
» des aphides, elles vinrent les planter sur le goudron l'un
» après l'autre et s'en firent une chaussée. Vollbaum me
» raconta cet incident à l'endroit même où il s'était produit,
» et il en garantit l'authenticité. »

L'exemple suivant (Büchner, *loc. cit.*, page 128) est attesté par Carl Vogt. Les fourmis avaient envahi le rucher d'un de ses amis :

« Il s'agissait de leur en interdire l'accès dorénavant ; on
» mit des godets pleins d'eau sous les pieds du porte-ruche.

» Mais comme ce dernier tenait au mur par une patte-fiche,
» les fourmis trouvèrent encore moyen de se rendre au miel.

» La patte enlevée, elles grimpèrent sur des tilleuls dont
» certaines branches leur permettaient de se laisser tomber
» sur la ruche. On coupa ces branches ; dès lors il semblait
» bien que l'invasion dût être enrayée. Elle n'en continua
» pas moins, et l'on finit par découvrir que l'un des godets
» était à sec. Il est vrai que le pied du porte-ruche se trouvant
» un peu court, les fourmis avaient éprouvé quelque em-
» barras pour l'atteindre. Mais après s'être consultées, elles
» avaient fait place à l'une d'elles, qui, grâce à sa grande
» taille, avait pu en se dressant attraper une écharde qui
» faisait saillie. Aussitôt plusieurs camarades avaient grimpé
» sur son dos, et formant rallonge au pied du porte-ruche
» avaient fourni aux autres le moyen de passer. »

Büchner cite également une lettre du docteur Ellendorf :

« Rien de plus difficile, dit ce dernier, que de mettre les
» provisions à l'abri de ces insectes. D'habitude on dispose
» des godets remplis d'eau sous les pieds des armoires et des
» tables ; j'avais pris cette précaution, et néanmoins je trou-
» vai le lendemain mon armoire pleine de fourmis. Je me de-
» mandais comment elles avaient pu s'y faufiler, lorsque
» j'aperçus au travers de l'un des godets un brin de paille qui
» touchait au pied de l'armoire. C'était là le pont qui avait
» servi au passage des fourmis. Elles s'étaient tout d'abord
» noyées par centaines, sans doute par suite de collisions
» entre celles qui allaient et celles qui venaient ; mais au
» moment où je les observai elles procédaient à leurs opéra-
» tions dans un ordre parfait, se servant d'un côté du brin de
» paille pour l'aller et de l'autre pour le retour. Sur ces en-
» trefaites j'écartai le brin de paille d'un pouce environ, à la
» grande consternation de la bande. En un clin d'œil le pied
» de l'armoire se couvrit d'une masse d'insectes qui cher-
» chaient le pont avec leurs antennes, puis couraient rejoindre
» leurs camarades de derrière pour leur annoncer la catas-
» trophe, et revenaient la constater avec eux. Pendant ce
» temps, d'autres fourmis venant du nid continuaient à s'en-
» gager sur le pont, et ne le trouvant plus en contact avec le
» pied de l'armoire manifestaient le plus grand embarras.
» Mais après avoir fait le tour du godet, elles ne tardèrent

» pas à découvrir ce qui clochait ; unissant leurs efforts, elles
» se mirent à pousser le brin de paille jusqu'à ce qu'il vînt
» toucher l'armoire. »

Sans le savoir, un correspondant du « Leisure Hour » (1880,
pages 718-719), confirme d'une manière frappante l'observation
du docteur Ellendorf. Il raconte comme quoi, étant fort
agacé pendant son séjour sous les tropiques par des myriades
de petites fourmis rouges qui envahissaient ses provisions, il
avait installé un garde-manger dont les pieds plongeaient
dans des pots en fer blanc qu'il avait remplis d'eau. Huit ou
dix jours après les fourmis foisonnaient de nouveau dans le
garde-manger, et voici, d'après l'auteur de l'article, le moyen
qu'elles avaient imaginé pour s'y introduire :

« Se suivant à la file le long du mur, à la hauteur du garde-
» manger, c'est-à-dire à environ quatre pieds au-dessus du
» sol, elles arrivaient à un petit pont qu'elles avaient établi
» au moyen d'un brin de paille reposant, d'un côté, sur un
» petit arc-boutant en terre collé au mur et, de l'autre, sur le
» rebord du toit du garde-manger qui n'était qu'à un pouce et
» demi de distance.

» Elles avaient donc dû hisser le brin de paille, en reposer
» une extrémité sur l'appui qu'elles lui avaient préparé, laisser
» incliner l'autre jusqu'à contact avec le garde-manger, puis
» compléter l'installation des deux bouts, car je m'aperçus
» qu'ils étaient scellés avec de la terre humectée de leur
» salive.

» Inutile de dire que je fis sauter ce pont ; je voulais à
» toutes forces enrayer l'invasion, et j'y parvins en éloignant
» le garde-manger davantage du mur. Depuis, j'ai souvent
» eu occasion d'observer des passerelles construites entière-
» ment avec l'espèce de ciment dont les fourmis blanches se
» servent pour couvrir leurs tranchées ; elles ne dépassent
» guère trois quarts de pouce en longueur. »

Voyons maintenant deux exemples que cite M. Belt, comme
témoignant de l'existence du raisonnement chez les Écitons :

« Une colonne qui cheminait sur le côté d'une butte en terre
» friable très escarpée, se trouvant en passe de n'avancer
» que lentement et au prix de nombreuses chutes, avait paré
» aux difficultés de la manière suivante : un certain nombre
» de fourmis s'étaient établies dans des positions qui leur

» offraient un point d'appui et, reliées les unes aux autres,
» formaient une chaussée sur laquelle le gros de la bande
» pouvait circuler rapidement et en toute sécurité. Une autre
» fois, il s'agissait de franchir un cours d'eau et, pour tout
» pont, il n'y avait qu'une petite branche de la grosseur d'une
» plume d'oie, sur laquelle il aurait fallu passer à la file.
» C'eût été trop long. Pour élargir le pont, une rangée de
» fourmis vint se cramponner de chaque côté de la branche,
» et la colonne put alors passer sur trois et quatre rangs. —
» Comment nier, après cela, que ces insectes soient capables
» d'user du raisonnement pour découvrir le meilleur moyen
» de mener une entreprise à bonne fin? »

Un correspondant de Büchner, M. H. Kreplin de Heide-
mühl (station Ducherom) qui, pendant un séjour de près de
vingt ans dans l'Amérique du Sud, eut souvent l'occasion
d'observer les Ecitons, lui communique, à la date du 10 mai
1876, un moyen des plus ingénieux qu'emploieraient ces insectes pour passer l'eau. Après avoir décrit l'ordre dans lequel
ils s'avancent; au centre, un courant constant de travailleurs
de couleur brune et, de chaque côté, à environ 10 millimètres
de distance, les officiers, c'est-à-dire de grosses fourmis d'un
teint plus clair, avec de fortes têtes et d'énormes mâchoires,
qui vont et viennent, font la police, interviennent à la moindre
apparence de désordre; il ajoute :

« La manière dont ces créatures s'y prennent pour franchir
» un cours d'eau est fort curieuse. Si les bords sont rappro-
» chés, les « grosses têtes » ont bien vite fait de trouver des
» arbres dont les branches se touchent au-dessus de l'eau et,
» après une courte halte, la colonne opère son passage sur
» ces ponts aériens et se reforme de l'autre côté. Si aucun
» pont ne se présente, la bande suit la rive jusqu'à ce qu'elle
» trouve une grève sablonneuse et en pente douce. Chaque
» fourmi s'empare alors d'un brin de bois, le met à l'eau et s'y
» embarque. Se tenant les unes aux autres par les mâchoires,
» elles forment, en peu de temps, un grand radeau qui couvre
» une partie de la largeur du cours d'eau et qui augmente
» sans cesse, jusqu'au moment où elles ne se sentent plus de
» force à le retenir. Il s'en détache alors une portion et, tan-
» dis qu'elle opère son passage à l'autre bord, l'embarquement
» continue et, en peu de temps, le radeau atteint de nouveau

» sa limite. De cette manière les détachements se succèdent
» tant qu'il reste des fourmis sur la berge. J'avais souvent
» entendu décrire cette façon de passer l'eau, avant de l'ob-
» server pour mon compte en 1859. »

Chose singulière, les fourmis militaires d'Afrique impro-
visent également des ponts en formant une espèce de chaine
sur laquelle le reste de la bande passe. Le même expédient
leur sert à descendre du haut des arbres. En tout cas, les différentes observations que nous avons citées, par cela même
qu'elles ont été faites isolément, se confirment entre elles de
manière à ne nous laisser aucun doute de leur exactitude.

J'emprunte à M. Belt un dernier exemple qui démontre
clairement que les fourmis coupe-feuilles de l'Amérique du
Sud possèdent, à un degré remarquable, la faculté d'observer
et de raisonner :

« A côté de l'un de nos tramways se trouvait un nid dont
» les habitants ne pouvaient se rendre auprès des arbres
» qu'en traversant les rails sur lesquels passaient sans cesse
» des wagons, non sans écraser chaque fois nombre de four-
» mis. Celles-ci avaient fini par renoncer à un trajet aussi
» dangereux, et avaient percé un tunnel sous chaque rail.
» Un jour, choisissant un moment où il ne passait pas de
» wagons, je comblai de pierres ces tunnels, pour voir ce que
» feraient les fourmis qui revenaient au nid chargées de
» feuilles, en découvrant l'obstacle. Je pus alors constater
» que plutôt que de passer sur les rails, la bande se mit à
» creuser d'autres souterrains. »

ANATOMIE ET PHYSIOLOGIE DES CENTRES NERVEUX ET DES
ORGANES DU SENTIMENT.

Darwin a dit du cerveau de la fourmi que « c'est un des
atomes les plus extraordinaires que nous présente la matière,
sans en excepter le cerveau de l'homme »; ne trouvons-nous
pas la justification de cette parole dans la série des faits que
nous venons d'énumérer comme autant de preuves d'intelligence chez les fourmis? Je crois donc qu'il y aura intérêt à
dévier pour le moment du plan que je me suis tracé dans cet
ouvrage, en consacrant un alinéa ou deux à l'anatomie et à la

physiologie de ce centre nerveux et des organes du sentiment
qui s'y rattachent.

Et d'abord, toute proportion gardée, le cerveau de la fourmi
est plus gros que celui de tout autre insecte. (Voir Titus
Graber « Insectes », vol. 1, page 255), comme structure il
n'y a que le cerveau de l'abeille qui lui soit comparable : chez
les neutres, qui sont les spécimens les plus intelligents de la
race, il présente un développement tout particulier.

Comme chez les animaux d'ordre supérieur, les lésions du
cerveau amènent des spasmes tétaniques et des mouvements
réflexes involontaires suivis d'hébétement.

« Une fourmi dont la cervelle a été percée par les mâchoires
» acérées d'une amazone, a l'air d'être clouée sur place ; de
» temps en temps elle frissonne par tout le corps, et lève une
» patte à intervalles réguliers. Parfois elle s'élance d'un pas
» précipité, sans rime ni raison, et comme si elle était mue par
» un ressort caché. S'il en vient d'autres la déranger, elle fait
» un mouvement comme pour les éviter, mais sitôt qu'elle est
» laissée tranquille, elle retombe dans l'affaissement. Elle n'est
» plus capable d'agir dans un but déterminé ; elle ne cherche
» ni à fuir ni à attaquer, ni à retourner à son nid, ni à re-
» joindre ses compagnes ; elle est insensible à la chaleur, au
» froid, à la peur et à la faim. C'est un automate dont la con-
» dition rappelle celle des pigeons auxquels Flourens avait
» enlevé les hémisphères du cerveau. Une fourmi dont la tête
» a été séparée du corps, se comporte absolument de même.
» Les fréquentes batailles que les amazones livrent aux autres
» espèces, ont permis d'observer de ces cas nombreux où de
» légères lésions du cerveau ont occasionné des phénomènes
» extraordinaires. Souvent les blessés semblaient pris d'une
» rage folle, et se jetaient sur quiconque les approchait, fût-il
» un des leurs. D'autres devenaient complètement indifférents
» à ce qui se passait, et se promenaient paisiblement au milieu
» de la bagarre. D'autres, enfin, perdant subitement une partie
» de leurs forces, continuaient la lutte de sang-froid et cher-
» chaient encore à mordre leurs ennemis avec une allure
» toute différente de celle qui distingue les fourmis à l'état
» normal. Il y en avait aussi qui couraient en rond, comme le
» font les mammifères auxquels on enlève une partie du cer-
» veau.

» Si l'on coupe en deux une fourmi, de manière à laisser in-
» tacts les ganglions nerveux du pro-thorax, on reconnaît à
» la façon dont se comporte la tête que l'intelligence n'a pas
» souffert. Une fourmi qui a subi cette mutilation essaie de
» marcher avec les deux jambes qui lui restent, et implore de
» ses antennes le secours de ses compagnes. Si l'une d'elles
» s'arrête, il se produit un échange de remercîments, de té-
» moignages de sympathie qu'exprime l'agitation des an-
» tennes. Forel mit ensemble deux fourmis de l'espèce rufi-
» barbis qui avaient été coupées en deux de la manière qui a
» été décrite, et les vit converser et se demander mutuellement
» aide et secours; mais à l'arrivée d'autres mutilés d'une
» espèce ennemie (F. Sanguinea), la guerre éclata avec autant
» de fureur qu'entre fourmis intactes [1]. »

Les antennes paraissent constituer le plus important des
organes du sentiment, car leur perte occasionne un trouble
extraordinaire dans l'intelligence de l'animal. Sans elles une
fourmi ne sait plus se guider, ou reconnaître ses compagnes ;
incapable d'aller aux provisions, elle cesse de s'occuper, ne
s'intéresse plus aux larves, et ne bouge pour ainsi dire plus.
On remarque un affaissement mental du même genre chez les
abeilles qui perdent leurs antennes [2].

---

1. Büchner, *Geistesleben der Thiere*, traduction anglaise, p. 49.
2. M. Mac-Cook vient de publier un mémoire des plus intéressants sur les
fourmis à miel. Mon livre étant déjà sous presse, je ne puis qu'en faire mention
ici. Mais je m'en suis occupé dans une notice qui a paru dans la *Nature* du
2 mars 1882.

CHAPITRE IV

ABEILLES ET GUÊPES

Conformément à l'ordre que j'ai adopté pour les fourmis, je commence par l'étude

DES SENS SPÉCIAUX.

Les abeilles et les guêpes ont bien meilleure vue que les fourmis. Non seulement elles aperçoivent les objets de plus loin, mais elles en distinguent la couleur. Pour le démontrer, Sir John Lubbock imagina de mettre du miel sur des morceaux de papier de même forme mais de couleurs différentes, et de changer leur disposition après avoir constaté qu'une abeille avait fait plusieurs visites à l'un des papiers (A). A son retour l'insecte, au lieu d'aller se poser sur le papier B qui avait remplacé A, se rendit directement en A malgré son changement de position. L'expérience fut répétée à plusieurs reprises tant avec des abeilles qu'avec des guêpes et comme elle aboutit toujours au même résultat, il faut bien en conclure que les insectes, dès leurs premières visites au papier A, en associaient la couleur avec l'idée du miel et s'en rapportaient ensuite plus volontiers au souvenir de cette couleur qu'à celui de la position qu'occupait le papier. On put ainsi établir qu'ils distinguaient le vert, le rouge, le jaune et le bleu, et de plus, qu'ils manifestaient une préférence marquée pour certaines couleurs. De toute une série de papiers comprenant du noir, du blanc, du jaune, de l'orange, du vert, du bleu et du rouge, le jaune et l'orange furent visités vingt et une fois et les autres quatre fois seulement par les deux ou trois abeilles qui y eurent accès. L'ordre des couleurs ayant été interverti, l'orange et le jaune reçurent encore vingt-deux visites sur un total de trente-deux. Le bleu paraît aussi attirer les insectes.

Quant à l'odorat, Sir John Lubbock a constaté que quelques gouttes d'eau de Cologne, répandues à l'entrée d'une ruche, ont pour effet d'attirer une troupe d'abeilles qui sortent pour se rendre compte de ce qui se passe. D'autres odeurs produisent le même résultat ; mais si l'on répète l'expérience plusieurs fois, les abeilles s'y accoutument et ne se dérangent plus.

Enfin en ce qui concerne l'ouïe, chez les abeilles comme chez les fourmis, Sir John Lubbock fut impuissant à en reconnaître l'existence. Il est bon toutefois de citer à ce sujet un fait qu'Huber fut le premier à signaler ; à savoir que la reine fait entendre un son particulier en réponse au sifflement caractéristique d'une larve reine, et qu'au moyen d'une espèce de bourdonnement elle peut semer la consternation dans toute la ruche et frapper les abeilles d'immobilité et de stupeur.

SENS DE LA DIRECTION.

Voici ce que rapporte Sir John Lubbock :

« Comme les abeilles, les guêpes cherchent toujours à se
» rendre d'un point à un autre par le chemin le plus court.
» Le 6 août j'observai pendant plusieurs heures les mouve-
» ments d'une guêpe qui avait pénétré dans ma chambre par
» une fenêtre ouverte. Son nid se trouvait de l'autre côté de
» la maison, à proximité d'une autre fenêtre qui était fermée,
» et contre laquelle elle venait constamment se buter. Dix
» jours de suite et plusieurs fois chaque jour cette même
» guêpe (je l'avais marquée) revint me faire visite, entrant
» par la fenêtre ouverte et cherchant à sortir par celle qui
» était fermée et ne se décidant à reprendre le chemin par
» lequel elle était venue qu'après des heures d'efforts infruc-
» tueux. »

On peut juger par là non seulement de l'énergie de l'instinct

qui porte l'insecte à prendre le chemin le plus court et de
l'importance du rôle qu'y joue le sentiment de la direction ;
mais aussi du temps qu'il faut à l'expérience individuelle pour
reconnaître les propriétés d'une substance jusqu'alors inconnue comme le verre : j'aurai du reste occasion de revenir à ce
sujet plus loin.

Et maintenant nous allons voir que ce sentiment de la
direction dépend en grande partie de l'observation d'objets
particuliers.

Sir John Lubbock affirme qu'il ne connaît pas d'exemple
d'abeilles qui aient su effectuer leur retour après avoir été
emportées à une grande distance tout d'une traite. Mais en
éloignant le miel peu à peu de vingt mètres à chaque fois, il
leur apprit à venir dans sa chambre. En d'autres termes sans
cet apprentissage graduel, le sentiment de la direction ne
suffirait pas à guider les abeilles. Reste à savoir si elles
auraient pu retrouver le chemin du nid après un seul voyage,
si au lieu d'être transportées au miel, soit à une distance de
200 mètres, elles l'avaient découvert elles-mêmes et avaient
pris note de certains points de repère pendant leur vol. Quoi
qu'il en soit, il n'en demeure pas moins établi que dans les
conditions où se fit l'expérience, il fallut leur enseigner la
route petit à petit, et cela suffit pour prouver que le sens de
la direction ne leur permettrait pas à lui seul de faire une
seconde fois un trajet de 200 mètres.

Ce résultat se trouve du reste incidemment confirmé par
une autre série d'expériences faites dans un autre but. Notons
d'abord les détails que nous donne l'observateur sur la disposition des lieux. « Ma chambre est de forme carrée avec
» deux fenêtres au sud-ouest donnant sur la ruche, et une
» autre au sud-est. » Outre l'entrée principale de la ruche,
on y avait pratiqué une petite ouverture en poterne commu-
niquant avec la chambre. Cela posé, voici les différentes observations de Sir John Lubbock dans l'ordre où elles furent
enregistrées :

« 6 h. 50 matin. — Une abeille sortit par la petite porte.
» Comme après s'être repue, elle paraissait ne pas savoir com-
» ment retrouver son chemin, je la remis dans la ruche.

» A 7 h. 10, elle sortit de nouveau ; je la laissai faire son
» repas, puis je lui fis réintégrer son domicile.

» 10 h. 15. — Troisième sortie de la même abeille, toujours
» incapable de rentrer seule à la ruche.

» 10 h. 55. — Quatrième sortie et même désorientation.
» Quoique certain qu'elle désirait réellement retourner à sa
» ruche et non rester en dehors, je résolus d'en avoir la
» preuve et je la laissai sortir dans le jardin par une fenêtre
» donnant sur un autre côté : aussitôt elle se rendit à la
» ruche.

» 11 h. 15. — Cinquième sortie ; l'abeille ne peut encore se
» passer de mon aide.

» 11 h. 20. — Expérience analogue à la précédente.

» 11 h. 30. — Septième sortie ; l'abeille retourne toute
» seule à la ruche.

» 11 h. 40. — Huitième sortie ; retour spontané.

» 12 h. 30. — Comme on le voit l'abeille était restée plus
» longtemps dans la ruche cette fois. Elle parut tout d'abord
» oublier le chemin quand elle voulut s'en retourner ; mais
» après avoir cherché pendant quelque temps, elle finit par
» retrouver l'entrée de la ruche.

» 24 août. — A 7 h. 30 du matin, une abeille pénétra dans
» ma chambre par l'ouverture en poterne. Après s'être ras-
» sasiée de miel, elle voulut rentrer au logis ; mais quoi-
» qu'elle ne témoignât d'aucun trouble, il était évident qu'elle
» ne savait où chercher l'entrée de la ruche. Je la laisse vol-
» tiger contre la fenêtre jusqu'à 8 heures, puis je la remets
» dans la ruche.

» 29 août. — A 10 h. 10, une abeille vient se poser sur le
» miel, à 10 h. 12, elle s'en va à la fenêtre et y reste à bour-
» donner. A 11 h. 12, convaincu qu'elle est bien désorientée,
» je me décide à la rapatrier.

» Celles-là même qui paraissaient connaitre l'ouverture de
» la ruche volaient à l'autre fenêtre si je les en approchais,
» et se dépaysaient complétement.

» Je dois à cette circonstance d'avoir perdu nombre
» d'abeilles qui, pénétrant dans ma chambre à mon insu,
» finissaient par périr à l'entour de la fenêtre. »

Ainsi même une abeille qui s'est rendue au miel de son
propre mouvement, ne se trouve pas suffisamment guidée par
le sens de la direction pour rentrer d'elle-même à la ruche, ou
du moins pour retrouver l'ouverture insolite dont elle a fait

usage. Il est probable que si la fenêtre de côté avait été ouverte, l'insecte aurait su tourner le coin de la maison et rentrer par l'ouverture principale de la ruche ; mais, comme on
l'a vu, il lui fallut de cinq à six voyages pour apprendre à
connaître le chemin entre l'ouverture en poterne et l'endroit
où se trouvait sa pâture. Mais voici qui est encore plus con-
cluant. Sir John Lubbock avait marqué une guêpe qui était
venue se poser sur le miel dans sa chambre.

« Le lendemain, 7 h. 25 du matin, elle revint et après s'être
» régalée pendant trois minutes, se mit à voltiger à l'aventure
» dans l'appartement, si bien que je crus devoir lui venir en
» aide. Une fois en dehors de la fenêtre elle se dirigea droit
» vers son nid. Ainsi que je l'ai expliqué, ma chambre a des
» fenêtres de deux côtés ; celle qui donnait sur le nid était
» fermée et par conséquent la guêpe avait à faire un détour
» en sortant par celle qui était ouverte.

» A 7 h. 45, je la vis revenir. J'avais déplacé le miel d'envi-
» ron deux mètres, tout en le mettant en évidence ; la guêpe
» eut beaucoup de peine à le retrouver. Cette fois comme
» avant, elle alla se buter contre la fenêtre la plus proche de
» son nid et je dus la faire sortir à 8 h. 2.

» 8 h. 15. — Nouvelle incursion de six minutes suivie d'une
» démonstration inutile devant la fenêtre fermée à laquelle
» je mis fin à 8 h. 35, en portant l'insecte à la fenêtre ouverte.
» Cela me parait prouver que les guêpes ont le sentiment de
» la direction et ne se guident pas seulement par la vue.

» 8 h. 24. — Visite de quatre minutes ; mais cette fois la
» guêpe ne fait qu'aller à la fenêtre fermée et s'échappe par
» celle qui est ouverte après avoir fait deux ou trois fois le
» tour de la chambre.

» 9 h. 50. — La guêpe se comporte comme la dernière fois,
» sauf qu'elle ne reste que trois minutes en contact avec le
» miel, et qu'elle ne fait pas le tour de la chambre.

» 9 h. 36. — Incursion identique à la précédente quant aux
» épisodes. A partir de ce moment les visites de la guêpe se
» ressemblent toutes :

» Arrivée à 9 h. 50, elle ressort par la fenêtre ouverte à 9 h. 53

—	10	»		—	—	10	7
—	10	19		—	—	10	22
—	10	35		—	—	10	29

» Arrivée à 10 h. 47, elle ressort par la fenêtre ouverte à 10 h. 50

—	11	4	—	—	11	7
—	11	21	—	—	11	24
—	11	34	—	—	11	37
—	11	49	—	—	11	52
—	12	3	—	—	12	5
—	12	13	—	—	12	15 1/2
—	12	25	—	—	12	28
—	12	39	—	—	12	43
—	12	54	—	—	12	57
—	1	15	—	—	1	19
—	1	27	—	—	1	30

etc., etc.

» Comme pendant toute cette série d'observations, la guêpe
» se dirige sans hésiter vers la fenêtre ouverte, il est évident
» qu'elle s'était familiarisée avec le chemin. »

Le sentiment de la direction rend de grands services aux
abeilles lorsqu'il s'agit de retrouver la ruche ; l'observation
suivante de MM. Kirby et Spence en fait foi :

« En vain, durant notre séjour à Saint-Nicolas, nous cher-
» châmes un point quelconque en dehors de la ville d'où nous
» pussions nous faire une idée de son étendue et de sa confi-
» guration. Partout les arbres interceptent la vue, et, quant
» aux abeilles domiciliées dans cette cité campagnarde, nous
» les défions d'apercevoir leurs ruches, excepté d'en haut,
» en les dominant presque verticalement ; il faut donc bien
» qu'elles sachent retrouver leurs demeures d'instinct..... »

Cette conclusion n'est cependant pas entièrement rigoureuse : il se peut très bien que les abeilles prennent note de
certains points de repère, et se familiarisent peu à peu avec
les lieux. Pour s'en assurer par expérience il faudrait leur
couvrir les yeux, ou mieux encore, pour ne pas les effrayer,
on pourrait déplacer une ruche et constater si les abeilles
prennent leur essor librement comme d'habitude, ou s'il leur
faut d'abord apprendre à se reconnaître.

C'est, du reste, ce qu'a fait M. John Topham, de Marlborough
House, Torquay, et il rend compte de son expérience dans une
lettre que l'on trouvera à la page 484 du IX° volume du journal anglais *Nature* :

« Le 29 octobre 1873, à la tombée de la nuit, je déplaçai de

» près de 12 mètres une ruche qui se trouvait occuper la même
» position depuis plusieurs mois dans mon jardin. Un arbre
» vert, touffu, interceptait complètement la vue du nouvel
» emplacement à l'ancien.

» Or, chaque jour les abeilles retournaient à l'endroit dont
» elles avaient associé l'idée avec celle de leur demeure et con-
» tinuaient à y voltiger jusque vers le soir. Plusieurs d'entre
» elles finissaient alors par tomber à terre, épuisées de fa-
» tigue et engourdies par le froid, mais la plupart rentraient à
» la ruche après l'avoir vainement cherchée à la place qu'elle
» occupait précédemment. A la nuit, je ramassais celles qui
» jonchaient le sol et, après les avoir réchauffées sur la
» manche de mon habit, je les rendais à leurs compagnes.

» Voilà bien une preuve que la faculté du souvenir l'empor-
» tait sur celle de l'observation ; mais ce n'est pas tout. Pres-
» que toutes les abeilles que je ramassai, pendant les vingt-
» trois jours que dura cet effort de mémoire, étaient vieilles,
» leurs ailes éraillées en faisaient foi ; d'où il résulterait que
» les jeunes, plus sensibles aux impressions nouvelles, s'y
» étaient rapidement conformées, tandis que leurs aînées con-
» tinuaient à subir l'influence de vieilles habitudes. »

Un de mes amis, M. George Turner, a également constaté
qu'il suffisait de déplacer une ruche, d'un mètre ou deux, pour
mettre les abeilles dans l'embarras ; elles s'assemblent à l'endroit où se trouvait naguère leur demeure, et y voltigent pendant longtemps avant de découvrir le nouvel emplacement.
Du reste les exemples abondent à ce sujet ; citons, en dernier
lieu, Thompson :

« Il est un fait curieux, dit-il, c'est que les abeilles con-
» naissent mieux la position de leur ruche, que son appa-
» rence, car si on y substitue pendant leur absence une autre
» ruche, elles pénètrent dans cette dernière sans méfiance. De
» même si l'on change la position d'une ruche, les abeilles ne
» s'en écartent guère le premier jour afin de se familiariser
» avec le voisinage [1]. »

Par contre, l'auteur de l'article sur les abeilles, dans l'*Encyclopédie britannique,* raconte que, dans certaines régions de
la France, les éleveurs d'abeilles ont l'habitude d'établir un

1. *Les Passions chez les Animaux,* p. 53.

certain nombre de ruches sur des bateaux qui, sous la surveillance d'un gardien, descendent lentement les rivières, et
que malgré le déplacement continuel qui en résulte, les abeilles
savent toujours retrouver leur demeure.

Ici je me permettrai d'ouvrir une parenthèse pour citer la
seule observation dont je puisse garantir l'authenticité relativement à la distance que parcourent les abeilles en butinant.
Le professeur Hugh Blackburn, de l'Université de Glasgow,
constate la présence de ces insectes chaque printemps au moment de la floraison dans une serre à pêchers, alors qu'il
n'existe pas à sa connaissance de ruche plus rapprochée que
les siennes qui se trouvent à une distance de dix milles.

Somme toute, et à défaut de preuves autres que celle dont
nous disposons, il nous faut bien conclure que le sentiment
de la direction, dont quelques-unes des expériences de Sir
John Lubbock ont établi l'existence incontestable chez les
hyménoptères, est un facteur important de leur orientation
dans leurs allées et venues au logis ; quoique, à en juger par
d'autres expériences du même observateur, il ne saurait
suffire parfois sans l'observation de certains points de repère.

Comme exemple de ce dernier cas, je citerai une observation de M. Bates, qui a remarqué que des *Polistes carnifex* de Santarem, en sortant de leur trou dans le sable, pour
aller chasser les mouches dans la forêt, décrivent deux ou trois
cercles dans l'air comme pour bien noter la position de leur
logis afin de le retrouver sans difficulté. Le fait a été pleinement confirmé depuis par M. Belt. Il a constaté que ces guêpes
relèvent avec le plus grand soin le gisement des objets dont
elles veulent garder le souvenir et le récit de ses observations
mérite par son intérêt d'être cité *in extenso :*

« Ayant remarqué une de ces guêpes des sables *Polistes*
» *carnifex*) qui faisait la chasse aux chenilles dans mon
» jardin, je lui trouvai une proie de près d'un pouce de long
» et la lui présentai au bout d'un bâton. Aussitôt elle s'en
» saisit, et se mit à la mordre tout le long du corps depuis la
» queue jusqu'à la tête. Lorsqu'elle l'eût transformée en une
» espèce de pâte, elle la partagea en deux, fit une boulette de
» l'une des moitiés et se mit en devoir de l'emporter. Mais
» comme elle se trouvait au milieu d'un massif de petites
» feuilles sur une plante grimpante, elle voulut tout d'abord

» apprendre à reconnaître l'endroit où elle laissait l'autre
» moitié. Au lieu de s'envoler d'un trait, elle commença par
» voltiger tout auprès pendant quelques secondes, puis elle se
» mit à décrire des cercles, d'abord tout petits, en face du
» point qu'elle aurait à retrouver plus tard, puis plus grands,
» de manière à faire le tour de la plante. Je la croyais partie ;
» mais elle revint encore jeter un dernier coup d'œil sur sa
» cachette, puis elle s'envola pour de bon. Il est à supposer
» qu'elle ne fit que déposer son butin entre les mains de ses
» compagnes au nid, car en moins de deux minutes elle était
» revenue, fit le tour de la plante, vint se poser sur une
» feuille près du chemin qui conduisait à sa proie et disparut
» dans le feuillage. Or, les restes de la chenille se trouvaient
» sur une feuille qui ne touchait pas à celle sur laquelle la
» guêpe s'était posée, si bien qu'en courant à son butin cette
» dernière glissa entre les deux et se perdit dans le massif.
» Elle se dégagea promptement, et, ayant fait de nouveau
» le tour de la plante, revint se poser comme la première
» fois, tout auprès de trois petites cosses que j'avais re-
» marquées dès le commencement comme servant de point
» de repère et que l'insecte avait évidemment aussi relevées.
» Cette fois encore l'espace qu'il fallait franchir pour at-
» teindre la chenille sur sa feuille dérouta la guêpe. Pareille
» mésaventure lui advint cinq ou six fois de suite, sans la
» décourager ; chaque fois elle recommençait son manège,
» tout en manifestant de l'humeur par l'intensité croissante
» de son bourdonnement. Enfin le hasard lui ayant fait ren-
» contrer sa proie, elle s'en saisit vivement, et comme il n'y
» avait plus rien à emporter elle s'envola droit à son nid sans
» plus se préoccuper de la nature des lieux. Voilà qui témoi-
» gne d'une pensée intelligente et non d'un instinct aveugle ;
» on s'étonne de voir en action chez un insecte le même genre
» de procédé intellectuel que chez l'homme, constitué d'une
» manière si différente. »

MÉMOIRE.

En citant plus haut les observations de Sir John Lubbock,
j'ai eu l'occasion de raconter comment une guêpe, qui était

venue se régaler de miel dans sa chambre, s'était butée contre une fenêtre fermée qui donnait sur son nid, et comment il lui avait fallu l'intervention de Sir John, à trois reprises différentes, pour arriver à concevoir que la fenêtre du côté opposé lui offrait une issue. — A sa quatrième visite, elle fit encore une tentative du côté de la fenêtre fermée, puis comme si elle se rappelait qu'il y en avait quelque part une autre où elle n'avait pas à se buter contre un obstacle incompréhensible, elle fit deux ou trois fois le tour de la chambre et s'envola par la croisée ouverte, s'étant ainsi rendu compte par elle-même de la disposition de l'appartement et de la distinction à établir entre les deux croisées, elle voulut encore, comme par acquit de conscience, pousser une pointe les deux fois suivantes du côté où elle s'était trouvée arrêtée, mais s'apercevant que l'obstacle existait toujours, elle revint du même coup vers la fenêtre qu'elle savait libre. A partir de ce moment, elle sembla avoir reconnu que les circonstances lui imposaient un détour, et pendant les quarante voyages qu'elle fit encore ce jour-là, aussi bien que pendant les cent et quelques qu'elle fit les deux jours suivants, elle s'en revint toujours tout droit par la fenêtre ouverte.

Par contre, une autre guêpe, le lendemain même du jour où elle avait appris, comme la précédente, à sortir de la chambre de Sir John Lubbock, et où elle avait fait une cinquantaine de tournées dans l'espace de cinq heures, parut avoir oublié en partie son expérience de la veille.

« Ce n'était plus la même décision, dit Sir John ; constam-
» ment il lui arrivait d'aller échouer contre la fenêtre fer-
» mée. »

Comme point de ressemblance entre la faculté du souvenir chez ces insectes et la mémoire chez l'homme, remarquons en passant, qu'elle varie suivant les individus :

« Parmi les abeilles qui sortaient de la ruche par la petite
» ouverture en poterne (c'est toujours Sir John qui parle), les
» unes apprenaient en quelques leçons à la retrouver ; les
» autres n'y parvenaient qu'avec peine. Il y en eut même une
» que j'eus beau faire rentrer par la poterne à plusieurs re-
» prises, pendant les dix jours qu'elle vint au miel, c'est-à-
» dire du 9 au 19 inclusivement sauf le 13, jamais elle ne sut
» en retrouver l'ouverture. J'ai remarqué qu'une fois mises

» en contact avec du miel, les abeilles y revenaient toujours
» tôt ou tard. Ainsi, le 11 juillet 1874, par un temps lourd et
» orageux qui semblait agacer les abeilles, j'en avais porté
» une douzaine à l'assiette au miel. Il n'en revint qu'une ce
» jour-là, et elle ne fit que deux visites ; mais le lendemain il
» s'en présenta plusieurs. »

Cette observation a son importance, car elle prouve que
les abeilles peuvent garder tout un jour pour le moins le souvenir de l'endroit où elles ont trouvé du miel, et qu'elles y
pensent plus ou moins, puisqu'elles y reviennent pour butiner.

Comme le principe de la continuité dans l'association des
idées est, en quelque sorte le fondement de toute psychologie,
il importe d'en étudier attentivement les premiers indices
dans la mémoire des hyménoptères. Il paraît certain que
chez eux l'idée de localité n'est pas un élément indispensable
de tout rapprochement de conception ; l'observation suivante
de Sir John Lubbock en fait foi :

« J'ai pu garder un spécimen de *Polistes gallica* pendant
» près de neuf mois. Cette guêpe se régalait volontiers sur
» ma main, mais dans les commencements elle manifesta
» quelque inquiétude en sortant son dard comme pour se tenir
» prête à piquer..... Peu à peu, elle parut s'accoutumer à
» moi, et quand je la prenais dans la main, elle semblait
» compter sur un régal. J'en vins même a la caresser sans
» l'effrayer, et pendant plusieurs mois, je ne lui vis jamais
» sortir son dard. »

Voici encore une expérience du même observateur qui
prouve l'existence de certains souvenirs en dehors de la mémoire des lieux. Sir John mit une abeille dans un bocal en
verre dont le fond était tourné vers une fenêtre, et la laissa
bourdonner pendant quelque temps contre la paroi transpa-
rente à travers laquelle elle cherchait à regagner le grand air.
Il la dirigea ensuite vers l'ouverture, et lui ayant ainsi montré
de quel côté il fallait sortir, il constata qu'elle savait désormais
se tirer d'affaire toute seule. L'insecte s'était donc montré capable d'apprécier entre le verre et l'air une différence qui devait échapper à sa vue. Il s'était rappelé qu'en volant d'abord
dans le sens opposé à la fenêtre, puis, dans le même sens,
après avoir tourné le bord du bocal, il éviterait l'obstacle
transparent qui l'arrêtait ; ce qui diffère, comme acte mné-

monique, de l'association de l'idée de miel ou de telle autre substance avec celle d'un lieu déterminé.

Ce qu'il y a de curieux, c'est qu'une mouche placée dans les mêmes conditions, ait su sortir spontanément du bocal. Il est vrai que dans un appartement les mouches ne volent pas toujours vers les fenêtres, et par suite, celle dont il est question aurait pu éviter le fond du bocal sans faire acte d'intelligence.

Pendant que j'en suis à citer des exemples de mémoire chez les hyménoptères, il me faut absolument revenir sur les observations de MM. Belt et Bates, dont j'ai parlé à la fin du paragraphe précédent, car elles prouvent que les polistes de Santarem (*Polistes carnifex*) prennent des précautions parfaitement évidentes pour se graver dans la mémoire le souvenir de l'endroit où elles désirent retourner. M. Bates affirme de plus, qu'après une inspection de ce genre, elles reviennent au même point sans la moindre hésitation, après une heure d'absence. Il est également démontré par le récit de M. Belt, que l'insecte sait, à l'occasion, relever ses points de repère avec beaucoup de minutie, si bien, qu'à son retour, le fouillis le plus inextricable n'est pas pour lui faire perdre son assurance.

Quant à la durée du souvenir, Stickenez raconte que des abeilles que l'on avait établies dans une ruche, continuèrent pendant plusieurs années à essaimer dans le trou qu'elles avaient occupé sous un toit avant leur déménagement.

Huber rapporte également un fait analogue. Il avait mis un pot de miel à la disposition des abeilles, sur sa fenêtre, pendant l'automne. L'hiver venu, il enleva le miel et ferma les volets. Quand il les rouvrit au printemps, les abeilles se présentèrent de nouveau à la fenêtre, quoiqu'il n'y eût plus de miel.

Ces deux exemples sont plus que suffisants pour démontrer que la mémoire des abeilles est comparable à celle des fourmis qui, nous l'avons vu, peuvent garder un souvenir pendant plusieurs mois au moins.

ÉMOTIONS.

Il résulte d'expériences faites par Sir John Lubbock, que

les sentiments de sympathie sociale sont encore moins développés chez les abeilles que chez certaines espèces de fourmis.
Voici comment il s'exprime :

« Quant aux prétendus témoignages d'amitié que se donne-
» raient les abeilles, à en croire certaines personnes, tout en
» reconnaissant que je les ai souvent vues lécher une com-
» pagne qui s'était barbouillée de miel, je ne puis que cons-
» tater que jamais je ne les ai vues prendre le moindre souci
» de celles qui s'étaient noyées dans l'eau. Ce que j'ai re-
» connu dans leurs rapports, c'est non point de l'affection,
» mais bien une indifférence parfaite. Toutes les fois que
» j'ai eu occasion de tuer une abeille, aucune des autres n'y
» prenait garde. Par exemple le 11 octobre, pendant que
» deux abeilles se régalaient côte à côte, j'en écrasai une ;
» sans que l'autre se dérangeât le moins du monde, soit pen-
» dant l'opération, soit après ; la vue du cadavre ne lui
» causait évidemment aucune émotion pénible. Naturelle-
» ment elle ne pouvait deviner le motif qui m'avait poussé à
» tuer sa compagne ; néanmoins la mort de cette dernière la
» laissait parfaitement calme et sans appréhension pour son
» propre compte. J'eus occasion de répéter l'expérience une
» autre fois ; le résultat fut identique. Il m'est aussi arrivé
» de tenir une abeille par la patte pendant qu'une autre fes-
» toyait tout à côté. La première avait beau bourdonner de
» toutes ses forces, dans ses efforts pour se dégager, sa com-
» pagne n'y faisait pas la moindre attention. Les abeilles ne
» brillent donc pas par l'affection ; je doute même qu'elles
» éprouvent à aucun degré de la sympathie entre elles. »

Par contre, Réaumur[1] raconte qu'une abeille qui avait
perdu connaissance à la suite d'une immersion prolongée, fut
entourée par ses compagnes qui ne cessèrent de la lécher et
de lui prodiguer leurs soins que lorsqu'elles la virent rétablie.
Cela prouverait que de même que les fourmis les abeilles se
laissent plus facilement toucher par la vue d'une amie éclo-
pée ou malade que par les mésaventures d'une compagne
qu'elles savent en bonne santé ; mais il n'en reste pas moins
démontré par les expériences de Sir John Lubbock que, même
en pareil cas, les témoignages de sympathie ne sont pas fréquents.

1. *Insectes*, vol. V, page 265.

Moyens de communication.

D'après Huber, quand une guêpe découvre du miel, elle retourne au nid et revient bientôt avec une centaine de compagnes. Dujardin a constaté une façon d'agir analogue de la part des abeilles; la première à découvrir un bon coin en communique la nouvelle aux amies qu'elle rencontre et qui vont à leur tour reconnaître l'endroit.

L'expérimentation méthodique de Sir John Lubbock n'a pas donné de résultats qui confirment ce fait, mais il ne faudrait cependant pas trop se hâter de condamner le témoignage d'observateurs dont Sir John a dû reconnaître par la suite la véracité en ce qui concerne les fourmis. Quant à ses expériences sur les abeilles et les guêpes, voici comment il procédait. Ayant caché du miel quelque part, il attendait qu'une guêpe ou une abeille s'y rendît, et la marquait; après quoi il n'avait plus qu'à observer pour voir si elle amenait des compagnes pour partager son butin. Or, il constata que le même insecte revenait à plusieurs reprises, mais qu'il s'en présentait rarement d'autres; si rarement qu'il dut attribuer leur présence à l'effet du hasard. Il fallait que le miel fût à découvert, et l'insecte qui s'en régalait en vue pour que d'autres suivissent son exemple.

Mais nous sommes d'autant moins autorisés à nous fonder sur ces expériences, qu'il nous est prouvé d'une manière concluante, que les abeilles communiquent entre elles par le témoignage d'un observateur éminent, F. Müller:

« J'assistai un jour, dit-il[1], à une scène très curieuse entre
» la reine et les autres abeilles dans l'une de mes ruches,
» scène qui me parut jeter quelque lumière sur la question
» des facultés intellectuelles de ces animaux. Quarante-sept
» cellules venaient d'être remplies; dont huit appartenant à
» un rayon d'origine récente, trente-cinq au rayon suivant et
» quatre à un rayon à peine terminé. Quand la reine eut
» déposé ses œufs dans les cellules des deux premiers rayons
» elle en fit plusieurs fois le tour comme elle en a l'habitude
» pour s'assurer qu'elle n'a pas omis de cellules; elle se pré-

1. Lettre à Darwin. *La Nature*, vol. X, p. 162.

» parait à descendre dans le compartiment affecté à l'élevage,
» lorsque ses sujets, s'apercevant qu'elle avait oublié les
» quatre cellules du nouveau rayon, intervinrent et se mirent
» à la pousser de la tête d'une façon toute particulière. La
» reine crut donc devoir faire une nouvelle ronde autour des
» deux premiers rayons, et trouvant un œuf dans chaque
» cellule, elle se préparait pour la seconde fois à descendre.
» Nouvelle intervention des abeilles dont les remontrances se
» prolongèrent indéfiniment. En fin de compte, la reine réus-
» sit à s'échapper sans avoir achevé sa tâche. Ainsi donc, les
» abeilles savaient faire comprendre à leur reine qu'il lui res-
» tait encore quelque chose à faire, mais elles ne pouvaient
» lui indiquer en quoi cela consistait. »

Citons encore le témoignage de M. Josiah Emery [1] qui, à
propos des expériences de Sir John Lubbock, raconte que la
faculté qu'ont les abeilles de communiquer entre elles est
tellement connue des chasseurs d'abeilles en Amérique, qu'ils
l'exploitent quand il s'agit de découvrir un nid :

« Ils choisissent pour commencer leurs opérations un
» champ ou un bois loin de toute colonie d'abeilles apprivoi-
» sées. Une fois arrivés sur le terrain, ils avisent quelques
» abeilles qui sont à butiner sur des fleurs, les attrapent et les
» enferment dans une boîte à miel, puis, lorsqu'elles se sont
» repues, ils les lâchent. Vient alors un moment d'attente
» dont la longueur dépend de la distance à laquelle se trouve
» l'arbre aux abeilles ; enfin avec de la patience le chasseur
» finit presque toujours par apercevoir ses abeilles qui s'en
» reviennent escortées de plusieurs compagnes. Il s'en empare
» comme avant, leur fournit un regal et les lâche chacune en
» un point différent, en ayant soin d'observer la direction
» qu'elles prennent ; le point vers lequel elles paraissent con-
» verger lui fournit approximativement la position du nid.

» Les personnes qui font provision de miel chez elles,
» savent combien il importe d'empêcher qu'une seule abeille
» y pénètre, sous peine d'une incursion générale de toute la
» ruche. Il se peut que nos abeilles d'Amérique soient plus
» intelligentes que celles d'Europe, mais ce n'est guère pro-
» bable ; et je ne demanderai certes pas à un Anglais de

1. *La Nature*, vol. XII, pages 25-26.

» l'admettre. Les partisans américains de la théorie de l'ins-
» tinct quand même ne manqueront pas d'y rattacher ces
» manifestations intellectuelles. »

Suivant de Fravière, les abeilles peuvent émettre au moyen
des stigmates du thorax et de l'abdomen plusieurs sons de
nature différente qui leur servent à communiquer entre elles :

« Sitôt, dit-il, qu'une abeille arrive avec des nouvelles
» d'importance, ses compagnes l'entourent. La messagère fait
» alors entendre deux ou trois notes aiguës et donne une
» petite tape à sa voisine au moyen de ses antennes. Celle-ci,
» à son tour, communique la nouvelle à une autre et de cette
» façon toute la ruche se trouve bientôt au courant. S'il s'agit
» d'une découverte agréable, d'un dépôt de miel ou de sucre,
» d'une prairie en fleurs, aucun désordre ne se produit. Mais
» si c'est d'un danger menaçant, d'une invasion imminente
» d'animaux étrangers que la communauté se trouve avertie,
» une grande agitation se manifeste aussitôt. Il paraîtrait que
» dans ce cas la nouvelle est portée tout droit à la reine,
» comme au personnage le plus important. »

C'est à Büchner que j'ai emprunté cette description tant soit
peu fantaisiste. Mais admettons comme prouvée l'émission de
certains sons 'nous verrons que d'autres observateurs l'affirment également) ; il est probable qu'ils indiquent d'une manière générale la nature de la nouvelle ; que si elle est bonne
c'est comme une invitation à suivre la messagère ; si elle est
mauvaise, c'est un signal qu'il y a danger. Büchner dit aussi
que, d'après Landois, si l'on place un plat de miel vis-à-vis
l'entrée d'une ruche, il en sort un petit nombre d'abeilles qui
font entendre un cri ressemblant à « tut ! tut ! tut ! » La note
est aiguë et de même nature que celle produite par une
abeille que l'on attaque. Aussitôt les habitants de la ruche
viennent en foule s'approvisionner au miel.

Voici encore un passage du même auteur :

« Le meilleur moyen d'observer la faculté qu'ont les
» abeilles de communiquer entre elles par attouchement, est
» d'enlever la reine à une ruche. Environ une heure après,
» un certain nombre d'abeilles de la communauté s'aperçoi-
» vent du malheur qui l'a frappée ; elles interrompent leur
» travail et parcourent fiévreusement le rayon qu'elles occu-
» paient. Bientôt elles agrandissent le cercle restreint de leur

» agitation, et chaque fois qu'elles rencontrent une nouvelle
» compagne, elles la touchent légèrement de leurs antennes
» croisées. Sous le coup de l'impression produite par cet at-
» touchement, celles qui l'ont subi s'émeuvent à leur tour et
» vont communiquer leur peine à d'autres. L'agitation aug-
» mente rapidement et finit par gagner toute la ruche.

» On doit à Huber une double expérience qui met bien en
» relief le procédé de communication entre abeilles au moyen
» des antennes. Il imagina de diviser deux ruches chacune
» en deux compartiments, l'une par une cloison, l'autre par
» un treillis à travers lequel les abeilles pouvaient passer
» leurs antennes. Dans la première ruche il se produisit un
» grand émoi du côté où il n'y avait pas de reine, et pour le
» calmer, il fallut que quelques abeilles se missent à cons-
» truire des cellules royales. Dans l'autre ruche, au contraire,
» le calme ne fut pas troublé, et aucune abeille ne songea à
» construire des cellules royales ; d'ailleurs, on voyait la
» reine croiser ses antennes avec celles de ses sujets de l'autre
» côté du treillis.

» Il semble qu'il y ait quelque rapport entre les antennes
» de ces insectes et leur odorat dont la finesse est telle qu'elle
» leur permet de distinguer entre amis et ennemis, de re-
» connaître entre mille leurs compagnons de ruches, et de
» chasser les abeilles étrangères qui cherchent à pénétrer
» dans leur domicile. Aussi les éleveurs, quand ils veulent
» réunir deux colonies en une seule, ont-ils soin d'asperger
» leurs abeilles, ou bien de les engourdir par voie de fumi-
» gation, afin de leur émousser l'odorat. On arrive au même
» résultat avec une odeur forte, telle que le musc. »

Je termine ce paragraphe par un dernier emprunt à l'admirable collection de faits que Büchner a rassemblés en matière
de psychologie chez les hyménoptères :

« L. Brofft raconte (*Zoologische Garten*', XVIIIe année,
» n° 1, page 67) qu'une ruche qui contrastait par sa ri-
» chesse avec sa voisine, dans le rucher de son père, perdit
» subitement sa reine. Le propriétaire en était encore à se
» demander ce qu'il devait faire, que les deux colonies s'é-
» taient déjà expliquées sur leur position réciproque. A la
» suite d'une entente mutuelle, les habitants de la ruche la
» mieux partagée émigrèrent dans l'autre avec leurs provi-

» sions, après avoir envoyé force députations pour s'assurer
» du bon état de l'intérieur et de la présence d'une reine. »

DES MŒURS EN GÉNÉRAL.

La vie active des abeilles se passe à butiner et à élever leur
progéniture. J'étudierai séparément ces deux fonctions.

Le butin se compose de miel qui n'est, après tout, que le
nectar condensé des fleurs, et de ce que l'on appelle le « pain
d'abeille », espèce de pâte que les abeilles pétrissent avec le
pollen des fleurs et qu'elles mettent de côté pour servir de
nourriture à leurs larves. Avant de le donner à ces dernières,
elles le digèrent en partie et le transforment ainsi en une
sorte de chyle. Il est à remarquer qu'à chaque tournée les
abeilles ne ramassent qu'une seule espèce de pollen, de sorte
que les jeunes qui restent au logis pour s'occuper des soins du
ménage sous la surveillance de quelques-unes de leurs aînées,
peuvent, sans difficulté, le mettre à la place qui lui est assi-
gnée dans le magasin. En somme, il y a plusieurs espèces de
pain d'abeille, les unes plus nourrissantes que les autres ; celle
qui l'est le plus transforme une larve femelle en reine ou
femelle féconde. Les abeilles le savent si bien qu'elles n'en
donnent qu'à un petit nombre de larves qu'elles installent dans
des cellules « royales », c'est-à-dire plus grandes que les autres en vue du développement à venir. Une seule reine suffit
à chaque ruche ; mais les abeilles en élèvent toujours plusieurs afin de parer aux accidents.

Outre le miel et le pain d'abeille, on trouve encore dans les
ruches de la cire et une substance appelée « propolis ». C'est
une espèce de résine gluante provenant la plupart du temps
d'arbres conifères et qui sert de mortier aux abeilles. Elle
adhère si fortement aux pattes de l'insecte qui la récolte qu'il
ne saurait la détacher sans l'aide de ses compagnons. Ceux-ci
se servent de leurs mâchoires pour cette opération et profitent de la ductilité temporaire de la substance pour en en-
duire l'intérieur de la ruche, et même, suivant Huber, l'intérieur des cellules. Le naturaliste que je viens de nommer
raconte qu'étant occupé à observer des abeilles qui finissaient
de raboter la surface interne des cellules avec leurs mâ-

choires, il en vit une se diriger vers le tas de propolis amoncelé par les fourrageurs, en détacher un fil en jetant la tête en arrière et revenir l'appliquer entre les deux parois de la cellule qu'elle avait rabotées. Le trouvant trop long, elle en coupa un morceau ; après quoi elle l'ajusta de force dans les parois de la cellule en se servant de ses pattes de devant et de ses mâchoires. Mais alors le fil, qui s'était transformé en bandelette pendant l'opération, se trouva occuper trop d'espace en largeur ; l'abeille l'eut bientôt réduit à des dimensions convenables en le rongeant. A ce moment, d'autres insectes vinrent compléter l'ouvrage ainsi commencé, et tapisser toutes les parois de rubans de propolis. C'est là sans doute une manière de consolider les cellules.

La cire est une sécrétion qui se fait jour entre les segments de l'abdomen ; elle se produit après un copieux repas de miel, alors que les abeilles pendent en grappe au sommet de leur ruche. Lorsqu'elle commence à exsuder, les insectes s'en débarrassent avec l'aide de leurs compagnons et la ramassent en tas ; et quand ils en ont recueilli une quantité suffisante, ils se mettent à en construire leurs cellules. Comme ces dernières servent à la fois de magasin pour les provisions et de chambres d'élevage pour la progéniture, je m'en occuperai plus loin et je passe de suite aux travaux qui se rattachent à la propagation.

Les œufs proviennent tous d'une seule reine qui, pendant cette période, a besoin d'une nourriture tellement abondante que de dix à douze travailleurs ou femelles stériles ont pour mission d'y pourvoir. Quant à la ponte, elle s'opère de la manière suivante. Quittant son appartement, c'est-à-dire la cellule royale, la souveraine fait le tour des cellules d'élevage avec toute une suite de travailleuses et dans chaque cellule elle dépose un œuf. Chose curieuse, elle détermine à volonté le sexe des œufs à mesure qu'elle les pond, et suivant qu'elle opère sur une cellule à femelle ou à bourdon. (Les cellules destinées aux larves de bourdons sont les plus grandes.) Une jeune reine pond plus d'œufs femelles qu'une vieille, et lorsqu'une reine, soit par l'effet de l'âge ou d'une cause quelconque, produit des bourdons en excès, la communauté la chasse ou la met à mort. Du reste, il semble qu'en pareille circonstance elle se rende compte elle-même de son inutilité, car elle ne cherche plus querelle aux autres reines et évite d'exposer la ruche au risque de se trouver sans souveraine. L'on sait actuellement, à n'en pas douter, que pour les œufs la cause déterminante du sexe se trouve dans la fécondation ; comme l'avait indiqué Dzierzon, les œufs non fécondés produisent des mâles[1], les œufs fécondés des femelles. Il faut donc que la reine exerce un contrôle sur la fécondation.

Après l'éclosion des œufs, les femelles prodiguent leurs soins aux larves et les nourrissent de pain d'abeille. On compte trois semaines de la ponte des œufs à la métamorphose finale des larves ; quand le moment de leur émancipation est arrivé, les nourrices les entourent pour les laver, les caresser et leur donner à manger, puis elles s'occupent de nettoyer les cellules vacantes.

Si le nombre des larves qui arrivent à maturité est tel qu'il y ait danger d'encombrement dans la ruche, il incombe à la reine d'en sortir à la tête d'un essaim. En pareil cas, les prudentes abeilles ont la prévoyance de s'arranger de manière à ce que, parmi les larves royales, il y en ait une ou deux de prêtes à faire leur entrée dans le monde au moment où la reine quittera la ruche ; mais il ne faut pas qu'elles se montrent avant que l'essaim ait pris sa volée, et s'il se produit quelque retard par suite de mauvais temps ou de toute autre cause, les gardiens n'hésitent pas à renforcer la paroi supérieure des cellules. Les prisonnières reçoivent leur nourriture à travers un petit trou par en haut et font entendre une espèce de petit cri continu à timbre varié auquel répond la reine-mère. La raison de toutes ces précautions est que, si l'occasion s'en présentait, la reine-mère piquerait les jeunes à mort ; aussi les femelles ne lui permettent-elles jamais d'approcher des cellules royales autour desquelles elles établissent un cordon protecteur. Mais si la saison de l'essaimage est passée, ou si quelque obstacle s'oppose à la sortie d'un autre essaim, les travailleurs ne mettent plus de frein à la jalousie de la reine-mère et la laissent exterminer les jeunes reines dans leurs prisons. Aussitôt que la reine-mère est partie avec

---

1. Il semble résulter d'une observation de M. J. Pérez (Comptes rendus, 9 septembre 1878), que les œufs mâles sont tout aussi bien fécondés que les œufs femelles et que, par conséquent, la théorie de Dzierzon n'est pas fondée. (Traducteur.)

un essaim, l'heure de la liberté sonne pour les jeunes. Toutefois, on ne les laisse sortir qu'une à une et à plusieurs jours
d'intervalle, sans quoi elles se jetteraient les unes sur les
autres et s'entre-tueraient. A mesure qu'elles sont affranchies,
elles partent chacune avec un essaim ; celles qui ne le sont
pas encore étant l'objet des mêmes précautions vis-à-vis de
leurs sœurs que vis-à-vis de la reine-mère. Quand arrive la
fin de la saison de l'essaimage, on lâche ensemble toutes
celles qui restent, et celle qui survit à la mêlée qui s'engage
aussitôt est élue souveraine.

« Loin de chercher à empêcher ces batailles, les abeilles
» semblent encourager les combattants ; elles les entourent,
» et les font revenir à la charge lorsqu'ils semblent enclins à
» se retirer. Si l'une ou l'autre des reines fait mine de vou-
» loir attaquer son antagoniste, son entourage lui fait aussi-
» tôt place pour ne pas entraver son élan. Le premier usage
» que la reine victorieuse fait de son succès est de se mettre à
» l'abri d'autres attaques en mettant à mort toutes ses rivales
» à venir dans les cellules royales, tandis que les autres
» abeilles qui assistent au carnage prennent leur part du bu-
» tin, dévorent avec voracité tout ce qu'elles trouvent au fond
» des cellules sous forme de nourriture, et vont même jusqu'à
» sucer le fluide que contient l'abdomen des larves avant d'en
» rejeter les cadavres [1]. »

De même, si l'on introduit une reine étrangère dans une
ruche qui a déjà sa reine, « il se forme autour d'elle un cercle
» d'abeilles qui, sans songer à l'attaquer (les travailleuses ne
» font jamais violence à une reine), ne l'empêchent pas moins
» fort respectueusement de s'échapper afin de la forcer au
» combat avec leur propre reine. Celle-ci s'avance alors vers
» l'endroit où l'étrangère s'est établie tandis que les abeilles
» s'écartent et se préparent à assister à la lutte en témoins
» impartiaux. La rencontre est terrible et se termine par la
» mort de l'un des adversaires et l'élévation au trône du sur-
» vivant. Ainsi les sujets d'une reine reconnue ne se battent
» pas pour la défendre ; mais s'ils aperçoivent une reine
» étrangère qui cherche à pénétrer dans leur ruche, ils l'en-
» tourent et la maintiennent pour ainsi dire en arrestation

1. Article « Abeilles », *Encyclopédie britannique*.

» jusqu'à ce qu'elle périsse d'inanition ; toutefois, tel est le
» respect que leur inspire la royauté, qu'ils ne cherchent ja-
» mais à la piquer [1]. »

Tout cela semble dénoter un degré remarquable de sagacité
dans la conception de la part des travailleuses, sinon de celle
des reines qui ne paraissent pas briller par leur intelligence.
Encore faut-il tenir compte de l'observation de F. Huber en
ce qui concerne ces dernières : deux reines, les dernières de la
ruche, avaient commencé un combat mortel. Il arriva un moment où elles auraient pu se piquer toutes les deux simultanément ; mais au lieu d'en profiter, elles se lâchèrent mutuellement comme consternées à l'idée d'un dénoûment à la suite
duquel la ruche se serait trouvée sans reine. Voilà donc le
malheur que l'instinct des travailleuses et des reines s'applique
à prévenir ; et la manière dont il s'adapte à des circonstances
particulières, permet au moins de supposer qu'il est soumis à
une direction intelligente. Voyons par exemple ce qui se passe
dans une ruche enfumée par Huber. La reine et les aînées
parmi les abeilles s'étant sauvées, le reste de la communauté
se met à construire des cellules royales pour y élever une autre
reine. Sur ces entrefaites Huber réinstalle l'ancienne reine;
aussitôt les abeilles enlèvent des cellules royales la pâture
qu'elles y avaient entassée, et cela pour empêcher le développement des larves qui se seraient transformées en reine. De
même si l'on introduit une reine étrangère dans une ruche qui
a déjà la sienne, les travailleuses la mettent à mort sans attendre que leur souveraine attaque sa rivale. Mais si la ruche
n'a pas de reine, les abeilles adoptent la nouvelle venue, sinon
tout de suite, au moins lorsqu'elles s'y sont habituées au bout
d'un jour ou deux pendant lesquels l'éleveur a soin de mettre
la reine à l'abri dans une cage à jour. Privées de leur reine,
les abeilles cessent leurs travaux, manifestent leur malaise et
font entendre un bruit monotone et plaintif; à moins toutefois que la ruche contienne des larves royales ou des larves
ordinaires âgées de moins de trois jours, c'est-à-dire assez
jeunes pour être susceptibles du traitement qui transforme une
larve ordinaire en reine.

Aussitôt la reine fécondée, les bourdons deviennent inutiles

---

1. Docteur Kemp, *Indices de l'Instinct*.

et leurs sœurs se jettent sur eux sans pitié pour les massacrer
en les piquant ou pour les jeter au dehors où ils périssent de
froid. Les cellules des victimes sont mises en pièces ainsi que
les larves et les œufs mâles qu'elles peuvent contenir. En général un seul jour suffit à l'exécution de tous les bourdons qui
sont souvent plus d'un millier. Il est évident que ce massacre
a pour objet de débarrasser la ruche des bouches inutiles ;
mais il n'est pas aussi facile de s'expliquer la raison d'être des
bourdons. L'existence d'un nombre aussi disproportionné de
mâles pour une seule femelle féconde a suggéré l'idée d'une
phase élémentaire de l'instinct social dans le passé, pendant
laquelle les abeilles auraient formé des communautés plus restreintes. Cette explication pourrait bien être la vraie quoique,
à mon avis, on aurait pu s'attendre à ce que les abeilles, avant
d'en arriver à la période actuelle de leur évolution, eussent
développé un instinct compensateur et appris, soit à empêcher
la reine de produire tant d'œufs mâles, soit à se débarrasser
des bourdons à l'état de larves. Il est vrai que chez les guêpes
les mâles se rendent utiles à l'intérieur et gagnent ainsi la
nourriture que leur donnent leurs sœurs ; il se pourrait donc
que chez les abeilles les bourdons eussent été également à
une époque des membres actifs de la communauté, et qu'ils
eussent perdu depuis l'instinct du travail. Quoi qu'il en soit, il
est curieux que ce soit l'animal qui passe à juste titre pour le
plus avancé au point de vue de la perfection des instincts, qui
fournisse en même temps l'exemple le plus frappant que l'on
puisse trouver d'un instinct immobilisé dans la voie du perfectionnement : et il est d'autant plus étonnant que cet instinct de l'élimination des bourdons ne se soit pas développé
dans le sens du choix de l'époque la plus favorable à cette élimination, c'est-à-dire de la période où les bourdons existent à
l'état d'œufs ou de larves, que, sous bien des rapports, il paraît
avoir atteint une grande finesse de discernement. Büchner ne
nous dit-il pas que « la preuve que le massacre des bourdons
» n'est pas une simple affaire d'instinct, mais bien de raison-
» nement en vue d'un but à remplir, c'est que plus la reine se
» montre féconde, plus les abeilles se montrent rigoureuses
» dans leurs exécutions. Mais si la fécondité de la reine prête
» au doute, si elle a été fécondée trop tard ou pas du tout, et
» par suite ne pond que des œufs mâles, enfin si elle est sté-

» rile et qu'il faille avoir recours à des larves communes pour
» produire d'autres reines qui auront besoin d'être fécondées
» à leur tour, les bourdons sont épargnés, au moins en partie,
» parce que les abeilles savent évidemment qu'elles auront be-
» soin de leurs services plus tard... C'est le même esprit de
» prudence avisée qui fait exécuter les bourdons avant l'es-
» saimage dans certaines circonstances, comme par exemple
» lorsqu'aux premiers beaux jours du printemps succède
» une période indéfinie de mauvais temps qui inquiète les
» abeilles. Mais que le temps s'éclaircisse et leur permette de
» se remettre au travail, elles reprennent courage et s'em-
» pressent d'élever d'autres mâles pour l'essaimage. L'exécu-
» tion des bourdons dans les circonstances dont il vient d'être
» question diffère du massacre ordinaire en ce qu'elle ne con-
» cerne que les mâles adultes; à moins que les provisions leur
» manquent les abeilles épargnent toujours les larves. Autre
» fait qui témoigne d'une·appréciation intelligente des consé-
» quences des faits, de la part de ces insectes : Si l'on trans-
» porte des abeilles habituées à un climat tempéré comme le
» nôtre dans un pays du midi où la saison du butinage dure
» longtemps, elles ne tuent point leurs bourdons en août,
» contrairement à leurs habitudes, mais à une époque plus
» reculée et en rapport avec les nouvelles conditions de leur
» existence. »

Mais c'est en ce qui concerne les guêpes que la morale du
massacre des mâles est, selon moi, la plus difficile à saisir.
Chez les abeilles, l'existence des communautés se prolonge
d'année en année, tandis qu'à l'exception de quelques femelles
fécondées les guêpes périssent toutes à la fin de l'automne. A
l'approche de cette saison funeste les travailleurs tuent
toutes les nymphes, procédé qui, suivant certains auteurs,
constitue une preuve éclatante de la Bonté suprème! Or, il
me parait difficile de s'expliquer la raison d'être d'un pareil
instinct; car, d'une part, les femelles qui doivent survivre
n'ont guère à gagner au massacre des nymphes, et, de l'autre,
le reste de la communauté a si peu de temps à vivre que l'on
se demande quel intérêt il peut avoir à se débarrasser des
jeunes. Supposons que tous les mille ans le genre humain
périsse tout entier à l'exception de quelques femmes; que
gagnerait la race à mettre à mort, quelques années avant

chaque millésime, les malades, les aliénés et autres bouches
inutiles? Personne n'a jamais, que je sache, attiré l'attention
sur la difficulté du problème que présente cet instinct du
massacre chez les guêpes, et, du reste, je n'en parle que
pour faire remarquer qu'elle est encore plus grande que
dans le cas des abeilles. Pour mon compte je ne vois d'autre
manière de la surmonter qu'en supposant qu'à une époque
antérieure, ou sous d'autres climats, les guêpes ont pu vivre
tout l'hiver comme les abeilles, et que l'instinct qui les pousse
à exterminer leurs nymphes et qui était alors tout à leur
avantage (comme il profite actuellement aux abeilles), a survécu aux modifications de leur existence.

Quelques jours avant l'essaimage, il se produit un grand
mouvement, accompagné de force bourdonnements, dans la
ruche dont la température monte de 92° à 104° Fahr. Des
éclaireurs s'en vont en reconnaissance pour découvrir un
emplacement convenable pour la nouvelle colonie, puis ils
reviennent guider l'essaim qui quitte la ruche avec la reine,
tandis que le reste des abeilles s'occupent de l'élevage des
larves. A mesure que ces dernières arrivent à maturité, elles
forment un essaim et s'en vont à leur tour. Suivant Büchner,
les « essaims de seconde classe » n'ont point d'éclaireurs et
volent à l'aventure avec leurs jeunes reines; il leur manque
l'expérience et la sagesse de leurs aînées. Le même auteur
nous renseigne sur la manière dont les éclaireurs d'essaims
de première classe poussent leurs reconnaissances.

« M. de Fravière, dit-il, eut occasion de constater leur
» prudence et la précision de leurs procédés. Il avait placé
» une ruche vide et d'un genre tout nouveau sur le devant de
» sa maison, de manière à pouvoir observer tout ce qui se
» passerait au dedans ou au dehors sans se déranger et sans
» déranger les abeilles. Tout d'abord il en vint une qui se
» mit à examiner l'édifice. Après en avoir fait le tour et
» palpé l'extérieur de ses antennes, elle se posa sur la plan-
» chette et fit une visite minutieuse à l'intérieur qu'elle sonda
» de tous côtés. Satisfaite de son inspection, elle s'en alla
» chercher une cinquantaine d'amies qui, comme leur guide,
» se livrèrent aux investigations les plus complètes. Appa-
» remment que le résultat fut aussi heureux que la première
» fois, car bientôt tout un essaim vint s'établir dans la ruche.

» Mais il est encore plus curieux de noter les procédés des
» éclaireurs qui prennent possession d'une ruche ou d'une
» boîte pour un essaim qui se prépare ou qui est déjà en
» mouvement. Bien que le nouveau logis soit encore inha-
» bité, ils ne l'en considèrent pas moins comme acquis à leur
» communauté, veillent à sa défense contre étrangers ou
» ennemis, et s'évertuent avec un soin méticuleux à le mettre
» en état de propreté. Ils précèdent quelquefois l'essaim de
» huit jours. »

Guerres. — C'est l'espoir du butin qui, la plupart du temps,
pousse les abeilles comme les fourmis, à se faire la guerre ;
et les faits irrécusables que rapportent de nombreux observateurs dénotent une forte dose d'intelligence de la part des
« abeilles brigands ». Le but de ces dernières est de ramasser du miel à peu de frais en pillant d'autres ruches. Parmi
ces larrons, il y en a qui procèdent solitairement, d'autres
qui agissent de concert. L'abeille chez laquelle l'inclination
au vol s'est développée isolément, ne peut avoir recours
à la violence pour piller une colonie étrangère, il lui faut
agir à la dérobée. « Leur air, la manière circonspecte
» dont elles se glissent dans la ruche, montrent qu'elles se
» rendent compte de leur mauvaise action ; tandis que les
» abeilles propriétaires légitimes du logis entrent d'emblée et
» franchement, comme c'est leur droit. » Qu'un de ces larrons
solitaires réussisse à se saisir de butin, l'exemple devient con-
tagieux ; d'autres membres de la communauté l'imitent et
ainsi toute une tribu peut en venir à s'adonner à la maraude.
Dans ce cas le vol se fait à main armée ; les pillards se précipitent en masse sur la ruche, livrent bataille aux habitants et
s'ils ont dessus, s'en vont chercher la reine et la mettent à
mort, ce qui démoralise l'ennemi et met la ruche à leur
merci. Il est à remarquer qu'après un succès de ce genre,
l'esprit de conquête ne fait que se développer. les abeilles-
brigands se passionnent pour le vol, et finissent par constituer de redoutables tribus de pillards. Quant aux habitants de
la ruche assiégée, une fois vaincus et privés de leur reine,
non seulement ils cessent toute résistance, mais souvent encore
ils passent à l'ennemi, l'aident à rompre les cellules et à
transporter le miel à son logis. « Après avoir vidé une ruche,
» la bande s'en prend à une autre et ainsi de suite, à moins

» qu'elle ne rencontre une résistance acharnée ; de sorte que
» tout un rucher peut y passer. » Siebold a observé les
mêmes agissements chez certaines guêpes (*Polistes gallica*).
Mais si l'avantage reste aux assiégées, elles poursuivent l'ennemi à une grande distance. Il arrive parfois aux abeilles
d'une ruche de n'offrir aucune résistance ; c'est qu'alors elles
ont été butiner aux mêmes fleurs que la bande de pillards, et
que trompées par le parfum qu'elles reconnaissent elles prennent sans doute les étrangères pour des concitoyennes. Il se
peut qu'en pareil cas les larrons s'enhardissent au point
d'arrêter au seuil de la ruche les abeilles qui reviennent chargées de butin et de les dépouiller par un procédé que Weygandt[1] compare à l'action de traire et qui a l'avantage de
transférer à l'opératrice non seulement le miel de sa victime,
mais encore son odeur et par suite de la mettre à même de
pénétrer à l'abri du soupçon dans la ruche et d'y continuer
librement ses déprédations.

Du reste les brigands se signalent aussi par des méfaits en
pleine campagne. Ils fondent quatre ou cinq à la fois sur une
honnête abeille, la tiennent par les pattes, la pincent pour lui
faire déployer sa langue qu'elles sucent à tour de rôle, après
quoi elles la laissent partir.

Chose remarquable, les abeilles à ruche, dont les mœurs se
sont ainsi corrompues, ont une manière d'enjôler les abeilles
sauvages si bien que celles-ci consentent à leur céder le miel
qu'elles ont ramassé. « On a vu des abeilles sauvages con
» tinuer pendant trois semaines à ramasser du miel et à le
» céder à des abeilles à ruche, alors qu'elles répondent par
» un refus ou par la fuite aux avances que leur font les
» guêpes[2]. »

En dehors du vol et du pillage, les abeilles semblent trouver matière à querelles, mais si l'on en constate les effets on
n'en connaît pas la cause. C'est ainsi que pour une raison
inappréciable, il se produit des duels assez fréquents qui se
terminent généralement par la mort de l'un des adversaires
ou de tous les deux. Quelquefois, et toujours sans motif apparent, c'est la guerre civile qui se déclare dans une ruche
qu'elle décime.

1. L'*Abeille*, 1877, n° 1.
2. Docteur Lindley Kemp, *Indices de l'instinct*.

Architecture. — Passons maintenant à l'étude de la construction des cellules et des rayons, chef-d'œuvre de l'instinct auquel rien ne peut se comparer dans le règne animal. C'est un sujet qui a inspiré bien des auteurs que celui de la connaissance pratique de certains principes de géométrie que révèle, de la part des abeilles, le choix de la faune qui leur permet d'obtenir un maximum de capacité avec un minimum de matériaux. Pour la clarté et la concision, je ne connais rien de mieux que ce que nous dit le docteur Reid à ce sujet :

« Les géomètres savent qu'il n'y a que trois sortes de figures
» que l'on puisse adopter pour diviser une surface en petits
» espaces semblables, de forme régulière et de même gran-
» deur, sans interstices. Ce sont le triangle équilatéral, le
» carré et l'hexagone régulier qui, en ce qui concerne la cons-
» truction des cellules, l'emporte sur les deux autres figures,
» au point de vue de la commodité et de la résistance. Or,
» c'est justement la forme hexagonale que les abeilles adop-
» tent, comme si elles en connaissaient les avantages.

» De même, le fond des cellules se compose de trois plans
» qui se rencontrent en un point, et il a été démontré que ce
» système de construction permet de réaliser une économie
» considérable en fait de travail et de matériaux. Encore la
» question était-elle de savoir quel angle d'inclinaison des
» plans correspond à une économie maximum, problème de
» hautes mathématiques qui a été résolu par quelques sa-
» vants, entre autres Maclaurin, dont on trouvera la solution
» dans le compte-rendu de la Société royale de Londres. Or,
» l'angle ainsi déterminé par le calcul correspond à celui que
» l'on mesure au fond des cellules [1]. »

Voilà, certes, une merveille ; mais elle est susceptible d'une explication fort suffisante. Il y a longtemps déjà, Buffon avait attribué la forme hexagonale des cellules à l'effet d'une pression réciproque des insectes entre eux. En supposant que les abeilles aient une tendance à construire des tubes cylindriques et qu'elles opèrent sur un espace trop restreint pour le nombre de cellules dont elles cherchent à le couvrir, on comprend qu'il pourrait en résulter des tubes à parois aplaties et à an-

1. *L'Instinct*, par Hancock, p. 18.

gles, et dans le cas d'une pression réciproque et égale, en tous
sens, des tubes à section hexagonale. Buffon citait à l'appui
de sa théorie certaines analogies d'un ordre physique, telles
que la conformation des bulles de savon comprimées dans une
tasse, de pois gonflés à l'étroit, etc., etc. Mais l'hypothèse
ainsi présentée ne satisfait pas à toutes les conditions ; elle
n'explique pas l'égalité parfaite en tous sens de la pression (si
pression il y a) par laquelle les cylindres se transforment en
tubes à base d'hexagone régulier. Quant à l'exemple des bulles
de savon et des pois trempés, il ne prouve rien, comme l'ont
fait remarquer Brougham et plusieurs autres, vu que dans l'un
et l'autre cas l'effet de la pression n'aboutit qu'à des formes manifestement irrégulières. Et puis comment trouver
dans cette théorie la raison d'être du fond prismatique des
cellules ? Aussi a-t-elle trouvé peu d'adhérents. Voici comment
Kirby et Spence s'expriment à son endroit :

« Buffon, disent-ils, nous affirme avec un grand sérieux que
» les cellules hexagonales, qui font la gloire des abeilles, ré-
» sultent d'une pression réciproque des corps cylindriques
» de ces insectes serrés les uns contre les autres [1] ! ! » Le
double point d'exclamation indique assez en quelle estime
tous les naturalistes d'un esprit posé tenaient l'hypothèse de
Buffon. Et cependant elle touchait de près à la vérité, comme
il arrive souvent aux tâtonnements d'une intelligence supérieure ; insuffisante comme explication parce qu'elle ne tient
pas compte de toutes les données, elle n'en contient pas moins
une idée juste. Il y a prudence pour les esprits secondaires à
traiter avec respect les théories d'un plus grand qu'eux ; quelque absurdes qu'elles paraissent, leur origine est telle, que
l'on ne saurait affirmer qu'elles ne sont pas la révélation
d'une vérité que le progrès de nos connaissances établira un
jour. D'habitude, en pareil cas, l'explication définitive vient
d'une intelligence encore plus grande, et, en ce qui nous concerne pour le moment, c'est à Darwin que revient toute la
gloire d'avoir résolu le problème. Se fondant sur une remarque de M. Waterhouse qui avait conclu à l'existence d'une
relation intime entre la forme des cellules et le fait de leur
agglomération, Darwin s'exprime comme il suit :

1. *Introduction à l'Entomologie*, II, p. 465.

« Voyons, dit-il, si ce n'est pas dans le grand principe des
» gradations que la nature nous révèle sa méthode. Voici les
» deux extrêmes d'une courte série; en bas de l'échelle, les
» abeilles sauvages, qui enferment leur miel dans leurs vieux
» cocons et parfois aussi dans de petits tubes en cire ou
» dans des cellules isolées, de forme arrondie mais très irré-
» gulière ; en haut, les abeilles à ruche avec leurs cellules sur
» deux couches..... Entre les cellules perfectionnées de l'une
» et les cellules d'une simplicité primitive de l'autre, se ran-
» gent celles de l'abeille mexicaine, *Melipona domestica,* que
» Pierre Huber a décrites et représentées avec le plus grand
» soin..... Cet insecte construit un rayon à peu près ré-
» gulier de petits cylindres en cire, dans lesquels les jeunes
» éclosent, et de plus un certain nombre de cellules plus
» vastes servant de réceptacles à miel. Celles-ci sont presque
» sphériques, et sensiblement égales comme grandeur ; il n'y
» a, du reste, aucun ordre dans leur assemblage. Mais ce
» qu'il importe de remarquer, c'est qu'espacées comme elles
» le sont, ces cellules ne manqueraient pas de s'intersecter.
» si les abeilles achevaient de leur donner la forme sphérique,
» ce qu'elles n'ont garde de faire; au contraire, là où elles
» prévoient une intersection, elles insèrent entre les sphères
» des cellules à parois planes, si bien que chaque cellule pré-
» sente une surface sphérique à l'extérieur et une ou plu-
» sieurs surfaces plates suivant le nombre des cellules aux-
» quelles elle adhère. Les sphères étant à peu près de même
» grandeur, il arrive souvent à une cellule de reposer sur
» trois autres, et dans ce cas, les trois surfaces plates forment
» une pyramide qui, comme l'a fait remarquer Huber, imite
» grossièrement, mais d'une manière évidente, la base à trois
» faces des cellules de l'abeille de ruche.....

» En réfléchissant, l'idée me vint que si la Mélipone espa-
» çait ses sphères à distance l'une de l'autre. leur donnait
» une grandeur uniforme et en formait un assemblage symé-
» trique en deux couches, elle produirait certainement un
» rayon aussi parfait que celui de l'abeille à ruche. En con-
» séquence je m'adressai à M. le professeur Miller, de Cam-
» bridge, et avec les renseignements que ce géomètre voulut
» bien me donner, je pus établir certaines conclusions dont il
» me certifie l'exactitude. »

Darwin cite ces conclusions qui confirment entièrement sa théorie, après quoi il ajoute :

« Nous sommes donc autorisés à croire que si l'on pouvait
» modifier quelque peu les instincts actuels de la Mélipone,
» instincts qui n'ont rien de bien remarquable, cette abeille
» s'acquitterait d'un travail aussi merveilleux que celui de
» l'abeille à ruche. Il n'y a pour cela qu'à lui supposer la
» capacité nécessaire pour construire des sphères parfaites et
» égales ; chose assez simple puisqu'elle possède déjà les élé-
» ments de cette faculté et que d'ailleurs nombre d'insectes
» pratiquent des perforations parfaitement cylindriques, sans
» apparence d'autre expédient que celui de tourner sur un
» point comme centre. Il faudrait, en outre, qu'elle établisse
» ses cellules sphériques à niveau, disposition qu'elle adopte
» déjà pour ses tubes de cire ; et enfin qu'elle juge avec pré-
» cision à quelle distance de ses camarades il lui convient de
» travailler lorsqu'elles sont plusieurs à construire leurs
» sphères. Ce dernier point est le plus difficile à concéder ;
» mais rappelons-nous que l'insecte sait déjà espacer ses cel-
» lules insuffisamment pour qu'elles s'entrecoupent, et qu'aux
» intersections elle construit des parois parfaitement planes.
» C'est donc, à mon avis, par suite de modifications d'ins-
» tinct de ce genre, aboutissant en somme à des facultés qui
» ne sont guère plus remarquables que celles qui permet-
» tent à l'oiseau de bâtir son nid, que la Nature a fini par
» faire de l'abeille à ruche l'architecte achevé que nous con-
» naissons [1]. »

Mais, Darwin ne s'en tint pas là. Pour mettre sa théorie à l'épreuve, il introduisit des plaques de cire dans une ruche et put constater que les abeilles opéraient sur elles comme le comportaient ses prévisions ; c'est-à-dire qu'elles commen-çaient par creuser de petits trous également distants les uns des autres et espacés de manière à ce que leurs parois s'in-tersectassent une fois la grandeur normale d'une cellule atteinte. Quand elles en arrivaient à ce point, elles cessaient de creuser pour se mettre à construire des parois suivant les plans d'intersection. D'autres expériences faites avec des tablettes de cire de couleur vermillon et de peu d'épaisseur,

---

1. *Origine des espèces*, Instinct de la construction cellulaire.

démontrèrent que les abeilles travaillaient avec une vitesse à
peu près uniforme et de chaque côté des tablettes, de sorte
que chaque paire de trou se faisant vis-à-vis avait un fond
commun et plat. Ces fonds, autant que l'on en pouvait juger,
« se trouvaient exactement dans le plan imaginaire d'intersection des perforations de sens opposé » et par conséquent,
si l'épaisseur des tablettes avait permis aux abeilles de donner
à leurs excavations la profondeur (et le diamètre) de cellules
ordinaires, l'intersection combinée des fonds adjacents et
opposés aurait donné lieu à des fonds en pyramide, comme
dans l'expérience avec une plaque de grande épaisseur.

En recouvrant en partie de cire rouge les cellules en voie
de construction Darwin put également s'assurer qu'Huber
avait eu raison d'affirmer que plusieurs abeilles travaillent à
tour de rôle aux différentes cellules; grain à grain, elles
enlevaient la cire de l'endroit où on l'avait mise pour l'in-
corporer tout autour des parois grandissantes des cellules
aussi habilement qu'un peintre étalant de la couleur avec son
pinceau.

Ayant exposé son système, Darwin conclut en ces termes :
« Le travail, dit-il, semble résulter d'un accord entre plu-
» sieurs abeilles, qui, guidées par leur instinct, se tiennent
» à la même distance les unes des autres et s'efforcent de
» décrire des sphères égales dont elles cloisonnent les plans
» d'intersection. »

Non seulement cette théorie suffit à toutes les explications,
mais elle se trouve entièrement confirmée par l'expérience et
l'observation, et a bien par conséquent le caractère d'une
démonstration rigoureuse. Elle diffère de celle de Buffon en
ce qu'elle embrasse toutes les circonstances et les explique
par l'effet d'une cause vraisemblable. A la « pression » fortuite du grand naturaliste, elle substitue un principe bien or-
donné ; celui de la sélection naturelle. Mais on peut attribuer
à l'effet d'une pression arbitraire, sinon la formation de cellules hexagonales à fond pyramidal d'une symétrie parfaite,
du moins l'intersection des cellules cylindriques de maintes
espèces d'abeilles, telle que les Mélipones qui existaient autre-
fois. Or chaque intersection de ce genre, résultant de l'encombrement d'un nid, devait nécessairement produire une économie dans la consommation de la cire, par la substitution

d'une simple cloison à deux parois cylindriques. Dès lors on
voit comment la sélection naturelle aura pu pousser au développement d'un instinct tendant au rapprochement, c'est-à-dire
au croisement des cellules ; instinct qui, s'étant perfectionné
par la force même des choses, aurait son apogée dans l'abeille
de ruche.

Et en effet, comme le remarque très bien Darwin, « la fa-
» brication de la cire est une grosse affaire pour les abeilles,
» et il est reconnu qu'elles éprouvent souvent quelque diffi-
» culté à se procurer une quantité suffisante de nectar.
» M. Tegetmeier m'apprend que, d'après des expériences
» faites à ce sujet, une ruche consomme de douze à quinze
» livres de sucre à l'état solide pour fabriquer une livre de
» cire ; de sorte que pour en sécréter la quantité nécessaire à
» la constitution de leurs rayons, il faut que les abeilles d'une
» ruche ramassent et absorbent une quantité prodigieuse de
» nectar. D'ailleurs, nombre d'abeilles sont condamnées à
» plusieurs jours d'inaction pendant que la sécrétion s'o-
» père... Donc les abeilles sauvages gagneraient beaucoup à
» donner à leurs cellules plus de régularité, à les rapprocher
» et à les agglomérer comme les Mélipones, car alors une
» portion considérable de la surface de chaque cellule ser-
» virait de parois aux voisines, d'où résulterait une grande
» économie de travail et de cire. De même, et pour la même
» raison, les Mélipones auraient intérêt à resserrer leurs
» cellules et à s'astreindre à plus de régularité dans leur
» construction ; les surfaces sphériques seraient remplacées
» par des surfaces planes, et il en résulterait un rayon aussi
» parfait que celui de l'abeille de ruche. Ce point atteint, la
» sélection naturelle ne saurait conduire au delà, puisque,
» selon toute apparence, le rayon de l'abeille de ruche réa-
» lise le maximum d'économie au point de vue du travail et
» de la consommation de cire. »

Voilà donc l'origine et le perfectionnement de l'instinct de
la construction cellulaire, expliqué d'une manière complète et
définitive. Mais s'il y a lieu d'attribuer cet instinct à l'action de la sélection naturelle, il faut cependant reconnaître
qu'il n'est pas purement mécanique et qu'il subit constamment un contrôle intellectuel. Darwin en fournit un
exemple : « C'était, dit-il, un spectacle curieux, quand une

» difficulté se présentait, comme lorsque deux morceaux de
» rayon faisaient angle à leur jonction, de voir les abeilles
» défaire et refaire la même cellule à plusieurs reprises et
» parfois en revenir à une forme qu'elles avaient tout d'abord
» condamnée [1]. »

Huber, de son côté, raconte qu'une abeille occupée à bâtir
sur de la cire que ses camarades avaient déjà façonnée, s'y
était mal prise, de sorte qu'au lieu de continuer l'édifice suivant le plan de ses devancières, elle lui avait imprimé une
direction oblique qui produisait un vilain angle. « Une autre
» abeille s'en aperçut, démolit sous nos yeux toute la partie
» mal construite et en confia les matériaux aux premiers ar-
» chitectes dans l'ordre voulu, afin que la direction première
» fût rigoureusement suivie. »

Citons aussi le passage suivant tiré de Büchner :

« Si les abeilles, dans leurs constructions, suivaient d'ins-
» tinct un plan immuable, les cellules ne manqueraient pas
» d'avoir toutes la même forme, tandis qu'elles varient con-
» sidérablement entre elles. Il n'est presque pas de rayon
» qui n'en contienne d'inachevées ou de forme irrégulière,
» surtout au point de rencontre des différentes divisions. Ces
» petits architectes commencent toujours leurs opérations en
» plusieurs points à la fois, ce qui leur permet d'aller plus
» vite et de travailler en plus grand nombre ; à cet effet, ils
» construisent de haut en bas des espèces de troncs de cône
» aplatis ou de pyramides pendantes qu'ils réunissent ensuite
» pendant l'hiver. Or, le long des joints, le rapprochement
» de certaines cellules, l'allongement démesuré des autres,
» produisent forcément des irrégularités. Il s'en présente
» également dans les deux ou trois rangées de cellules qui
» servent de passage entre les grandes cellules de cire dite
» « à bourdons » et celles des neutres ; ainsi que parmi les
» cellules qui rattachent les rayons aux parois de verre des
» ruches. Enfin, quand la nature des lieux ne permet pas aux
» abeilles de suivre leur plan habituel, loin de s'y entêter elles
» savent fort bien s'adapter aux circonstances et modifier,
» comme il convient, la structure de leurs cellules et de leurs
» rayons. F. Huber s'ingénia plusieurs fois à mettre leur

1. *Origine des espèces*, page 225.

» instinct en défaut, ou plutôt à éprouver leur intelligence et
» leur habileté ; elles s'en tirèrent toujours à leur honneur.
» Il installa des abeilles, entre autres expériences, dans une
» ruche dont le toit et le plancher étaient de verre, substance
» dont la surface polie n'offre pas aux yeux des abeilles de
» point d'attache convenable pour leurs rayons. Elles se
» trouvaient donc empêchées de construire de haut en bas
» selon leur habitude, et même de bas en haut. Réduites à
» trouver un point d'appui sur les parois verticales de leur
» demeure, elles en choisirent une et commencèrent par y
» construire une couche de cellules ; puis, s'en servant comme
» d'une base, elles se mirent à construire de côté dans la
» direction de la paroi opposée. Mais avant qu'elles pussent
» l'atteindre, Huber la couvrit également de verre. Il y avait
» de quoi embarrasser les architectes ; ils surent cependant
» triompher de cette nouvelle difficulté. Au lieu de continuer
» à construire dans la direction qu'ils avaient d'abord choisie,
» ils infléchirent l'extrémité du rayon à angle droit du côté
» d'une paroi intérieure qui n'était point en verre et à laquelle
» ils finirent par rattacher leur édifice. Naturellement la
» forme et les dimensions des cellules s'en ressentirent, et
» leur aménagement dans l'angle du rayon dut sortir de
» l'ordinaire. Les cellules du côté convexe avaient le double
» ou le triple du diamètre de celles du côté concave, mais
» l'assemblage n'en était pas moins parfait. Chose remar-
» quable, avant d'atteindre la paroi recouverte de verre, les
» abeilles avaient reconnu la difficulté qui était venue s'ajou-
» ter à celle qu'elles étaient en train de surmonter en premier
» lieu, et, sans plus tarder, elles avaient changé la direction
» du rayon[1]. »

MŒURS PARTICULIÈRES A CERTAINES ESPÈCES[2].

L'abeille maçonne recouvre ses cellules à larves d'une espèce de mortier qui acquiert la dureté de la pierre ; mais elle
a soin de ménager un petit trou qu'elle bouche avec de la boue

---

1. *De l'Intelligence chez les Animaux*, pages 252-253.
2. Voir sur ce sujet le livre très intéressant de M. Em. Blanchard : *Les
Métamorphoses et les mœurs des Insectes*.

molle et par lequel l'insecte arrivé à maturité opère sa sortie.
On affirme que quand cette abeille trouve un nid abandonné,
elle le nettoie avec soin et s'y installe, ce qui lui évite la
peine d'en construire un. On en a vu, à Alger, qui s'étaient
établies dans des coquilles vides d'escargots. D'après Blanchard, plutôt que de se bâtir un nid ou un abri pour leurs
jeunes, ces insectes s'emparent quelquefois par force ou par
ruse d'une demeure voisine. « Comment ne voir qu'une ma-
» chine, dit E. Menault, dans un être qui, comme l'abeille
» maçonne, sait ordonner son travail suivant les circons-
» tances, profiter de nids abandonnés, les nettoyer, en amé-
» liorer l'installation, et montrer par là le prix qu'elle attache
» à une jouissance immédiate ? Comment croire que tout cela
» ne comporte pas de réflexion ? »

L'abeille tapissière loge ses larves dans des trous de trois
ou quatre pouces de profondeur, qu'elle creuse dans le sol
et qu'elle tapisse de plusieurs couches de pétales de coque-
licot. Une fois les œufs en place, elle rassemble les feuilles
par le haut de manière à fermer l'ouverture du trou et
cache le tout sous un monceau de terre. La Mégachile cen-
tunculaire procède à peu près de même, mais à l'aide de
feuilles de roses[1].

L'Abeille charpentière, que Réaumur[2] découvrit et observa le premier, choisit les poutres, poteaux et autres morceaux de bois pour s'y creuser un tunnel cylindrique d'une
certaine longueur qu'elle subdivise perpendiculairement à son
axe au moyen de cloisons de sciure de bois agglutinée. Chaque chambre, ainsi formée, reçoit un œuf et une provision de
pollen dont se nourrira la larve à venir. Les larves éclosent
successivement dans l'ordre où les œufs ont été déposés, et
pour leur permettre de sortir au moment voulu, l'abeille a
soin de percer un trou conduisant à l'extérieur, dans la cellule
du bas. Elle laisse aux larves le soin de se frayer un passage
à travers leurs cloisons, et il est à remarquer que les jeunes
choisissent toujours pour sortir celle qui se trouve du côté du
trou pratiqué par l'abeille-mère ; jamais elles ne perforent

---

1. On trouvera à ce sujet des détails très complets dans la *Biographie animale* de Bingley, vol. III. pages 272-273.

2. *Mémoires sur les Insectes*, tome VI. page 39.

l'autre cloison, dont la destruction serait fatale aux larves qui ne sont point encore arrivées à maturité.

L'*Abeille cardeuse* entoure son nid d'une couche de cire qu'elle recouvre d'une mousse épaisse. Elle travaille de concert avec plusieurs compagnes qui forment comme une chaîne et se passent les débris de mousse. Un long passage conduit au nid et l'on prétend que l'entrée de ce tunnel est gardée par un poste qui repousse les fourmis et autres intrus.

Guêpes. — Ces insectes se servent généralement, pour construire leurs nids, de poussière de bois qu'ils se procurent en raclant la surface de pièces de bois qui ont souffert des intempéries de l'air, et dont ils font, avec l'aide de leur salive, une espèce de papier mâché. Elles utilisent également les morceaux de papier qu'elles trouvent, reconnaissant sans doute en eux une substance analogue à celle qu'elles fabriquent. Comme elles ne font pas de provisions pour l'hiver, elles n'ont pas besoin de magasin à miel; aussi ne construisent-elles que des cellules à larves, de forme parfois cylindrique ou sphérique, mais plus généralement hexagonale, comme celle qu'affectent les abeilles à ruche. Leur manière de procéder, tout en différant de celle des abeilles, permet de croire qu'en l'analysant avec soin, on y trouverait l'application de la théorie par laquelle Darwin explique la transition de la forme cylindrique à la forme hexagonale, formes qui se rencontrent constamment dans un même nid.

La *Guêpe maçonne* bâtit son nid en terre glaise et le suspend à une branche d'arbre. D'après M. Bates, à qui l'on doit la description de cet insecte, chaque fois qu'elle apporte une boulette de terre, elle la place sur la paroi qu'elle est en train de construire, l'étale avec ses mâchoires et l'aplanit avec ses pattes. Quand le nid est fini, elle y met une provision d'araignées et autres insectes qu'elle a préalablement paralysés en les piquant. Le reste de vie qu'elle leur laisse sert à les conserver jusqu'au moment où les larves en font leur pâture.

Les *Guêpes bouchères* ont recours au même expédient pour conserver leur proie. Quand elles reviennent à leur nid avec le produit de leur chasse, elles le déposent toujours à l'entrée pour aller d'abord s'assurer qu'aucun ennemi ne s'est glissé à l'intérieur pendant leur absence. Fabre raconte qu'ayant vu une guêpe du genre *Sphex* entrer dans son trou, il enleva la sauterelle morte ou paralysée qu'elle avait déposée à l'entrée, et la plaça en un point assez éloigné. Lorsque l'insecte sortit de sa demeure, il se mit à chercher sa proie de tous côtés, et l'ayant enfin trouvée, il revint avec elle et la déposa comme la fois précédente, pour aller faire sa tournée à l'intérieur. Quarante fois de suite, Fabre lui joua le même tour sans qu'elle modifiât, en aucune manière, sa façon d'agir; chaque fois elle revint avec sa proie jusqu'à l'entrée de son logis, et pénétra seule à l'intérieur pour l'inspecter.

M. Mivart, dans ses *Leçons tirées de la Nature*, fait observer que l'instinct qui pousse cet insecte à piquer le ganglion de sa victime, ne trouve pas son explication dans la théorie Darwinienne de l'origine des instincts. Dans mon prochain ouvrage je m'occuperai de cette théorie, et j'aurai à examiner l'objection de M. Mivart et la question que Darwin lui-même a soulevée, à savoir : pourquoi y a-t-il des instincts chez les insectes neutres, eux qui ne paraissent avoir aucun moyen de communiquer à l'espèce, par hérédité, les instincts acquis par l'individu ?

INTELLIGENCE GÉNÉRALE.

Je citerai d'abord à ce sujet les observations de Sir John Lubbock, et pour commencer, celles qui ont trait à la faculté d'orientation :

« J'ai constaté, dit-il, que certaines abeilles sont bien
» plus intelligentes que d'autres sous ce rapport. Une abeille
» que j'avais régalée plusieurs fois et qui avait voltigé à
» travers ma chambre, réussit à s'échapper du bocal au
» bout d'un quart d'heure la première fois; la seconde fois,
» elle en sortit aussitôt mise. Une autre abeille venait au
» miel par une fenêtre ouverte toutes les fois qu'il m'arri-
» vait de fermer la petite porte de la ruche.

» En somme, les abeilles me paraissent moins sagaces en
» matière de découvertes que je ne m'y attendais. Un jour
» que plusieurs d'entre elles étaient fort occupées à butiner
» sur une épine vinette (c'était le 14 avril 1872), je mis du
» miel dans une soucoupe que je plaçai entre deux touffes

» de fleurs très rapprochées l'une de l'autre. Il était alors
» 9 h. 30 ; à 3 h. 30, quoique les fleurs eussent été fort
» courues, pas une abeille n'avait encore fait attention au
» miel. J'en mis alors un peu sur l'une des touffes de fleurs ;
» aussitôt, les abeilles se mirent à le sucer avec avidité et
» d'eux d'entre elles y prirent tellement goût que passé
» 5 heures du soir, elles y revenaient encore.

» En rentrant chez moi, une après-midi, je trouvai au
» moins une centaine d'abeilles qui avaient pénétré dans
» ma chambre par la poterne de la ruche et s'étaient toutes
» portées à la fenêtre sans s'être aperçues d'un pot de miel
» qui se trouvait à l'ombre dans un coin à environ trois
» pieds et demi de la fenêtre.

» Le 29 avril 1872, de 10 heures du matin à 6 heures du
» soir, de toute une bande d'abeilles qui butinaient sur des
» pieds de myosotis, une seule vint visiter une soucoupe de
» miel que j'avais placée tout auprès.

» Une autre fois, à 10 h. 30 du matin, je mis du miel dans
» un trou du mur qui faisait face aux ruches ; ce mur avait
» environ cinq pieds de haut et n'était éloigné des ruches
» que de quatre ; les abeilles ne découvrirent rien de toute
» la journée.

» Le 30 mars 1873, à 9 h. du matin par un beau soleil,
» alors que les abeilles déployaient la plus grande activité,
» je plaçai un verre contenant du miel sur le mur vis-à-vis
» des ruches ; la journée se passa sans qu'une seule abeille
» s'en avisât. Le 20 avril, je répétai l'expérience avec le
» même résultat.

» Le 19 septembre, le contenu d'un verre à miel, placé
» à 9 h. 30 du matin, juste en face d'une ruche à environ
» quatre pieds de distance, n'attira l'attention d'aucune
» abeille pendant le reste du jour.

» Comme je pensais que l'on pourrait m'objecter que la
» faute en était au miel s'il n'attirait pas les abeilles, je le
» remis encore sur le mur pendant trois heures le jour sui-
» vant, puis comme aucun insecte n'y venait, je le plaçai tout
» près de la planchette de la ruche. Au bout d'un quart
» d'heure, deux abeilles l'aperçurent, et bientôt il s'en pré-
» senta d'autres en assez grand nombre... En définitive, je
» trouve que les guêpes savent mieux découvrir un chemin

» que les abeilles. Celles que je soumis à l'épreuve de la
» cloche de verre (dont il a été question dans le paragraphe
» sur la Mémoire), en sortirent sans difficulté. »

Deux autres passages également empruntés à Sir John
Lubbock me serviront à compléter ce résumé de ses observations. En voici un :

« Il est un fait, dit-il, qui ne laissa pas de me frapper. Un
» jour la guêpe dont j'ai déjà parlé s'englua les ailes avec
» du sirop si bien qu'elle ne pouvait plus voler. J'avais déjà
» vu la même chose arriver à des abeilles, et je n'avais eu
» en pareil cas qu'à les mettre sur la planchette de la ruche ;
» leurs camarades les avaient promptement nettoyées. Mais
» ne connaissant pas le nid de la guêpe je ne pouvais avoir
» recours à cet expédient et je croyais bien que c'en était
» fait de l'insecte. Cependant, l'idée me vint d'essayer de la
» laver, m'attendant bien à ce que les terreurs de l'opéra-
» tion lui ôtassent toute envie de venir désormais. Bref, je
» la mis d'abord dans une bouteille à moitié pleine d'eau
» que je secouai jusqu'à ce que le miel fût complètement
» dissous, puis dans une bouteille vide en plein soleil. Quand
» elle eût bien séché, je lui rendis la liberté, or treize
» minutes s'étaient à peine écoulées qu'à ma grande surprise
» je la vis revenir comme si de rien n'était, et, qui plus est,
» elle multiplia ses visites pendant toute l'après-midi.

» Vivement intéressé par le résultat de cette expérience,
» je la répétai, avec une autre guêpe marquée dont je pro-
» longeai l'immersion dans l'eau jusqu'à ce qu'elle fût de-
» venue insensible. Une fois hors de l'eau, elle se rétablit
» rapidement, fit honneur au régal que je lui offris et s'en
» retourna tranquillement à son nid. Elle revint au bout
» d'un certain temps, comme d'habitude, et le lendemain
» matin elle fut la première à se présenter.

» Je ne pus observer ces guêpes que pendant quelques
» jours ; mais je réussis à en garder une de l'espèce *Polistes*
» *gallica* pendant l'espace de neuf mois. »

C'est de cette dernière qu'il a été question dans le paragraphe sur la Mémoire ; se montrer susceptible d'un pareil
apprivoisement, c'était bien certainement de la part de l'insecte faire preuve d'une intelligence générale assez développée ; les instincts héréditaires avaient subi de notables

modifications au cours de l'expérience individuelle résultant de l'apprivoisement.

Voici maintenant l'autre passage auquel j'ai fait allusion :

« On entend souvent dire que les abeilles d'une ruche se
» connaissent, et que tout intrus qui pénètre parmi elles est
» immédiatement découvert et pris à partie. De prime abord,
» il semble qu'il y ait là preuve de beaucoup d'intelligence.
» Mais il se peut que chaque ruche ait son odeur caracté-
» ristique. — Langshalft, dans son traité sur l'abeille à miel,
» dit que les membres d'une communauté reconnaissent leurs
» concitoyens par l'odorat, et qu'en aspergeant différentes
» colonies de sirop parfumé, on pourrait, vraisemblablement,
» les mêler sans danger. D'ailleurs, ajoute-t-il, autre chose est
» une abeille qui s'en revient à son domicile légal chargée de
» butin, autre chose une maraudeuse affamée; on dit même
» qu'une abeille pourvue de miel peut pénétrer impunément
» dans une ruche étrangère... Et puis une abeille voleuse vous
» a je ne sais quel aspect fripon qui doit la révéler à un œil
» exercé, de même que pour un agent adroit un pick-pocket
» se trahit par ses allures. On ne peut se méprendre à son air
» furtif et inquiet, reflet d'une conscience mal à l'aise. En tout
» cas, la surprise et l'alarme qu'une abeille qui pénètre par
» hasard dans une ruche, doit naturellement manifester, suf-
» firaient sans doute à la trahir.

» Aussi le fait d'une reconnaissance mutuelle entre abeilles
» ne constitue-t il pas, à mon avis, une preuve d'intelligence à
» laquelle on puisse attacher grande importance.

» Quant à l'avidité avec laquelle ces insectes recherchent le
» miel, elle résulte plutôt de leur zèle pour le bien public que de
» l'envie de se procurer une jouissance personnelle; ce n'est
» donc pas à proprement parler de la gourmandise. Néanmoins,
» à en juger par ce que nous voyons tous les jours, ce n'est pas
» un côté du caractère de l'abeille qui témoigne de beaucoup
» d'intelligence. Elle ne sait pas résister à un appât, et se
» précipite follement là où ses camarades ont trouvé la mort,
» sans souci de leurs cadavres auxquels elle vient ajouter le
» sien. Pour se faire une idée d'un pareil aveuglement, il faut
» avoir assisté à l'invasion d'une boutique de pâtissier par
» des myriades d'abeilles affamées. J'en ai vu des milliers que
» l'on retirait du sirop où elles avaient péri, tandis qu'il en

» venait encore par bandes innombrables se jeter sur les
» sucreries même en ébullition, sur le plancher qu'elles cou-
» vraient, sur les fenêtres qu'elles obscurcissaient, les unes
» se traînant par terre, ou volant, les autres embarbouillées
» et incapables de bouger et pas une sur dix à même d'em-
» porter le fruit de son larcin. »

Passons maintenant aux autres observateurs. Huber, le premier, remarqua que quand une ruche est attaquée par le Sphinx à tête-de-mort, les abeilles lui en ferment l'entrée par une barrière de cire et de propolis dans laquelle elles pratiquent un trou juste assez grand pour les laisser passer et par conséquent trop petit pour leur ennemi. En rapportant son observation, il a soin de nous dire que ce ne fut qu'après avoir essayé plusieurs attaques, que les abeilles eurent recours à leur barricade. Si elles avaient agi purement d'instinct, elles auraient adopté d'emblée cet expédient. Huber constata également qu'une de ces barrières construite en 1804 fut démolie en 1805, année, qui ainsi que la suivante, ne produisit pas de phalène à tête-de-mort. Mais pendant l'automne de 1807, cet insecte apparut en nombre, et aussitôt les abeilles se barricadèrent contre leurs ennemis. L'année suivante, elles rasèrent de nouveau leurs fortifications.

A la page 280 du tome II de ses *Observations sur les Abeilles,* le même observateur cite un fait qui a toute l'apparence d'une action raisonnée, c'est-à-dire impliquant la faculté de conclure du particulier au général. Un fragment s'était détaché d'un rayon; les abeilles, après l'avoir consolidé avec de la cire dans sa nouvelle position, s'étaient évidemment dit que ce qui était arrivé à l'un pouvait arriver aux autres, car elles renforcèrent les attaches de tous les rayons. Le fait était curieux, et Huber avoue qu'il ne put réprimer son étonnement en présence d'une manifestation d'un caractère si purement rationnel en apparence.

Nous trouvons d'ailleurs dans Watson *(Du raisonnement chez les animaux,* page 418), un exemple du même genre mais plus remarquable encore, que l'auteur dit avoir emprunté au livre du docteur Brown sur les abeilles.

« Les attaches d'un des rayons du centre d'une ruche
» avaient cédé sous le poids d'un excédent de miel, et le rayon
» s'était trouvé porté contre un autre, si bien que les abeilles

» ne pouvaient plus passer entre les deux. Cet accident occa-
» sionna beaucoup d'émoi dans la colonie et sitôt qu'il fut
» possible d'observer ce qui se passait à l'intérieur, on put
» constater que les abeilles avaient construit horizontalement
» entre les deux rayons deux poutres et retiré, au-dessus
» d'elles, assez de miel et de cire pour se faire un passage ;
» une autre poutre servait à maintenir le rayon qui s'était
» détaché et de nouvelles attaches en cire l'assujettissaient à
» la fenêtre. Mais le plus étonnant, en tout ceci, c'est qu'une
» fois le rayon solidement établi, les abeilles enlevèrent les
» premières poutres qui n'avaient plus de raison d'être. Ce
» fut l'affaire d'environ dix jours de travail. »

De même Darwin, dans son manuscrit, cite un cas presque
analogue qui se trouve à la page 88 des *Recherches psychologiques* de sir B. Brodie (édition de 1854) et que voici :

« Un fragment considérable de rayon, en tombant, était
» venu s'enchevêtrer au milieu de la ruche. Aussitôt les
» abeilles se mirent à en construire un autre sur le plancher
» pour soutenir le fragment et l'empêcher de descendre plus
» bas ; puis elles s'occupèrent de relier le fragment au rayon
» dont il s'était détaché en comblant l'intervalle. Cela fait,
» l'édifice qui avait été élevé sur le plancher fut enlevé ; ce
» qui montra bien qu'en le construisant les abeilles ne le
» destinaient qu'à un usage temporaire. »

Voici encore une remarque générale du docteur Dzierzon,
éleveur expérimenté, qui le premier découvrit la parthénoge-
nèse des abeilles :

« À voir, dit-il, ces insectes réparer les avaries de leurs
» cellules et de leurs rayons, élever des piliers pour soutenir
» les portions qu'un accident a fait se détacher, les river pour
» ainsi dire en place et reconstituer le tout, construire
» des ponts suspendus, fabriquer chaînes et échelles, on
» s'étonne forcément de leur sagacité. »

Enfin voici qui confirme tout ce qui précède :

« Les abeilles, dit Jesse [1], montrent à surmonter l'embarras
» que leur cause la surface glissante du verre une habileté
» qui dépasse ce que l'on peut concevoir en fait d'instinct. J'ai

----

1. *Gleanings*, vol. 1, pages 22-23 (3ᵉ édition).

» coutume de mettre sur mes ruches de paille de petits
» globes de verre que je veux faire remplir de miel ; et j'ai
» toujours remarqué qu'avant de commencer à construire les
» rayons, les abeilles ne manquaient jamais de disposer à in-
» tervalles réguliers une quantité de petites plaques de cire
» qui leur donnent prise sur la surface glissante du verre.
» Chacune d'elles se cramponne à l'une de ces plaques avec
» ses pattes du milieu et avec celles de devant aux jambes de
» derrière de l'abeille qui est au-dessus d'elle. Ainsi se forme
» une échelle qui permet aux travailleuses d'arriver jusqu'en
» haut pour y commencer leurs rayons. »

Dans sa brochure sur *Les abeilles et leur élevage en Italie*
(Berlin, 1855), M. Kleine dit que, si pendant l'absence des
abeilles, on substitue une ruche avec des rayons vides à la
leur, elles manifestent à leur retour la plus grande perplexité.
Tout d'abord, comme la nouvelle ruche se trouve exactement à la place de l'ancienne, les insectes y pénètrent sans
soupçon. — Mais une fois à l'intérieur, ils s'arrêtent à la
vue des rayons vides, « ne s'y reconnaissent plus, ressor-
» tent sans déposer leur butin, prennent leur volée, font le
» tour du rucher avec beaucoup de soin, pour s'assurer
» qu'elles n'ont pas fait erreur, puis convaincues qu'elles sont
» bien au bon endroit, elles rentrent. Mais ce n'est qu'après
» avoir répété ce manège bien des fois qu'elles finissent par se
» résigner à un état de choses auquel elles ne comprennent
» rien, et alors elles se décident à déposer leur butin et va-
» quent aux différents travaux que réclament les circons-
» tances. Comme chaque nouvelle arrivante se comporte de
» même, il en résulte une confusion qui dure jusque bien
» avant dans la soirée, et l'inquiétude manifestée par les
» abeilles est telle qu'un éleveur ne peut la contempler sans
» un sentiment de profonde sympathie. »

Si l'on introduit une nouvelle reine dans ces circonstances,
elle est vite adoptée par les abeilles « qui, en arrivant dans une
» demeure étrangère, sentent qu'elles n'y ont aucun droit et
» sont trop pénétrées de l'erreur qu'elles ont commise, pour
» en vouloir à la reine qu'elles trouvent sur les lieux ; peut-
» être, pensent-elles, que c'est par tolérance qu'on ne leur fait
» pas payer leur intrusion et qu'elles ont lieu d'être recon-
» naissantes d'un bon procédé qui ne leur est pas familier ».

Aussi M. Kleine a-t-il recours à l'expédient de la substitution des ruches quand il veut faire un échange de reines.

Büchner fait allusion à l'exemple qui précède et en ajoute un autre que voici :

« Un coup de vent avait renversé une ruche en paille dans
» le rucher d'un éleveur ami de l'auteur et dont le nom ne
» tardera pas à être connu, alors que les abeilles étaient en
» pleine besogne, et il en était résulté un désordre considé-
» rable à l'intérieur. Le propriétaire fit les réparations néces-
» saires, remit en place un rayon qui s'était détaché et ré-
» tablit la ruche de manière à ce qu'elle ne donnât plus prise
» au vent, dans l'espoir que l'accident n'aurait pas d'autres
» suites. Mais quand il examina la ruche à quelques jours de
» là, il la trouva déserte; les abeilles n'ayant plus confiance
» en leur demeure par le mauvais temps, et redoutant un
» autre malheur, avaient cherché un refuge dans les autres
» ruches. »

Le docteur Érasme Darwin, dans son livre intitulé *Zoonomia*, affirme que les abeilles que l'on transporte à la Barbade où il n'y a pas d'hiver, cessent de faire provision de miel. Au contraire, au dire de Kirby et Spence, « tout naturaliste sait
» que plusieurs espèces d'abeilles font provision de miel dans
» les climats les plus chauds, et qu'il n'est pas d'exemple
» authentique, à aucune époque ou dans aucun climat, d'une
» modification dans les procédés qui caractérisent l'abeille
» de ruche ».

Pourtant, des observations plus récentes tendraient à con-firmer l'opinion du docteur Darwin. D'après une notice qui a paru dans *Nature* (vol. XVII, p. 373), les abeilles d'Europe que l'on transporte en Australie, n'y conservent leur amour du travail que pendant deux ou trois ans. Au bout de ce temps, elles cessent peu à peu de récolter du miel et finissent par vivre dans l'oisiveté. La même revue publie, dans un numéro suivant (page 411), la lettre d'un correspondant d'après lequel les abeilles transportées en Californie se comporte-raient d'une façon analogue; mais on les maintient dans leurs bonnes habitudes en soutirant leur miel à mesure qu'elles le récoltent.

Il paraît établi que les abeilles et les guêpes peuvent dis-tinguer les personnes et même reconnaître celles qu'elles ont l'habitude de voir et qu'elles considèrent comme des amies. Les éleveurs qui visitent souvent leurs ruches et donnent ainsi à leurs abeilles l'occasion de se familiariser avec eux, sont presque unanimes à penser que ces insectes les reconnaissent à en juger par l'usage très restreint qu'ils font de leur dard. D'ailleurs, les exemples ne manquent pas. Il y a celui de Guerinzius [1] qui, ayant permis à une espèce de guêpes, particulière à Natal, d'établir entre les montants de la porte de sa maison un nid qu'il dérangeait souvent, ne fut jamais piqué qu'une seule fois, et encore par une jeune guêpe, tandis qu'aucun Cafre ne s'aventurait impunément non seulement à franchir la porte, mais même à en approcher [2]. Cette faculté de distinguer les personnes indique un degré d'intelligence plus élevé que l'on n'aurait pu s'y attendre chez des insectes; mais d'après Bingley, les abeilles feraient, en outre, preuve d'une grande docilité entre les mains de ceux qu'elles connaissent.

« M. Wildman, dit-il, dont les idées sur l'élevage des abeilles
» sont bien connues, avait un secret qui lui permettait quand
» cela lui plaisait d'attirer sur sa tête, sur ses épaules ou sur
» sa personne, toute une ruche d'abeilles. On l'a vu boire un
» verre de vin, la tête et le visage couverts d'une épaisse
» couche d'abeilles dont plusieurs tombèrent dans la coupe
» sans le piquer. Il jouait au général avec elles, les disposant
» en ordre de bataille sur une table, puis les formant en ré-
» giments, bataillons et compagnies qui, imbus d'une discipline
» toute militaire, attendaient qu'il leur commandât de mar-
» cher. A peine l'ordre était-il sorti de sa bouche, que la masse
» s'ébranlait comme une armée de soldats. Enfin, il leur apprit
» également à faire preuve de politesse en ne cherchant
» jamais à piquer les nombreux spectateurs qui, de temps à
» autre, venaient assister à ces curieuses séances. »

On reconnaît également la marque de l'intelligence au procédé dont les abeilles ne font usage que quand la longueur des corolles les empêche d'en extraire le miel par leur méthode ordinaire; Huber avait remarqué qu'en pareil cas elles per-

---

1. Brehm, *Thierleben*, IX, page 252.
2. Voir un cas analogue cité par Stodmann dans son *Voyage à Surinam*. II, page 256.

çaient un trou vers le bas de la corolle, et l'expérience lui a
donné raison. Une fois que ces insectes ont reconnu que la
conformation d'une fleur nécessite ce procédé, ils l'appliquent
désormais à l'espèce. D'après M. Francis Darwin [1] (dont le
récit dépasse malheureusement les limites dans lesquelles
nous devons nous renfermer ici), les abeilles auraient aussi
recours au même expédient quand elles sont pressées, alors
même qu'elles peuvent extraire le miel par en haut.

A ce propos, un de mes correspondants, Sir J. Clarke Jer-
voise, me fait part d'une observation qui concerne une abeille
sauvage : — « L'ayant vue disparaître dans une fleur de digi-
» tale, j'en fermai l'ouverture, dit-il, en la pressant entre le
» pouce et l'index. L'insecte, sans hésiter, s'ouvrit un pas-
» sage à l'autre bout, comme si ce n'était pas la première
» fois qu'on lui jouait ce tour. »

Les abeilles sont d'une propreté minutieuse à l'intérieur
de leurs ruches, et leurs dispositions au point de vue sani-
taire témoignent souvent d'une intelligence d'un ordre élevé.

Voici qui est emprunté à Büchner (*Loc. cit.*, page 248) :

« Ce que les abeilles ont le plus à redouter à l'intérieur,
» c'est un air vicié ; car vu le peu d'espace dans lequel elles
» se trouvent entassées, rien ne saurait être plus préjudiciable
» non seulement aux individus, mais à la masse en raison des
» affections dangereuses qui s'y répandraient. C'est pourquoi
» elles ont toujours soin d'excréter à l'extérieur, ce qui leur
» est facile en été mais difficile en hiver. A cette époque elles
» se serrent les unes contre les autres dans le haut de la ruche
» et y restent en général dans une immobilité complète ; aussi
» une atmosphère viciée, des évaporations malsaines, en
» même temps qu'une nourriture insuffisante et de mauvaise
» qualité, ne manquent-elles pas de produire leur effet sous
» forme d'une espèce de dysenterie, qui emporte souvent, en
» peu de temps, des communautés entières. En pareil cas les
» abeilles profitent du premier beau jour pour se soulager,
» et au printemps elles font en masse une longue promenade
» qui constitue comme un « vol de propreté ». Mais elles
» savent aussi mettre à profit les occasions qui peuvent se
» présenter de procéder à cette élimination dans des circons-

1. *La Nature*, p. 189.

» tances favorables à l'hygiène. Un ami de l'auteur, M. Hein-
» rich Lehrs, de Darmstadt, remarqua que pendant une
» épidémie de dysenterie dont la majeure partie de son
» rucher eut à souffrir (les abeilles n'étant plus à même de
» retenir leurs excréments), une ruche avait été moins
» éprouvée que les autres. En l'examinant de près, il s'aper-
» çut que, par derrière, elle était toute maculée de déjections,
» que déversait une sorte d'égouttoir établi par les habitants.
» Un morceau de l'enveloppe de terre glaise s'était détaché
» à cet endroit et avait mis à découvert une petite ouverture
» qui conduisait tout droit à la partie de la ruche où les
» abeilles se rassemblaient en hiver. Celles-ci n'avaient eu
» garde de perdre une si belle occasion de surmonter une
» difficulté que compliquaient encore les circonstances. »

Lorsque des souris, des limaces, etc... pénètrent dans une
ruche, ce qui arrive parfois, elles sont vite mises à mort et
recouvertes d'une couche de propolis. Réaumur[1] raconte
l'aventure d'un escargot qui s'était ainsi fourvoyé. Les
abeilles ne pouvant faire usage de leur dard contre la coquille
de l'animal, en enduisirent le bord de cire et de résine de
manière à la fixer contre la paroi de la ruche, et l'escargot
n'eut plus qu'à mourir de faim et de manque d'air. Si l'enveloppe de propolis ne suffit pas à empêcher la putréfaction
(ce qui arrive dans le cas d'une souris), les abeilles détachent
de la carcasse toutes les parties putrescibles et les portent au
dehors. Les cadavres de leurs camarades sont également
déposés au loin ; le fait est indubitable. Du reste nous avons
vu quelque chose d'analogue chez les fourmis. D'après
Büchner, les abeilles enterreraient même leurs morts à l'occasion ; mais comme il n'apporte à l'appui de son dire que des
preuves fort insuffisantes, nous ne saurions admettre le fait
jusqu'à nouvel ordre.

Pour le reste, je ne puis mieux faire que de citer le passage où le même auteur résume d'une manière aussi complète
que concise, tout ce que l'on sait sur le système de ventilation que les abeilles pratiquent dans leurs ruches:

« Rien de plus curieux, dit-il, que le procédé des abeilles
» qui, pendant l'été ou les grandes chaleurs, ont mission

1. Voir *Kirby et Spence*, vol. II, page 220.

» de veiller au renouvellement de l'air nécessaire à la respi-
» ration de la communauté et à l'abaissement de la températu-
» ture dans la ruche. Cette dernière précaution est d'autant
» plus nécessaire qu'une température trop élevée, tout en
» étant nuisible aux abeilles elles-mêmes, ferait fondre la
» cire. Les insectes préposés à la ventilation s'alignent à
» différents étages dans l'intérieur, et d'un battement conti-
» nu et rapide de leurs ailes, agitent l'air et produisent
» ensemble un fort courant qui circule par toute la ruche.
» D'autres abeilles postées à l'entrée de la ruche, éventent
» dans le même sens et accélèrent la sortie de l'air. Le cou-
» rant qui en résulte est assez fort en ce point pour emporter
» de petits morceaux de papier, et pour éteindre une allu-
» mette (Huber). On le sent facilement en tendant la main.
» Les ailes battent si rapidement qu'on ne les voit pas re-
» muer ; ce qui n'empêche pas les insectes de fonctionner
» assez longtemps, car Huber dit en avoir vus à l'œuvre pen-
» dant vingt-cinq minutes d'une seule traite. Quand ils sont
» fatigués, d'autres viennent les relever. Malgré toutes ces
» précautions, il paraît, d'après ce que rapporte Jesse, que
» par de très fortes chaleurs les abeilles sont quelquefois im-
» puissantes à abaisser suffisamment la température, la cire
» fond, et ce contre-temps, en surexcitant les abeilles, les rend
» d'un abord dangereux. En pareil cas, elles sortent en masse
» de la ruche et cherchent à en couvrir la surface pour la pro-
» téger contre les rayons brûlants du soleil. Mais ce qu'il y a
» de plus remarquable dans leur système de ventilation, c'est
» qu'il est le résultat évident des conditions de l'élevage et
» qu'il doit son origine à un inconvénient tout particulier.
» Car il n'aurait aucune raison d'être à l'état sauvage, le creux
» d'un arbre ou la fente d'un rocher fournissant aux abeilles
» une demeure qui ne laisse rien à désirer au point de vue de
» l'espace et de l'aération ; c'est l'étroitesse de la ruche arti-
» ficielle qui le rend nécessaire. Et de fait les abeilles qu'Hu-
» ber avait logées dans de grandes ruches hautes de cinq
» pieds y renoncèrent presque entièrement. Il s'en suit que
» cet expédient ne se rattache à aucun instinct, et qu'il est le
» résultat d'une application intellectuelle des données de l'ex-
» périence aux conditions d'existence. »
Je passe maintenant à une observation qui met en relief la

sagacité et la prudence des guêpes ; je la tiens du révérend
J. W. Mossman, de Tarrington (rectorat de Wragby), et je la
crois inédite. Ayant ramassé dans son verger une pomme qui
lui paraissait en parfait état, il s'aperçut que ce n'était guère
plus qu'une coque remplie de guêpes qu'une secousse fit
sortir une à une par un petit trou dans la peau :

« Ce trou était juste assez grand pour livrer passage à une
» seule guêpe, et ce qui me frappa, c'est qu'au lieu de sortir
» la tête la première, elles sortaient à reculons, brandissant
» leur dard d'une façon menaçante. Une fois dégagée du trou,
» la première qui sortit fit un tour sur elle-même et s'envola
» sans chercher à m'attaquer. Celles qui suivirent se compor-
» tèrent de même. J'en observai ainsi une douzaine avant de
» jeter la pomme dans laquelle il semblait en rester encore un
» bon nombre.

» La manière dont ces insectes opéraient leur sortie me pa-
» rut à ce moment témoigner d'une faculté analogue à la ré-
» flexion chez l'homme, — et je n'ai pas modifié mon opinion
» depuis. Ils avaient sans doute compris qu'en sortant la
» tête la première du trou étroit qui formait l'unique issue
» hors de la pomme, ils seraient à la merci de leurs enne-
» mis qui pourraient les exterminer en détail, tandis qu'en
» sortant à reculons, ils pouvaient se protéger avec leur
» dard. C'était assurément faire preuve de sagesse et de
» prévoyance. »

Quant à la tactique qu'adoptent les guêpes en chasse, les
exemples suivants serviront à l'exposer :

« Dans une lettre publiée par le *New-York World*,
» M. Seth Green raconte qu'un matin, pendant qu'il était en
» train de surveiller un nid d'araignée, une guêpe vint se po-
» ser à un ou deux pouces du nid, du côté opposé à l'entrée,
» vers laquelle elle s'avança en silence. Arrivée tout près de
» l'ouverture, elle s'arrêta, attendit un instant dans une im-
» mobilité complète, puis allongeant une antenne, elle la fit
» vibrer quelque peu à l'orifice. Cette démonstration eut
» l'effet voulu, et la maîtresse du logis, une araignée dont la
» taille ne laissait rien à désirer, vint voir ce qui pouvait bien
» réclamer son attention. Mais, au moment même où, en sor-
» tant, elle donnait le plus de prise à son ennemie, celle-ci,
» prompte comme l'éclair, lui enfonça son dard dans le corps,

» la tuant sans peine et presque instantanément. Après une
» répétition de son stratagème, la guêpe ne voyant plus sortir
» personne en conclut probablement que le nid était à sa
» merci. En tous cas, elle jugea que le moment était venu d'y
» pénétrer et d'en finir avec les jeunes ; bientôt après elle re-
» tirait ses victimes une à une. »

M. Henri Cecil, décrivant une observation faite par le consul
Merlin, écrit ce qui suit (*Nature*, vol. XVII, page 311) :

« Un jour que j'étais assis à la croisée de ma chambre
» qui donnait sur le jardin, je vis, à mon grand étonnement,
» une grosse araignée, d'une espèce rare, traverser en cou-
» rant l'appui de la fenêtre. Son attitude indiquait la peur,
» et ce qui me confirma dans cette idée, ce fut qu'elle ne
» craignit pas de s'approcher de moi. En toute hâte, elle
» vint se cacher sous le rebord intérieur de la fenêtre, et
» presque aussitôt, une belle guêpe entra en bourdonnant
» et se mit à voler par toute la chambre, comme si elle
» cherchait quelque chose. — Ne trouvant rien, elle vint se
» poser sur l'appui de la fenêtre qu'elle parcourut en tous
» sens, absolument comme un chien qui cherche ou qui a
» perdu une piste. Il ne lui fallut pas longtemps pour décou-
» vrir celle de l'araignée et partant, sa retraite, où elle vint
» la relancer. Sous le coup de la piqûre qui venait certaine-
» ment de lui être faite, l'araignée s'enfuit de nouveau et alla
» se réfugier sous le lit, ou plutôt sous les pièces de bois qui
» supportaient le matelas. Mais la guêpe avait vu la direc-
» tion prise, et décrivant cercle sur cercle comme un chien
» courant, elle retrouva facilement la piste et la suivit ri-
» goureusement jusqu'au point où elle trouva l'araignée.
» Traquée de cachette en cachette, l'infortunée passa de
» la chambre au corridor et du corridor à une vaste salle
» au milieu de laquelle elle finit par succomber sous le coup
» des nombreuses piqûres qu'elle avait subies. C'était le
» moment pour la guêpe de s'emparer de sa proie ; s'étant
» assurée qu'il n'y avait plus de résistance à craindre,
» elle saisit l'araignée entre ses longues pattes de derrière
» et se préparait à l'emporter à la façon d'un aigle, quand
» j'intervins et enrichis ma collection des deux insectes. »

Dans l'ouvrage que j'ai déjà souvent cité, M. Belt décrit
la manière dont guêpes et fourmis luttent entre elles, pour

se procurer la sécrétion sucrée du Cercope écumeux (*Aphro-phora spumaria*) :

« De même, dit-il, que dans les savanes, j'ai vu une guêpe
» visiter en même temps que des fourmis les glandes à miel
» de l'acacia, dit *bull's-horn* (*corne de bœuf*); de même à
» Saint-Domingue, j'eus l'occasion d'observer une autre
» espèce de guêpes (*Nectarina*) à l'œuvre parmi des groupes
» d'Aphrophores dont elles disputaient à chaque instant
» l'exploitation aux fourmis. Du reste, de part et d'autre,
» même procédé pour obtenir le miel, consistant à cha-
» touiller les insectes pour provoquer l'exsudation. Quand
» une guêpe arrivait à un groupe d'Aphrophores exploité
» par une fourmi, au lieu d'entamer une lutte avec sa con-
» currente sur la feuille, elle s'élevait au-dessus d'elle,
» la surveillait tout en voltigeant, et sitôt que le moment
» lui paraissait favorable, fondait dessus et la jetait en
» bas. Tout cela se faisait si rapidement, que je ne pus
» voir clairement si le coup était porté avec les pattes ou
» avec les mâchoires ; je crois pourtant que c'était avec les
» pattes. Souvent, une guêpe essayait de débarrasser une
» feuille des fourmis qui avaient déjà pris possession d'un
» groupe d'Aphrophores, il lui fallait quelquefois porter
» quatre ou cinq coups à une fourmi avant de lui faire lâcher
» prise. Parfois aussi elle réussissait du premier coup et les
» chutes se succédaient rapidement ; je crus remarquer que
» certaines se distinguaient par leur adresse. Du reste,
» à peine la feuille était-elle libre, que c'était bientôt à
» recommencer ; et les renforts de fourmis qui se présen-
» taient sans cesse, finissaient par lasser la guêpe. Mais
» quand il lui arrivait d'être la première sur une feuille, le
» cas était différent ; en jetant à bas les éclaireurs ennemis,
» elle les empêchait de former à leur retour une piste qui
» indiquât le chemin au reste de la bande. Je remarquai
» que les guêpes ne se laissaient jamais approcher par leurs
» petits adversaires qui, une fois cramponnés à leurs pattes,
» n'auraient pas facilement lâché prise. »

Le docteur Érasme Darwin (*Zoonomia*, I, page 183) en-
registre une observation qui, à force d'être citée, est devenue
pour ainsi dire classique. Une guêpe cherchait à enlever de
terre une grosse mouche dont le poids dépassait ses forces ;

n'y réussissant pas, elle détacha la tête et l'abdomen et s'envola avec le thorax, mais comme les ailes donnaient prise au vent et la faisaient dévier, elle s'abattit de nouveau, enleva d'abord une aile, puis l'autre et put enfin s'éloigner sans plus d'ennuis.

Si le fait avait besoin d'être confirmé, les preuves à l'appui ne manquent pas. En voici quelques-unes :

Et d'abord dans un article de M. R. S. Newall F. R. S. (*Nature*, vol. XXI, page 494), se trouve le passage suivant :

« Un jour que j'étais en train d'examiner un pommier,
» une guêpe vint se poser sur une feuille qu'une chenille
» avait roulée en cornet pour en faire son nid. Trouvant
» les deux bouts fermés, elle détacha prestement de la feuille,
» vers l'une de ses extrémités, un morceau d'environ quatre
» millimètres de diamètre, puis elle alla faire du bruit à
» l'autre extrémité. La chenille effrayée sortit par le trou
» que son ennemi avait préparé et fut aussitôt lardée. Mais
» comme il n'était pas facile de l'emporter d'un seul coup
» vu sa grosseur, la guêpe en fit deux morceaux et partit
» avec l'une des moitiés. Au bout de quelque temps, je la
» vis revenir chercher l'autre morceau. »

Büchner (*Loc. cit.*, page 297) dit tenir de M. H. Lowenfels le récit d'un fait du même genre :

« En m'approchant (c'est M. Lowenfels qui parle), je vis
» que c'était une guêpe qui cherchait à enlever de terre une
» grosse mouche qu'elle avait tuée. Elle finit par réussir,
» mais à peine s'était-elle élevée de quelques pouces dans
» l'air, que le vent agissant sur les ailes de la mouche pa-
» ralysa tous ses efforts, si bien qu'elle se trouva emportée
» malgré elle dans la direction où il soufflait. Voyant cela,
» elle se laissa tomber à terre, pour couper les ailes de sa
» proie, puis repartit sans encombre cette fois, bien que le
» poids de son fardeau dépassât le sien. »

Büchner cite également deux observations fort importantes, qui se confirment mutuellement à raison de leur similitude. La première lui fut communiquée par M. Albert Schlüter dans une lettre écrite au Texas. Ayant raconté comme quoi il avait vu un frelon de grande taille poursuivre une cigale et la piquer à mort, il ajoute :

« L'assassin monta sur sa victime dont la taille l'emportait

» de beaucoup sur la sienne, en saisit le corps avec ses pattes
» et étendant ses ailes fit mine de s'envoler. Mais l'entreprise
» était au-dessus de ses forces, et après bien des efforts il lui
» fallut y renoncer. A cheval sur le cadavre et immobile sauf
» un battement d'ailes par ci par là, il semblait se livrer à
» des réflexions qui ne tardèrent pas à porter leur fruit. Il y
» avait tout près de là un tronc de mûrier haut de dix ou
» douze pieds ; le frelon s'en fit un auxiliaire. Trainer sa
» proie jusqu'au pied de l'arbre et la hisser jusqu'au haut,
» n'était pas mince besogne ; mais enfin il en vint à bout,
» puis après un temps de repos, il saisit de nouveau son far-
» deau, s'élança dans l'air et disparut à travers les prairies.
» Il pouvait maintenir à la hauteur de son point de départ ce
» qu'il n'avait pu enlever de terre. »

Quant à l'autre observation, la voici :

« Th. Mechnan (Comptes rendus de l'Académie des sciences
» naturelles, Philadelphie, janvier 22, 1878) vit une *Vespa
» maculata* se comporter d'une manière analogue. Après
» avoir fait de vains efforts pour s'élever de terre avec une
» sauterelle qu'elle avait tuée, elle avisa un merisier à une
» trentaine de pieds de l'endroit où elle se trouvait, et, s'y
» étant hissée avec sa proie, se lança dans l'air. Je n'appelle
» pas cela de l'instinct pur et simple, ajoute l'observateur ;
» j'y vois l'œuvre de la réflexion et d'un raisonnement en-
» tendu. »

La perte des antennes a le don d'effarer les abeilles encore
plus que les fourmis. Huber en fit l'expérience sur une reine
et constata que l'opération l'avait complétement égarée ; elle
courait follement de côté et d'autre, laissait tomber ses œufs
au hasard et ne semblait même plus savoir au juste comment
prendre sa nourriture. L'introduction d'une reine étrangère,
également mutilée ne lui causa aucun sentiment de colère, et
n'émut pas davantage les neutres qui se jetèrent au contraire
sur une autre reine étrangère qu'on avait introduite sans la
mutiler. Lorsque la reine mutilée sortit de la ruche, aucune
ouvrière ne la suivit.

CHAPITRE V

TERMITES

Les mœurs des Termites, ou fourmis blanches, n'ont pas été
étudiées avec l'attention qu'elles méritent. Ce que nous en
savons nous vient en grande partie des observations de Jobson
(*Histoire de la Gambie*), de Bastian (*Nations de l'Asie orien-
tale*), de Forsteal, Lespès, König Sparrman, Hagen, de Quatrefages, Fritz Müler et surtout de Smeathman (*Philosophical
transactions*, vol. LXXI). En Afrique, ces insectes contruisent
avec de la terre, des pierres, des morceaux de bois qu'ils
agglutinent à l'aide de leur salive, des tertres de dix à vingt
pieds de haut. Ces élévations de forme conique sont si solides
que les buffles s'en servent, à ce que l'on dit, pour y poster
leurs vedettes, et que le poids d'un éléphant ne les ferait pas
crouler. Elles grandissent peu à peu suivant l'accroissement de
la population. Chaque tertre forme un centre d'où rayonnent
dans toutes les directions des passages souterrains qui atteignent quelquefois un pied de largeur. En outre, une quantité
de conduits souterrains servent à l'écoulement des eaux qui
envahissent le nid pendant les pluies tropicales. D'après
Büchner, si l'on mesurait un de ces dômes à une échelle pro-
portionnée à notre taille, on trouverait qu'elle représente
une hauteur d'environ 3,000 pieds. Quant aux dispositions
intérieures de ces établissements, voici la description qu'il
en fait :

« Elles sont si variées, dit-il, et si compliquées qu'il faudrait
» des pages et des pages pour tout expliquer. Salles, cellules,
» chambres d'élevage, magasins, postes de garde, passages,

» corridors, caveaux, ponts, rues et canaux souterrains, es-
» caliers, plans inclinés, dômes, etc..., il y a de tout et par
» myriades dans un ensemble qui témoigne d'une conception
» bien définie et d'un plan bien étudié. Au milieu, c'est-à-dire
» au point le plus éloigné de l'extérieur et de ses dangers, se
» trouve l'imposante résidence ou prison du couple royal,
» façonnée comme un four à voûte. Les issues, tout en per-
» mettant aux neutres de passer librement, sont trop petites
» pour la reine qui, pendant la saison de ponte, atteint deux
» ou trois mille fois la grosseur d'un sujet; elle meurt sans
» être jamais sortie de sa demeure. De petites dimensions à
» l'origine, le palais s'agrandit à mesure que la reine gros-
» sit et finit par mesurer plus d'un mètre et demi de long
» sur 50 centimètres de haut ; tout autour se rangent les
» salles d'élevage destinées aux œufs et aux larves ; puis
» viennent les cellules des neutres affectés au service de la
» reine, puis les chambres des soldats ou gardes du corps,
» entre lesquelles se répartissent de nombreux magasins rem-
» plis de gommes, de résines, de graines, de fruits, de bois,
» etc... Bettziech-Beta affirme qu'au centre du nid il y a tou-
» jours une grande salle qui sert de carrefour aux différents
» passages et départements du nid ou de lieu de réunion pour
» les assemblées populaires (*meeting-hall*). D'autres pensent
» que cette salle joue un rôle dans la ventilation de l'établis-
» sement.

» Les cellules des neutres et des soldats chargés du service
» et de la garde du couple royal, sont situées au dessus et au
» dessous de l'appartement qu'il occupe. De même que les
» chambres d'élevage et les magasins, elles communiquent
» entre elles au moyen de passages et de galeries, qui abou-
» tissent au centre commun dont il a été question. Cette salle
» du milieu est entourée d'arches au ressaut hardi qui vont se
» perdre dans les parois des chambres et galeries. Plusieurs
» toits et plafonds l'abritent ainsi que les cellules voisines de
» la pluie que des canaux souterrains en terre glaise de dix à
» douze centimètres de diamètre font écouler. Enfin, sous l'en-
» veloppe de terre glaise qui recouvre l'édifice entier, on re-
» marque encore de larges passages ou plans inclinés à sur-
» face unie qui communiquent avec les galeries intérieures et
» s'élèvent d'en bas jusqu'aux points les plus élevés; selon

» toute apparence, ils servent au transport des provisions dans
» le haut du nid [1]. »

On retrouve chez les Termites la division en deux castes de
certaines espèces de fourmis : d'un côté, les travailleurs, de
l'autre, les soldats qui, à la moindre attaque, se précipitent au
dehors du dôme à la rencontre de l'ennemi, et lui livrent un
combat acharné. Ici encore, je ne puis mieux faire que de
citer Büchner :

« Si, dit-il, l'agresseur se retire hors de portée les soldats
» attendent pour voir s'il ne commettra pas quelques nouveaux
» dégâts; mais au bout d'une demi-heure ils rentrent au logis,
» comme convaincus que l'ennemi est parti. Aussitôt des nuées
» de travailleurs, la bouche pleine de mortier tout préparé, se
» mettent à l'œuvre et comblent la brèche avec la plus grande
» rapidité et d'une manière si entendue que, malgré leur
» nombre, ils ne s'embarrassent jamais. Il ne se commet pas
» de faute, et tandis qu'au milieu de cette confusion apparente
» l'ouvrage procède régulièrement, les soldats se tiennent à
» l'intérieur à l'exception de quelques-uns qui vont et vien-
» nent nonchalamment parmi la foule affairée sans jamais
» mettre la main à la besogne. L'un d'eux monte la garde près
» de la brèche et, à des intervalles d'une ou deux minutes,
» frappe le mur de ses puissantes mâchoires, ce qui produit
» une espèce de craquement. A ce signal succède immédiate-
» ment un bruissement considérable venant de l'intérieur du
» nid et de tous les trous et passages du sous-sol. C'est la
» réponse des travailleurs qui redoublent leurs efforts. Que
» l'ennemi revienne à la charge sur ces entrefaites, et tout
» change aussitôt d'aspect. Les travailleurs, dit Smeathman,
» disparaissent comme par enchantement à l'intérieur, et à
» leur place se présente la masse belliqueuse des soldats.
» S'ils ne découvrent rien, ils rentrent lentement, les travail-
» leurs reviennent et tout se passe comme auparavant. De
» cette manière, on peut s'amuser à les faire tour à tour tra-
» vailler et se battre aussi souvent qu'on le veut et chaque
» fois l'on pourra constater que jamais il n'arrive aux tra-
» vailleurs de se battre ou aux soldats de travailler [2]. »

1. *Loc. cit.*, page 189.
2. *Loc. cit.*, page 119.

Fritz Müller a observé des mœurs analogues parmi les espèces du sud de l'Amérique.

Comme les Ecitones, les Termites sont aveugles et font leurs expéditions à couvert. Toutes les fois que les circonstances s'y prêtent, ils percent des tunnels sous terre, mais, s'ils rencontrent le roc ou quelque autre obstacle impénétrable, ils se construisent un passage de forme tubulaire le long du sol.

D'après Büchner, « ils élèvent à l'occasion des viaducs dont
» les arches s'élancent à travers l'espace avec une hardiesse
» extraordinaire. Afin d'atteindre un sac de farine dont le
» bas était bien protégé, ils firent un trou au plafond de la
» salle où il se trouvait, et de là construisirent un tube con-
» duisant tout droit à l'objet de leur convoitise ; puis, après
» essai de leur impuissance à hisser leur butin dans ce tun-
» nel vertical, ils en construisirent un autre tout à côté, for-
» mant spirale à l'intérieur, c'est-à-dire un plan incliné sur
» lequel il leur était facile d'élever leurs provisions... Soit
» dans le but de se cacher, soit par amour de l'obscurité,
» ils procèdent toujours du centre vers l'extérieur dans tout
» ce qu'ils rongent, respectant une lamelle extérieure qui
» ne laisse point soupçonner l'état de l'intérieur. Ils peu-
» vent ainsi détruire entièrement une table ou tout autre
» meuble ; commençant par en bas et passant au centre des
» joints, ils ne laissent aucune trace extérieure de leurs
» opérations, et l'affaissement subit de la masse est sou-
» vent le premier indice qu'on ait de leurs dégâts. De même
» les fruits que l'on place sur une table ainsi creusée, sont
» attaqués par dessous, juste à leur point de contact avec
» la table.

» Arbres, navires et autres objets entièrement de bois,
» tout y passe quand ces insectes s'y mettent. Mais telle est
» leur sagacité qu'ils n'ont garde de détruire les pièces prin-
» cipales dont l'affaissement les entraînerait dans la ruine
» de l'ensemble, ou bien s'ils les attaquent, ils ont soin de
» les lier avec un ciment qu'ils fabriquent avec de la terre
» glaise et dont l'application rend les parties plus solides
» que jamais ! Hagen affirme que jamais ils ne percent à
» fond les bouchons des bouteilles pleines dans les entrepôts
» de vin ; ils laissent toujours une mince paroi qui suffit

» pour empêcher le vin de déborder et de les noyer. » Le même observateur mentionne un tunnel s'élevant du sol jusqu'au second étage d'une maison, « que des termites » avaient construit pour atteindre une boîte d'allumettes-» bougies [1] ».

Pour le reste, c'est-à-dire pour ce qui concerne l'essaimage, la reproduction, etc., les termites ne diffèrent pas sensiblement des fourmis et des abeilles. Cette analogie entre insectes d'ordres bien différents l'un de l'autre, est fort remarquable, vu le caractère complexe de leurs mœurs, et je m'étonne que les adversaires de la doctrine d'évolution n'en aient pas tiré meilleur parti. Que si l'objection se présentait, il faudrait y répondre en suggérant que la similitude des instincts résulte soit de leur apparition chez un ancêtre commun à une époque très reculée (ce qui constituerait indubitablement l'exemple le plus frappant d'instincts ayant survécu aux changements de l'espèce), soit de la similitude des causes qui les ont produits dans les deux ordres. Malgré la complexité et la singularité des résultats, cette dernière hypothèse est la plus admissible.

Comme j'ai parlé de la théorie de l'évolution, je terminerai ce chapitre par un passage de Smeathman qui montre comment peuvent se développer, pour le plus grand bien de l'espèce, des instincts qui peuvent être nuisibles à l'individu :

« Ce qui m'a toujours beaucoup amusé, dit-il en parlant » des termites soldats, c'est l'ardeur martiale avec laquelle » ces petits guerriers se précipitent en avant pour couvrir la » retraite des travailleurs lorsqu'on entame la voûte de leurs » tunnels. Alignés en masse compacte tout autour de la » brèche, brandissant leurs têtes formidables, ils attaquent » tout ce qui se présente, sans se soucier des vides qui se » produisent dans leurs rangs et qui sont aussitôt remplis. » Quand ils ont réussi à mordre, ils se laissent plutôt mettre » en pièces que de lâcher prise. A voir le fonctionnement de » cet instinct lorsqu'un Fourmilier (leur ennemi juré) attaque » une colonie de Termites, il semble qu'il constitue plutôt un » danger qu'une protection ; mais il est à remarquer que ce

1. *Geistesleben der Thiere*, pages 194 et 199-200.

» ne sont que les soldats qui s'attachent à la langue de l'ani-
» mal, tandis que les travailleurs de qui dépend la prospérité
» des jeunes, échappent en grande partie. Chaque fois que
» j'ai fourré mon doigt dans une masse de Termites des deux
» castes, ce sont toujours les soldats qui s'y sont cramponnés.
» La caste guerrière sert donc à protéger l'espèce ; elle se
» sacrifie pour son bien [1]. »

1. *Philosophical. Transactions*, *loc. cit.*

CHAPITRE VI

ARAIGNÉES ET SCORPIONS

Autant que l'on en peut juger par leurs actions, les araignées sont susceptibles de deux genres d'émotions ; les unes
résultant des passions sexuelles (y compris l'amour maternel),
les autres de la férocité de leurs mœurs qui les fait vivre de
proie. Mais si ces émotions sont en petit nombre et revêtent
un caractère en apparence fort simple, elles sont par contre
d'une grande violence. Chez plusieurs espèces, le mâle en faisant sa cour brave des dangers qui pourraient bien ébranler
le courage d'un Léandre, car la belle est terriblement portée
à jouer des pieds et des mâchoires. Chétif et faible, ce n'est
qu'en manœuvrant avec une extrême activité qu'il arrive à
célébrer les mystères de l'hymen avec son énorme et vorace
compagne, et l'insuccès lui coûte la vie. Malgré cela, telle
est la force de la passion chez ces animaux, que, pour l'assouvir, ils ne tiennent compte d'aucun danger, comme le
prouve la conservation de l'espèce. Il n'existe pas dans tout
le règne animal d'autre exemple d'un mâle qui risque tant
à ses assiduités. Il y en a qui ont plus ou moins à souffrir
de la coquetterie ou du mauvais vouloir de la femelle ; mais
chez l'araignée c'est l'appétit sans merci d'une ogresse qu'il
faut affronter. Aussi, par cela même qu'il est unique, le
cas est-il intéressant au point de vue de l'évolution. Quand
le danger provient de la jalousie des mâles entre eux, on
voit facilement l'avantage qu'en retire l'espèce ; c'est ce que

Darwin appelle « la loi du combat », c'est-à-dire la loi du plus fort, qui tend naturellement à maintenir la valeur de la race en ne permettant qu'aux mâles les plus vigoureux et les plus braves de procréer. Mais quand c'est la femelle elle-même qui constitue le danger, l'avantage n'est pas aussi évident. Il faut cependant bien qu'il existe quelque part, pour que la structure du mâle (à en juger par celle de la femelle) ait été si profondément modifiée en vue de ce danger : si l'espèce n'en tirait pas quelque profit, ou bien le risque ne se serait pas produit, ou bien l'espèce aurait disparu. Tout ce que je puis dire, c'est que le courage et la décision nécessaires au mâle lui sont probablement utiles en d'autres circonstances, et, par leur influence sur la psychologie de ses descendants mâles et femelles, réagissent favorablement sur l'espèce.

Le courage et la rapacité des araignées sont tellement connus qu'il n'y a pas lieu de s'y étendre. Je citerai toutefois comme témoignant de la force de l'amour maternel chez ces articulés, l'exemple d'une araignée que Bonnet jeta avec son sac à œufs dans le trou d'un fourmi-lion, et qui, dépouillée par ce dernier et chassée du trou par l'observateur, revint malgré tout à portée de son ennemi et se laissa enterrer vivante plutôt que d'abandonner son trésor.

Il ne reste plus à mentionner en fait d'émotions que le goût prononcé que les araignées manifestent pour la musique. Par leur nombre et leur variété, les témoignages qui s'y rapportent sont concluants. Ils montrent que les araignées, ou du moins certaines espèces ou certains individus, cherchent à se rapprocher, autant que possible, d'un instrument, surtout quand les sons qu'il rend sont doux ; à cet effet, il leur arrive souvent de se laisser pendre par un fil du plafond au-dessus de l'instrument. Souvent elles se retirent quand les sons augmentent d'intensité. Pendant un concert à Leipzig, le professeur C. Reclain vit une araignée descendre de cette façon d'un lustre tandis qu'un violon exécutait un solo, et remonter bien vite dès que l'orchestre se mit de la partie [1]. Rabigot, Simonius, Von Hartmann et autres rapportent des cas du même genre.

Faut-il donc croire que des animaux d'un ordre si infime

___

1. *Body and Mind* (Corps et Esprit), page 273.

éprouvent au son de la musique un rudiment d'émotion esthétique ? Grâce à une découverte récente de M. C. V. Boys, il nous est permis d'expliquer autrement leur conduite. Comme le récit de l'observateur est très intéressant, je le donne en entier :

« L'automne dernier, dit-il dans une lettre au journal *Na-
» ture*, tandis que je considérais des araignées de jardin
» qui tissaient leurs toiles à dessin géométrique, l'idée me vint
» de voir quel effet un diapason produirait sur elles. J'en fis
» donc vibrer un en *la* et j'en touchai légèrement soit un
» point de la trame, soit quelque objet (feuille ou autre) sur
» lequel elle reposait. Chaque fois l'araignée, si elle se trou-
» vait au centre, se retournait du côté du diapason, et de ses
» pattes de devant tâtait les rayons de la toile pour découvrir
» celui qui vibrait. Cela fait, elle courait le long du fil jus-
» qu'à ce qu'elle arrivât au diapason, ou à l'embranchement
» de deux autres fils entre lesquels elle choisissait comme
» avant. Une fois en contact avec le diapason, elle se com-
» portait absolument comme avec une mouche, le saisissait,
» l'entourait de ses pattes, courait le long des branches aussi
» souvent que je les faisais vibrer, et ne semblait jamais se
» rendre compte que le bruit pouvait ne pas provenir d'une
» de ses victimes habituelles.

» Je remarquai que si l'araignée n'était pas au centre de
» la toile au moment où le diapason la touchait, il fallait
» qu'elle s'y rendît pour déterminer la direction du bruit; à
» moins qu'elle se trouvât par hasard sur le rayon vibrant
» ou sur un fil circulaire en contact avec le diapason.

» Si l'on attire l'araignée au bord de sa toile, et qu'on
» retire le diapason en le rapprochant ensuite peu à peu, on
» constate que l'insecte a conscience de l'approche de l'ins-
» trument et de sa direction, car il s'allonge autant qu'il le
» peut pour l'atteindre; si, au contraire, on approche le dia-
» pason d'une araignée qui n'a pas encore été dérangée et qui
» est en expectative à son poste habituel, au centre de sa
» toile, elle se laisse aussitôt pendre au bout d'un fil, le long
» duquel elle remonte avec une rapidité étonnante sitôt que
» le diapason a touché un point quelconque de la trame.
» L'araignée, en quittant le centre de sa toile, a toujours soin
» de se munir d'un fil qui la guide à son retour. Si on le

» coupe après son départ, elle ne manque jamais d'endom-
» mager sa trame à son passage de retour; le plus souvent il
» lui arrive de coller ensemble les fils parallèles par groupes
» de trois ou quatre.

» A l'aide d'un diapason on peut faire manger à une arai-
» gnée ce qu'elle refuserait naturellement. C'est ainsi que
» j'en attirai une vers une mouche qui s'était noyée dans du
» pétrole et que j'avais mise sur sa toile. Chaque fois que
» l'araignée, ne trouvant pas le morceau à son goût, s'en
» éloignait, je la faisais revenir en touchant la mouche de
» nouveau avec le diapason, si bien qu'elle finit par en con-
» sommer une grande partie.

» Les quelques araignées de maison avec lesquelles j'ai
» expérimenté n'ont pas semblé apprécier le diapason ; elles
» se retiraient dans leurs cachettes comme effrayées. Et
» cependant il doit y avoir quelque rapport entre mes obser-
» vations et le goût de la musique que l'on attribue aux arai-
» gnées; ne serait-ce pas que lorsqu'elles viennent écouter,
» c'est tout simplement pour découvrir la direction où il leur
» convient d'aller?

» Je n'ai pu faire des recherches bien complètes, mais il se
» peut que les faits que j'ai constatés fournissent aux natura-
» listes une méthode qui leur permette d'observer ce qui
» aurait pu leur échapper sans son secours, et d'en tirer des
» conclusions que mon ignorance, en fait d'histoire natu-
» relle, me fait un devoir de ne point aborder[1]. »

MŒURS GÉNÉRALES.

En fait de mœurs générales, il n'y a que le tissage qui mérite l'attention. L'instinct qui pousse l'araignée à se faire un
filet pour y prendre sa proie, et qui ne se retrouve chez aucun
autre insecte, atteint chez elle un degré de perfection tout
aussi remarquable, dans l'opinion de certains géomètres, que
celui des abeilles en matière d'architecture, et présente en
plus de nombreuses variations. Telle espèce étend une trame
aux larges mailles entre les branches d'arbuste, telle autre

1. *Nature*, vol. XXIII, pages 149-150.

tisse une toile fine dans les coins des bâtiments; ici ce sont des tubes de terre tapissés de soie, là le piège de la Mygale semblable à de la forte mousseline, et qui, suivant madame Mérian [1] (dont Bates [2] a confirmé le témoignage), est capable de retenir un oiseau-mouche et permet ainsi à l'être le plus hideux de la création d'en dévorer le plus gracieux ; enfin maintes autres variétés. Il y aurait lieu de s'étonner au premier abord qu'un instinct, qui ne se manifeste que dans une seule classe du règne animal, atteigne un tel degré de perfection sous des formes si diverses. Mais il faut se rappeler que son développement dépend évidemment de la présence de l'appareil à sécréter la toile qui constitue un fait anatomique assez rare. Les chenilles, qui ne vivent pas de proie, ne tissent leur toile que comme moyen de protection et de locomotion; on comprend, du reste facilement, qu'elles n'auraient aucun profit à tendre des pièges. Mais, pour les araignées, le cas est nécessairement différent. La faculté de tisser une fois admise, il devient évident qu'elle peut rendre de grands services à un animal de disposition si vorace; et, par suite, il n'est plus étonnant que la structure anatomique et les instincts qui s'y rapportent atteignent une telle perfection sous diverses formes. Il est probable, qu'à l'origine, l'appareil à sécréter la toile était destiné à produire un instrument de locomotion et l'étoffe à cocons; c'est encore là son usage dans le cas des chenilles et de l'araignée des fils de la vierge qui parcourt des distances énormes à travers les airs sur le produit de sa sécrétion. Or, vu qu'il diffère beaucoup comme structure anatomique chez les deux classes d'insectes, on est porté à se demander comment il se fait que des appareils analogues, sinon identiques, ne se soient jamais développés chez d'autres animaux vivant de proie, et en particulier chez les insectes parfaits. En supposant par exemple, à l'origine, une tendance des parties voisines de l'anus à sécréter une matière visqueuse, on imagine facilement l'usage que l'insecte en pourrait faire pour descendre de petites hauteurs (de même que certaines limaces se font de leur sécrétion des espèces de cordes pour descendre des branches basses à terre); et nous

---

1. *Le Naturaliste dans la région des Amazones*, p. 83.
2. Le fait est également confirmé à plusieurs reprises dans l'*Histoire naturelle de Ceylan* de Sir E. Tennent, pages 468-469.

arrivons ainsi à comprendre que la sélection naturelle ait pu se trouver pourvue de ce qu'il lui fallait pour développer l'organe d'une perfection toute spéciale, à l'aide duquel l'araignée fabrique son tissu. Mais si l'on s'étonne que le même phénomène ne se soit pas produit chez d'autres animaux, on ne peut guère invoquer que des raisons d'un ordre négatif. De quel droit, en effet, supposer l'existence primitive d'une tendance à sécréter un liquide visqueux? Toutefois, en ce qui concerne les araignées, il nous est permis de conclure que, puisque la faculté de tisser est si répandue dans la classe des Arachnides, l'origine en doit remonter à une époque bien reculée de leur histoire, sans comprendre cependant le progéniteur commun des araignées et des scorpions, vu que ceux-ci ne tissent pas.

Voyons maintenant quelques détails sur la manière dont les araignées tissent leur toile. Sans entrer dans le détail de l'anatomie, je ferai d'abord remarquer qu'un « fil d'araignée », est en réalité, un faisceau de fils qui sortent de leurs trous respectifs presque à l'état fluide, et durcissent instantanément à l'air.

L'araignée dite « géomètre » commence sa toile en tendant deux fils non adhésifs rayonnants sur lesquels elle dispose du centre à la circonférence un fil spiral également non adhésif — c'est l'échafaudage sur lequel se meut l'araignée. Vient ensuite une autre spirale partant de la circonférence pour aboutir près du centre, dont le fil de composition visqueuse doit adhérer à la proie. La toile est alors complète et l'araignée n'a plus qu'à se construire un repaire où elle se cache pour guetter sa proie ; elle l'établit à quelque distance, en ayant soin de le relier à sa toile par un fil dont les vibrations l'avertissent de la capture d'un insecte dans le filet [1].

« L'araignée de jardin, dit Thompson, dispose ordinaire-
» ment sa toile à peu près verticalement là où les feuilles
» d'une plante ou d'un arbuste forment comme une em-
» brasure, et commence par établir tout autour les fils
» d'extérieur qui se rattachent aux extrémités des rayons.
» Elle ne s'inquiète pas de la forme de l'embrasure, sa-

1. Kirby. vol. II, page 298.

» chant bien qu'elle peut inscrire une circonférence dans
» un triangle aussi bien que dans un carré ; ce qui la
» guide dans le choix des points d'attache c'est leur degré
» d'éloignement. Mais par exemple elle s'applique à donner à
» ses câbles une solidité et une tension convenables, et dans
» ce but elle les forme de cinq ou six fils collés ensemble et
» leur adjoint tout un système de lignes latérales. Le cadre
» ainsi préparé, elle se dispose à le remplir. Et d'abord elle at-
» tache un fil à l'un des câbles, puis le gardant avec une patte
» de derrière de manière à empêcher qu'il n'adhère au cadre,
» elle passe au côté opposé où elle l'amarre. Au milieu de ce
» premier fil elle en fixe un autre qu'elle relie au cadre, et
» dès lors l'ouvrage marche rapidement. Durant les préli-
» minaires l'insecte se repose de temps à autre comme pour
» réfléchir, mais une fois le cadre établi et deux ou trois
» rayons fixés, il travaille si vite que l'œil a de la peine à
» suivre ses mouvements. On compte environ une vingtaine
» de rayons dans une toile ; quand ils sont finis, l'araignée se
» porte rapidement au centre, les tire avec ses pattes pour les
» éprouver, brise et remplace ceux qui ont un défaut. Après
» cela elle décrit autour du centre une dizaine de cercles dont
» les cinq ou six premiers sont environ à une demi-ligne et
» les autres à un demi-pouce de distance l'un de l'autre. Les
» plus écartés lui servent pour ainsi dire d'échafaudage pour
» vaquer à ses opérations aussi bien qu'à maintenir les
» rayons en position pendant qu'elle les colle à d'autres
» cercles dont elle remplit l'espace compris entre la limite ex-
» térieure de la toile et la première série de réseaux. Pour
» décrire le cercle extrême, elle se place au bout d'un rayon
» et, tout en filant, le remonte vers le centre d'une distance
» égale à l'écartement du rayon voisin ; puis, guidant le fil
» avec une patte de derrière, elle va le coller à l'autre
» rayon, et ainsi de suite. Elle procède ainsi de cercle en
» cercle jusqu'à une petite distance de ceux du centre ; là
» elle s'arrête. Il ne lui reste plus qu'à enlever le petit flo-
» con du milieu qui réunit tous les rayons : ceux-ci se trou-
» vent alors seulement rattachés aux réseaux circulaires,
» et leur élasticité en est probablement augmentée. C'est
» dans l'espace ainsi dégagé que l'araignée se poste pour
» guetter sa proie, à moins qu'elle ne se retire dans le petit

» réduit qu'elle s'aménage sous une feuille et qui lui sert
» d'abattoir[1]. »

D'après Büchner, « les maîtres fils ou câbles d'attache par
» lesquels l'araignée commence sa trame, sont toujours les
» plus gros et les plus solides ; tandis que ceux dont se com-
» pose la toile sont beaucoup plus faibles. L'insecte répare
» promptement les avaries, mais sans se préoccuper de son
» premier devis ; son souci est de se donner le moins de peine
» possible. Aussi en y regardant de près, trouve-t-on que la
» plupart des toiles présentent des irrégularités. Quand il y a
» menace d'orage, l'araignée qui est très économe de son
» étoffe précieuse, n'a garde de tisser ni même de réparer sa
» toile, car elle sait que les éléments la mettront en pièces et
» que toute sa peine serait perdue. Aussi peut-on dire en gé-
» néral que l'araignée qui file annonce le beau temps.....
» Les jeunes ne produisent d'abord qu'une trame fort irrégu-
» lière, mais peu à peu ils apprennent à agrandir et à perfec-
» tionner leur toile, aussi bien ne font-ils pas exception à la
» loi universelle du progrès par la pratique et l'expérience...
» Quant au site, la condition est qu'il présente des points d'at-
» tache de côté et d'autre. On se demande comment, ne pou-
» vant voler, les araignées s'y prennent pour tendre leurs fils
» d'un bord à l'autre ; mais quelque difficile que soit la tâche,
» ces ingénieuses petites créatures s'en tirent de différentes
» manières. Quand la distance n'est pas trop grande elles
» lancent une petite boule de matière visqueuse qui, munie
» d'un fil, s'en va adhérer là où elle touche ; ou bien elles se
» laissent pendre par un fil et s'en fient au vent pour les pous-
» ser au but ; ou bien encore elles se glissent jusqu'au point
» choisi, en filant une ligne qu'elles raidissent une fois sur les
» lieux. Enfin, quelquefois elles laissent flotter dans l'air plu-
» sieurs fils et attendent que le vent les emporte çà et là. Les
» rayons de la toile sont tellement élastiques qu'ils se tendent
» d'eux-mêmes aussitôt que l'araignée en a amarré les extré-
» mités. Le premier fil étant établi, notre petit artisan s'oc-
» cupe de le renforcer jusqu'à ce qu'il soit assez solide pour
» lui servir de passerelle et lui permettre de travailler au
» reste de la toile[2]. »

1. Thompson, *Les Passions chez les Animaux*, page 145.
2. *Geistesleben*, page 316 et suiv.

MŒURS SPÉCIALES.

Araignée d'eau (Argyroneta Aquatica). — L'instinct bien connu de l'araignée d'eau la porte à construire son nid sous l'eau et sur le modèle d'une cloche à plongeur. A cet effet, elle choisit généralement une eau tranquille et s'y fabrique une sorte de boule en forme d'œuf qu'elle tapisse à l'intérieur avec sa toile, et qu'elle maintient en place au moyen de nombreux fils amarrés aux plantes voisines. Cette cloche est ouverte par en bas, et c'est là que l'araignée guette sa proie; Kirby[1] affirme qu'elle y passe l'hiver après en avoir bouché l'ouverture. Pour s'approvisionner d'air à respirer, elle s'en va nager sur le dos à la surface de l'eau, attend qu'une bulle se forme parmi les poils de son abdomen, redescend la dégager sous sa cloche, puis remonte en chercher d'autres.

L'Araignée rôdeuse ou Araignée-Loup suit sa proie pour ainsi dire à pas de loup jusqu'à ce qu'elle s'en trouve assez rapprochée pour la saisir d'un seul bond. Certaines espèces (entre autres, le *Salticus scenicus*) ont soin, avant de prendre leur élan, de se munir d'un fil adhérant à la surface sur laquelle elles se meuvent, de manière à ne pas avoir à redouter de chute quelle que soit la direction de leur bond. Le docteur H. F. Hutchinson dit avoir vu une araignée de cette espèce traquer sa propre image sur un miroir[2].

Le passage suivant est de Büchner :

« Si l'existence de l'araignée d'eau tient de l'idylle, il n'en
» est pas de même de celle de l'araignée chasseresse de nos
» pays (*Dolomedes fimbriatus*), espèce qui ne tisse pas et qui
» fait la chasse à ses victimes comme les bêtes de proie. L'Ar-
» gyronète nous fournit l'original de la cloche à plongeur,
» le Dolomède celui du radeau mouvant. Non contente de
» faire la chasse aux insectes par terre, elle les poursuit sur
» l'eau à la surface de laquelle elle circule facilement. Mais
» comme il lui faut un reposoir, elle se fabrique un petit
» radeau avec des feuilles sèches roulées ensemble et ficelées
» avec la soie qu'elle produit. Là dessus elle s'en va flottant

---

1. *Histoire des mœurs et des instincts chez les Animaux*, vol. II, p. 296.
2. *La Nature*, vol. XX, page 581.

» au gré des vents et des flots ; un insecte surgit-il à la sur-
» face pour respirer, elle fond sur lui avec la rapidité de
» l'éclair, le ramène à son radeau et le dévore à loisir. Ainsi
» partout dans la nature voyons-nous l'antagonisme et l'as-
» tuce résultant de l'égoïsme féroce qui porte les créatures
» à sacrifier l'existence d'autrui pour assurer la leur. »

L'Araignée à trappe doit son nom à l'appareil qui ferme
l'entrée de son nid. Ce dernier consiste en un trou cylindrique d'environ six pouces de profondeur, sans embranchement (excepté dans le cas d'une seule espèce) et tapissé
de soie qui recouvre également la trappe à l'intérieur et lui
sert de charnière. En ce qui concerne l'exception, l'embranchement (il n'y en a qu'un) commence à trois ou quatre pouces
de l'ouverture et remonte obliquement et sans courbes jusque
près du sol où il se termine en cul-de-sac. Cet embranchement est muni à son orifice d'une trappe semblable à celle
de l'entrée, ajustée de manière à le fermer hermétiquement
lorsqu'elle est en place, et à boucher tout aussi complètement
lorsqu'elle est ouverte, le trou principal qui se trouve ainsi
avoir deux clapets.

Chaque espèce s'en tient à un genre de trappe qu'elle
adopte une fois pour toutes ; on en distingue quatre sortes.
1º La trappe-bouchon, ainsi nommée à cause de sa forme
et de la manière dont elle bouche le trou comme le goulot
d'une bouteille. 2º La trappe-mince, dont l'épaisseur ne
dépasse guère celle d'une feuille de papier. 3º La trappe
double, ou système de deux trappes l'une sous l'autre. 4º La
trappe double, à embranchement déjà décrite. Elles ouvrent
toutes du dedans au dehors, et quand le nid est situé sur une
pente (ce qui arrive d'habitude), la trappe ouvre de bas en
haut, ce qui l'empêche de bâiller en vertu de son poids qui
tend à la fermer.

Le but que se propose l'insecte étant de cacher son nid, il a
toujours grand soin de donner à l'extérieur du clapet l'apparence de la surface environnante, et il y réussit si bien, grâce
à l'emploi intelligent de morceaux de feuilles, de mousse,
d'herbes, etc....., qu'un œil exercé s'y tromperait quand la
trappe est fermée. Moggridge[1] raconte comment ayant dé-

1. *Fourmis moissonneuses et Araignées à trappe,* page 120.

coupé un petit paquet de mousse de deux pousses d'épaisseur
sur trois de large contenant l'orifice d'un tube avec bouchon
d'une *N. coementaria*, il s'aperçut, en retournant au même
endroit, six jours après, que l'insecte avait fabriqué une autre
trappe et l'avait entourée de mousse qu'il avait été chercher
sur la partie supérieure du tertre. « Pour cette fois, dit notre
» observateur, c'était la mousse qui révélait la trappe, en
» contrastant avec le pourtour de terre brune que j'avais
» mise à nu. »

Si par hasard quelque ennemi découvre la porte du logis et
cherche à l'ouvrir, l'araignée s'y cramponne à l'intérieur et la
maintient fermée en se retenant aux parois du tube, à l'aide
de ses pattes. Là où il y a deux trappes, il est à supposer
que la seconde porte constitue une seconde ligne de défense,
derrière laquelle l'insecte se réfugie quand il lui faut abandonner la première. Quand il y a un embranchement (jusqu'ici
on n'a trouvé cette espèce de nid que dans le midi de l'Europe), l'araignée court probablement s'y retirer lorsque la
première risque d'être forcée, et comme la surface de la
seconde trappe est tapissée de soie comme l'intérieur du trou,
l'ennemi passe sans la reconnaître.

Du reste ces insectes savent très bien adapter leur demeure
aux circonstances; j'invoque à ce sujet le témoignage de
Moggridge :

« M. S. S. Saunders, dit-il (*loc. cit.*, page 122), eut l'occa-
» sion d'observer, aux îles Ioniennes, certains nids à deux
» fermetures en bouchon. La porte extérieure n'offrait rien
» de remarquable comme position ou comme construction,
» mais la seconde se trouvait tout au fond du nid et, quoique
» établie de manière à ouvrir de haut en bas, elle était tout à
» fait impraticable par suite de la terre qui l'environnait.
» L'existence d'une porte bien construite dans une position
» qui en rendait l'usage impossible, constituait un fait assez
» difficile à expliquer. Cependant l'idée vint à M. Saunders
» que, comme ces nids se trouvaient en terre cultivée autour
» des racines d'oliviers, ils avaient peut-être été retournés
» lorsque le sol avait été défriché; de sorte que l'araignée
» voyant sa porte enfoncée dans la terre et le fond de son nid
» amené à la surface, avait eu à choisir entre deux partis :
» émigrer, ou adapter son nid au changement de position qui

» lui était survenu en pratiquant une porte à la partie qui
» occupait le haut. Voulant contrôler ses conclusions par
» l'expérience, M. Saunders mit le nid d'une araignée de
» la même espèce le fond en l'air dans un pot à fleur. Dix
» jours plus tard, il constatait, selon ses prévisions, l'appari-
» tion d'une porte à la partie supérieure, et par suite l'exis-
» tence de deux trappes tout comme dans les nids qu'il avait
» découverts. »

Si l'on considère l'instinct de ces animaux au point de vue
de la théorie de la descendance, on est surtout frappé de
l'étendue de leur aire de répartition à la surface du globe.
Dans chaque partie du monde on les retrouve occupant des
régions plus ou moins définies ; et comme on ne peut facilement admettre qu'un instinct aussi spécial que le leur se soit
transmis autrement qu'en droite ligne, il faut croire que la
grande dispersion de la première espèce qui l'a présenté, a été
postérieure à son origine et à son développement. Ceci revient
à dire que cet instinct remonte à une très grande antiquité ; ce
dont on a d'autre part des preuves concluantes. Prenons, par
exemple, le principe de l'évolution, d'après lequel plus une
particularité de conformation ou d'instinct se manifeste de
bonne heure dans le développement de la race, plus elle est
prompte à s'accuser dans le développement de l'individu ;
il suffirait à lui seul, pour mettre en évidence l'antiquité de
l'instinct des araignées à trappes. Voici du reste ce que dit
Moggridge à ce sujet :

« Les jeunes araignées paraissent obéir à une loi générale
» de l'espèce, quand elles quittent le nid maternel à un âge
» encore tendre pour aller se bâtir un logis pour leur propre
» compte. Selon M. Blackwall, les jeunes des espèces de la
» Grande-Bretagne, dès leur début et rien que sous l'influence
» de l'instinct qui les pousse, font preuve dans la fabrication
» de leurs travaux compliqués d'une adresse digne de leurs
» aînés. »

M. F. Pollock[1] raconte également qu'à l'âge de sept semaines, les jeunes de l'*Epeira aurelia* (qu'il eut l'occasion
d'observer à Madère) tissent une toile de la grandeur d'un

1. Histoire et mœurs de l'*Epeira aurelia*, *Annales et Magasin d'histoire
naturelle*, juin 1865.

penny qui rivalise en symétrie avec celle de l'araignée
adulte.

Moggridge dit encore à propos des araignées à trappe :
« A mon avis, ces petits nids construits par des araignées
» minuscules récemment écloses, sont, dans leur genre, des
» chefs-d'œuvre merveilleux. L'exemple d'une créature aussi
» jeune et aussi faible se creusant dans la terre un trou de
» plusieurs fois sa longueur, et reproduisant en miniature le
» nid de ses parents, me paraît unique dans la nature [1]. »

Quant à l'origine probable de l'instinct particulier aux
araignées à trappes, Büchner s'exprime ainsi :

« Pour donner une idée de la variété des formes et des
» degrés de transition qui forment autant de jalons indispen-
» sables pour retracer l'origine de la conformation de ces
» nids, Moggridge décrit ceux d'autres espèces d'araignées
» qui s'en rapprochent. La *Lycosa narbonensis*, du midi de
» la France, qui ressemble beaucoup à la Tarentule d'Apulie
» et qui appartient à la famille des araignées-loups, creuse
» dans le sol un trou cylindrique et vertical de trois ou
» quatre pouces de profondeur, puis une galerie horizontale
» qui aboutit à une sorte de chambre triangulaire d'un pouce
» ou deux de large, où les débris d'insectes forment un tapis.
» Le nid, entièrement doublé d'une matière soyeuse et épaisse,
» communique avec l'extérieur non par une porte, mais par
» une sorte de tuyau qui s'élève au-dessus du sol et que l'arai-
» gnée fabrique avec des feuilles, de la mousse, des brins de
» bois, etc., le tout entrelacé avec des fils. Ces cheminées qui
» varient du reste quelque peu dans leur construction, ont
» pour but, selon Moggridge, d'empêcher le sable que les
» grands vents de mer charrient, de pénétrer dans les nids.
» En hiver l'ouverture en est recouverte d'une trame, et il se
» pourrait fort bien qu'en enlevant ce chaud abri au prin-
» temps (alors que la toile est aux trois quarts soulevée et
» laisse juste passer l'araignée), un de ces animaux ait conçu
» à une époque reculée, l'idée d'une porte mobile et perma-
» nente. De cette notion élémentaire à la perfection de main-
» d'œuvre que révèlent les trappes que nous connaissons et

---

1. *Fourmis moissonneuses et Araignées à trappes*, p. 126. On y trouvera des
détails très complets sur ces insectes.

» plus particulièrement les nids si compliqués des *N. Man-*
» *derstjernæ,* la distance n'est ni impossible ni très grande à
» franchir, quoiqu'il faille passer par les différents degrés que
» l'observation a relevés, sans compter ceux qui lui échappent
» encore. »

INTELLIGENCE GÉNÉRALE.

En abordant la question de l'intelligence générale des araignées, je crois pouvoir poser en principe, vu le nombre des
preuves à l'appui, que ces animaux savent distinguer entre
les personnes qui les approchent ; qu'ils ne craignent pas le
voisinage de celles dont ils ont apprécié les bonnes dispositions, tandis qu'ils s'éloignent des étrangers. Du reste, comme
les abeilles et les guêpes font également preuve du même
discernement, on pourrait s'attendre à le retrouver chez les
araignées. Une dame de ma connaissance a réussi à apprivoiser des araignées qui, sitôt son arrivée dans la chambre
où elles se trouvent, s'approchent d'elle pour qu'elle leur
donne à manger. Parmi les nombreux exemples du même
genre que je pourrais citer, j'emprunte le suivant à Büchner
qui le tient d'un de ses correspondants, le docteur Moschkau
de Gohlis près de Leipsig (lettre du 28 août 1876) :
« Pendant mon séjour à Oderwitz (?), où je résidais en
» 1873 et en 1874, je remarquai un jour, dans un coin sombre
» de l'antichambre, une toile d'une dimension respectable,
» domaine d'une araignée bien nourrie que l'on pouvait voir
» à toute heure postée à l'entrée de son nid, guettant sa proie.
» Le hasard fit que je fus en plusieurs occasions témoin de
» ses artifices pour s'emparer d'une victime et la mettre hors
» d'état de nuire, et bientôt je pris l'habitude de lui apporter
» plusieurs fois dans la journée des mouches que je déposais
» à l'entrée de son nid avec une pince. Tout d'abord l'araignée
» ne parut pas trop apprécier mes attentions ; elle laissait
» beaucoup de mouches s'échapper, et ne se donnait la peine
» de les saisir que quand elles étaient à portée de son nid.
» Bientôt cependant elle se décida à venir les prendre à la
» pince, et à les couvrir de son tissu. Quelquefois, quand je
» lui présentais des mouches l'une après l'autre, très rapide-

» ment, elle les ficelait d'une manière si superficielle, que
» certaines de ses prisonnières trouvaient moyen de s'échap-
» per. L'intérêt que je pris à ces observations me fit les
» prolonger pendant quelques semaines. Or un jour que
» l'araignée paraissait affamée et se précipitait avec voracité
» sur chaque mouche que je lui présentais, je m'avisai de la
» taquiner, en retirant avec la pince chaque insecte qu'elle
» saisissait. La première fois, comme je finis par lui rendre
» sa proie, elle voulut bien me pardonner. Mais quand je lui
» enlevai pour de bon sa victime, l'offense devint mortelle.
» Le lendemain elle manifesta son dédain de mes offrandes en
» ne bougeant pas, et le surlendemain elle avait disparu [1]. »

Comme exemple d'adaptation presque subtile aux conditions d'une situation imprévue, Jesse cite le cas d'une araignée qu'il avait emprisonnée avec ses œufs sur une cheminée
en marbre en la recouvrant d'un verre.

« Son premier soin fut d'entourer ses œufs de toile ; puis,
» attachant un fil au sommet du verre, elle le mit en commu-
» nication avec l'extrémité du brin d'herbe sur lequel se
» trouvaient les œufs, et bientôt au moyen d'autres réseaux
» reliant les côtés du verre aux côtés et à l'extrémité du brin
» d'herbe, elle réussit à fixer ce dernier dans une position
» verticale. Quant à son motif pour agir ainsi, il était évi-
» dent. D'abord, elle assurait par ce moyen à l'objet de ses
» soins plus de sécurité qu'il n'en aurait eu à rester étendu
» sur la cheminée ; et puis il est probable qu'elle redoutait
» pour ses œufs le contact froid du marbre qui les aurait
» empêchés d'arriver à maturité [2]. »

Certaines espèces d'araignées de l'Amérique du Sud montrent leur intelligence par la manière dont elles s'y prennent
pour échapper aux dangereuses bandes des Ecitones ; le récit
suivant est emprunté à M. Belt :

« Un grand nombre, dit il, se tirent d'affaire en se laissant
» pendre à une branche par un fil, hors de portée de leurs
» ennemis d'en haut et d'en bas.

» Du reste, je reconnus que les araignées montraient, pour
» la plupart, beaucoup de savoir-faire, et n'avaient garde

1. *Geistesleben*, page 319.
2. *Gleanings* (Recueils), vol. I, page 103.

» d'imiter les escargots et autres insectes qui se réfugient
» dans la première cachette venue, et y sont bientôt relancés
» pour tomber aux mains de l'armée de fourmis. J'ai souvent
» vu de grosses araignées courir de l'avant dans le but évi-
» dent de s'éloigner à distance respectueuse de leurs en-
» nemis. Mais une fois je fus témoin d'un spectacle curieux :
» une pseudo-araignée ou *faucheur* (Phalangide) se trouvant
» au milieu d'une armée de fourmis, levait l'une après l'autre
» et avec le plus grand calme ses longues jambes sur lesquelles
» son corps se trouvait perché hors d'atteinte. Parfois sur
» les huit, il n'y en avait pas moins de cinq en l'air et quand
» une fourmi approchait de l'une de celles qui reposaient à
» terre, elle avisait un point libre pour y en poser une autre
» qu'elle abaissait en même temps qu'elle relevait celle
» qui était menacée, de manière à maintenir l'équilibre de
» son corps [1]. »

Dans une lettre publiée dans *la Nature* (numéro du 22 janvier 1880), M. L. A. Morgan décrit le procédé adopté par une
araignée pour transporter un gros insecte de la partie de
la toile où il s'était pris, au garde-manger. Elle commença par
passer deux ou trois fils de la tête de l'insecte au maître
câble de la toile ; cela fait, elle rompit les réseaux tout autour
de sa proie pour la laisser pendre par les cordons de la tête.
Lui ayant alors attaché à la queue une ligne, elle se mit
à la tirer du côté de son repaire. Quand la tension des fils
de la tête ne lui permit plus d'avancer, elle amarra solidement sa ligne, revint détacher la tête de l'insecte et s'y
attelant recommença à tirer la carcasse jusqu'à ce que la
ligne de la queue se fût raidie. De cette manière, c'est-à-dire
en tirant tantôt sur la tête, tantôt sur la queue, l'araignée finit
par mettre sa proie en sûreté dans son « garde-manger ».

Certes le procédé dénote une connaissance pratique des
principes de mécanique ; mais il est peut-être moins remarquable à ce point de vue que les expédients qu'adoptent
parfois les araignées lorsqu'elles ont tissé une toile d'une
grande largeur qui n'est point assez tendue et par suite
oscille d'une manière exagérée sous l'influence du vent.
On en cite qui, en pareille circonstance, avaient imaginé

1. *Le Naturaliste au Nicaragua*, page 19.

d'attacher à leur filet, pour le lester, une petite pierre ou
quelque objet pesant. Gleditsch, témoin d'un procédé de ce
genre, raconte que l'araignée descendit à terre au moyen
d'un fil, saisit un petit caillou et remonta l'attacher en
dessous de sa toile à une hauteur qui permît aux hommes
et aux animaux de passer sans encombre. Büchner, à propos
de cet exemple, en rapporte un autre du même genre qui fut
observé par le professeur E. H. Weber, anatomiste et physio-
logiste célèbre, et publié il y a plusieurs années dans le
journal de Müller.

« Une araignée, dit-il (*Geistesleben*, page 318), avait établi
» sa toile entre deux poteaux et choisi comme troisième point
» d'attache une plante qui se trouvait en dessous. Mais
» comme les jardiniers vaquant à leur ouvrage, les pas-
» sants, etc...., rompaient souvent l'amarre d'en bas, le
» petit animal imagina de s'en passer et de donner à son
» filet la tension nécessaire en attachant à sa partie infé-
» rieure une petite pierre qu'il avait préalablement recou-
» verte de son tissu. Carus cite un cas analogue (*Vergl.*
» *Psycho.*, 1866, page 76), mais l'observation la plus intéres-
» sante nous vient de J. G. Wood (*Glimpses into Petland*),
» dont le récit est répété par Watson (*loc. cit.*, page 455).
» Un de mes amis (c'est Wood qui parle) avait laissé plu-
» sieurs araignées de jardin s'établir sous une véranda,
» afin d'étudier leurs mœurs. Un jour qu'un orage assez
» fort avait éclaté, les toiles tout abritées qu'elles fussent,
» eurent à souffrir de la violence du vent. L'une d'elles dont
» les maîtres câbles s'étaient rompus, s'agitait follement
» comme une voile non bordée. Comment l'araignée y remé-
» dierait-elle? Or voici ce qu'elle fit. Au lieu de chercher
» à rétablir ses amarres, elle se laissa descendre à terre au
» moyen d'un fil, et se rendit en un point où se trouvaient
» des éclats de bois provenant d'une palissade que l'orage
» avait abattue. Là, elle choisit un morceau d'environ deux
» pouces et demi de long et de la grosseur d'une plume d'oie,
» y attacha un fil et revint la suspendre à la partie inférieure
» de son domaine, à cinq pieds de hauteur au dessus du sol.
» L'expédient était des plus ingénieux, car le poids du
» morceau de bois, tout en donnant une stabilité suffisante
» à la toile, ne l'empêchait pas de céder doucement au vent,

» de manière à ne pas fatiguer. Le lendemain, un domes-
» tique heurta par mégarde le morceau de bois et le fit
» tomber ; mais quelques heures après tout était rétabli :
» l'araignée avait retrouvé son lest et l'avait remis en place.
» Lorsque l'orage eut cessé, elle raccommoda sa toile, rompit
» le cordon qui supportait le morceau de bois et le laissa
» tomber à terre ! »

Une observation aussi précise n'a guère besoin de confirmation ; mais je puis aussi bien citer, comme preuve à l'appui,
le récit que le docteur John Topham, — observateur accom-
pli, à ce que m'a assuré feu le docteur Sharpey, — a communiqué au journal *Nature* (XI, 18), et qui a d'autant plus
de valeur que l'écrivain ne paraît pas se douter que des faits
analogues avaient déjà été consignés :

« Une araignée avait disposé sa toile dans l'angle de mon
» jardin, et au moyen de cordons d'une certaine longueur, en
» avait relié les côtés à des arbustes à près de trois pieds de
» hauteur au-dessus de l'allée de gravier. L'endroit étant très
» exposé, le souffle des vents d'équinoxe d'automne fut sou-
» vent fatal aux réseaux de l'insecte ; désirant parer aux in-
» convénients de sa position, ce dernier conçut l'idée d'un
» contrepoids qui donnerait à sa toile de la stabilité, tout en
» lui permettant de céder aux rafales ; à cet effet, il choisit
» une pierre de forme conique, y attacha un fil de chaque
» côté, et la suspendit, la base en l'air au fond de son filet.

» Il lui avait certainement fallu descendre exprès jusqu'à
» l'allée pour choisir son morceau de gravier, et ensuite le
» hisser à plus de deux pieds de hauteur au moyen des fils
» dont il l'avait muni. Quant à la valeur de l'expédient, elle
» s'explique d'elle-même. »

On trouvera dans le *Land and Water* du 12 décembre 1877,
un cas semblable que cite un autre observateur.

SCORPIONS.

Je ne puis quitter les Arachnides sans parler de lettres qui
ont paru dernièrement et où il est question de la tendance
qu'auraient les scorpions à se suicider lorsqu'ils sont entourés
par le feu. Il y a, à ce sujet, toute une tradition qui s'est

fait jour dans les contes populaires, et que l'on retrouve,
sous forme de métaphore poétique, dans des vers célèbres
de Byron. Malgré cela, personne n'y croyait, lorsque la
correspondance publiée dans *Nature* (vol. XI) est venue remettre la question sur le tapis ; vu son intérêt, je me permettrai de citer tout au long les passages les plus importants.
Et d'abord, c'est M. W. G. Bidie qui entre dans la lice en
ces termes :

« Je demande l'hospitalité dans les colonnes de *Nature*,
» pour un trait de mœurs du scorpion noir de l'Inde méri-
» dionale que j'eus l'occasion d'observer, il y a quelques
» années, à Madras.

» Un matin, un domestique m'apporta un énorme scorpion
» de cette espèce, qui s'étant attardé dans sa ronde nocturne,
» avait probablement été surpris par l'aurore, et n'avait pu
» regagner son gîte ; pour plus de sécurité, je le mis, tout
» d'abord, dans un casier en verre. Plus tard, dans la matinée,
» me trouvant avoir quelques minutes de libres, j'éprouvai le
» désir d'examiner mon prisonnier, et pour mieux le voir, je
» mis le casier sur une fenêtre, en plein soleil. La lumière et
» la chaleur parurent l'exaspérer, et cela me fit penser à
» l'histoire d'un scorpion qui, se trouvant entouré de feu, se
» serait suicidé, histoire que j'avais lue quelque part. Je ne
» pouvais me résoudre à faire subir une pareille épreuve
» au mien, mais je voulus voir l'effet que produiraient les
» rayons du soleil, en les concentrant sur son dos, avec une
» loupe. Il fut instantané ; l'animal se mit à courir çà et là
» dans le casier, en sifflant et en crachant avec fureur. Quatre
» fois je répétai l'expérience, sans obtenir d'autres résultats ;
» mais la cinquième, le scorpion releva sa queue, et avec la
» rapidité de l'éclair, s'enfonça son dard dans le dos. Aussitôt
» il y eut comme un jet de liquide, qui fit dire à un de mes
» amis qui se trouvait là : « Mais voyez donc, il s'est piqué,
» il meurt » et, en effet, en moins d'une demi-minute, il avait
» cessé de vivre. Je cite le fait, parce qu'il prouve : 1º que
» le suicide est pratiqué par les animaux ; 2º que le poison de
» certains d'entre eux leur est fatal à eux-mêmes. »

Ce récit fut bientôt confirmé par celui du docteur Allen
Thompson F. R. S. (*Nature*, vol. XX, page 577.)

« L'idée que le scorpion puisse se donner la mort au moyen

» de son propre poison, a provoqué beaucoup d'incrédulité,
» même chez des naturalistes éclairés, et récemment encore
» M. B. F. Hutchinson Peshawur (*Nature*, vol. XX, page 553),
» se fondant sur ses observations personnelles, s'est fait l'écho
» de ce scepticisme; je crois donc faire œuvre d'utilité pu-
» blique en relatant un suicide de ce genre, qui m'a été rap-
» porté par un témoin oculaire, et qui prouve, d'une manière
» indiscutable, que le phénomène ne laisse pas que de se pro-
» duire dans certaines circonstances.

» Pendant un été qu'il passa aux bains de Sulla en Italie,
» dans une région humide, il y a plusieurs années, mon
» correspondant fut fort importuné par une petite espèce de
» scorpions noirs qui pénétraient constamment dans la maison
» et se cachaient dans les couvertures des lits, dans les sou-
» liers, etc... Il fallait toujours être sur ses gardes et passer
» son temps à relancer et détruire ces créatures désagréables.
» Mon correspondant avait appris des habitants du pays
» qu'un scorpion exposé soudainement à la lumière se donne
» la mort, et lui et ses amis étaient parvenus en peu de temps
» à tirer fort habilement parti de ce renseignement. S'armant
» d'un verre à boire, ils le retournaient sur l'animal, glissaient
» en dessous un morceau de carton pour rendre la prison
» portative, puis, la nuit venue, ils l'approchaient d'une
» chandelle. Aussitôt grande agitation de la part du scorpion,
» évolutions vertigineuses tout autour du verre suivies au
» bout de quelques minutes d'un calme soudain : la queue se
» repliait sur le dos, le dard recourbé venait s'enfoncer au mi-
» lieu de la tête et trois ou quatre secondes plus tard, l'ani-
» mal était sans mouvement et sans vie. C'étaient toujours
» les mêmes épisodes après chaque capture. Les enfants se
» passaient impunément des scorpions morts de cette façon,
» et ils en conservèrent plusieurs à titre de curiosité.

» Ce qu'il y a à noter dans ce récit, c'est : 1º l'effet de la
» lumière sur l'animal qui se tue de désespoir ; 2º l'action
» subite du poison que la piqûre à la tête fait probable-
» ment pénétrer dans le ganglion cérébral ; 3º l'intensité et le
» caractère fatal des symptômes qui se produisent immédia-
» tement.

» D'ailleurs le même phénomène a été relevé par d'autres
» observateurs, et en tous cas il paraît être bien connu des

» habitants de la région dont il est question dans le récit
» que j'ai cité. Enfin, on trouvera encore d'autres preuves à
» l'appui dans les articles signés « G. Biddié » et « M. L. » que
» publie le journal *Nature* (vol. IX, pages 29 à 4) et je ferai
» remarquer que partout les circonstances qui poussent l'ani-
» mal au suicide se ressemblent. Il est donc bien évident que
» M. Hutchinson est mal fondé à dire que « la croyance popu-
» laire au suicide du scorpion est une erreur qui repose sur
» une impossibilité » ; cette impossibilité, il la trouve dans la
» forme recourbée du dard qui selon lui suffirait à elle seule
» pour empêcher l'animal de se tuer, mais c'est justement
» cette forme qui facilite l'opération. J'estime que M. Hut-
» chinson, s'inspirant de l'exemple des abeilles et des guêpes,
» se figurait qu'en pareille circonstance le dard du scorpion
» se trouverait porté en avant par la queue parallèlement au
» dos, tandis qu'en réalité, la queue se replie de manière
» à donner au dard la direction nécessaire. »

Comme on le voit, les faits qui précèdent ne furent point
observés par le docteur Allen Thompson en personne, et
le récit n'est pas sans contenir quelques contradictions, sans
compter que, comme procédé de destruction, on aurait pu
trouver quelque chose de plus expéditif. Néanmoins l'opinion
du docteur Thompson a un grand poids, et comme il m'a assuré qu'il avait toute confiance dans la véracité de son correspondant, je ne me suis pas cru en droit de supprimer ce
témoignage. Mais je trouve qu'un phénomène aussi curieux
demande à être plus entièrement confirmé pour qu'on puisse
l'admettre sans réserve [1] ; car si le fait existe, c'est le seul
exemple que l'on puisse citer d'un instinct funeste tant à l'individu qu'à l'espèce.

---

1. M. Joyeux-Laffuie a fait récemment, à cet égard, une série d'expériences
au laboratoire de Zoologie expérimentale de Banyuls ; leurs résultats ont été
absolument contraires à la légende du suicide des scorpions qui reste possible,
mais paraît être de leur part tout à fait involontaire. (*Traducteur.*)

CHAPITRE VII

LES DERNIERS ARTICULÉS [1]

Après les Hyménoptères qui constituent la classe la plus intelligente non seulement parmi les insectes, mais parmi les vertébrés, après les Arachnides, qui ont donné matière au chapitre précédent, ce qui nous reste à examiner, en fait d'Articulés, ne nous retiendra pas longtemps.

COLÉOPTÈRES.

Sir John Lubbock, dans son ouvrage sur les abeilles et les guêpes, cite l'exemple suivant emprunté à Kirby et Spence :

« Un scarabée (*Ateuchus pilularius*), trouvant que le poids
» de la boulette de fiente qu'il avait confectionnée pour y en-
» fouir ses œufs, dépassait la mesure de ses forces, s'en alla
» chercher trois camarades et avec leur aide réussit à la faire
» sortir du trou où elle se trouvait; puis comme il n'avait
» plus besoin de ses coadjuteurs, ceux-ci s'en retournèrent
» vaquer à leurs affaires. L'anecdote n'a pour garantie que le
» témoignage anonyme d'un artiste allemand, et malgré
» qu'on nous donne l'assurance de sa parfaite véracité, je
» constate qu'aucun autre observateur n'a relaté un fait ana-
» logue. »

Rapprochons des remarques de sir John, le témoignage de Catesby :

1. Consulter le livre de M. Em. Blanchard, *Les Métamorphoses, les mœurs et les instincts des Insectes*, qui résume d'une manière complète tout ce que l'on sait de plus certain sur les mœurs des articulés. (*Traducteur.*)

« J'ai eu l'occasion, dit-il, en parlant du même genre d'in-
» sectes, d'admirer leur industrie et l'assistance mutuelle qu'ils
» se donnent lorsqu'il s'agit de faire rouler leurs boulettes de
» l'endroit où ils les ont confectionnées à celui qu'ils ont choisi
» pour les enfouir, soit d'habitude une distance de quelques
» mètres. Ils opèrent en relevant la partie postérieure de leur
» corps et en poussant la boulette avec leurs pattes de der-
» rière. Ils se mettent parfois trois ou quatre à la même bou-
» lette, et parfois aussi ils l'abandonnent si la surface du sol
» leur présente trop d'obstacles. Mais d'autres leur succèdent
» et achèvent la tâche, à moins toutefois que la boulette ne
» roule dans un fossé ou dans quelque creux profond ; alors
» c'est bien fini, les insectes ne s'en occupent plus. Ils passent
» aux boulettes suivantes. Ils n'ont pas l'air de reconnaître
» celles qu'ils ont fabriquées eux-mêmes, mais s'intéressent
» également à toutes. Ils se servent de fiente fraîche qu'ils
» laissent durcir au soleil. Pendant le déménagement, on voit
» souvent boulettes et insectes rouler ensemble par suite des
» accidents de terrains qui se présentent ; mais ils ne se dé-
» couragent pas facilement, et à force de persévérance, ils
» finissent par surmonter toutes les difficultés [1]. »

Büchner parle de la coopération des scarabées comme d'un
fait établi, sans citer son autorité [2]. Pour mon compte, je suis
porté à y croire sur le témoignage d'une dame de mes amies
qui m'assure avoir vérifié le fait de ses propres yeux, et
dont l'observation s'accorde d'ailleurs avec celles qui ont
été faites sur d'autres espèces de coléoptères. Parmi ces dernières, il y en a quelques-unes que je me permettrai de citer. Ainsi, Gollitz écrivant à Büchner raconte comme quoi,
au mois de juillet de l'année précédente, se trouvant un
jour dans son champ, il y découvrit un tas de terre fraîchement remuée et ressemblant à une taupinière, sur lequel un
scarabée à raies noires et rouges, gros comme un frelon et
muni de longues jambes, était en train de déblayer un trou
qui pénétrait dans la profondeur du tertre et de niveler la
surface [3].

« Au bout de quelque temps, dit-il, je remarquai un autre

1. Bingley, *Biographie animale*, vol. III, page 118.
2. *Loc. cit.*, page 344.
3. C'était probablement une espèce de Nécrophore. (*Trad.*)

» scarabée de la même espèce, qui apportait de petits paquets
» de terre jusqu'à l'ouverture du trou, puis disparaissait : cela
» se répétait toutes les quatre ou cinq minutes, et chaque fois
» le scarabée, qui s'était offert à ma vue le premier, emportait
» le paquet de terre. Il y avait environ une demi-heure que je
» les observais, lorsque celui qui était à l'intérieur sortit re-
» joindre son camarade et converser avec lui. Il n'y avait
» guère moyen de se tromper au rapprochement de leurs têtes,
» d'autant plus qu'aussitôt après les rôles furent intervertis.
» Celui qui avait travaillé à l'extérieur, se chargea de la be-
» sogne à l'intérieur du trou, et l'autre prit la corvée du
» dehors. Je les observai encore quelque temps, et lorsque je
» m'en allai, ce fut avec la conviction que ces insectes se
» comprenaient aussi bien que des hommes auraient pu le
» faire. »

Klingelhöffer de Darmstadt (Brehm, *loc. cit.*, IX, page 86)
rapporte qu'un scarabée doré voyant un hanneton sur le dos,
s'était approché de lui dans l'intention de s'en régaler : « ne
» pouvant en venir à bout, il se dirigea vers un buisson
» voisin et en revint avec un camarade, avec l'aide duquel il
» réussit à se rendre maître du hanneton et à le transporter
» à son gîte. »

Les scarabées fossoyeurs (*Necrophorus*) s'entr'aident également. « Ils se mettent plusieurs à enterrer quelque animal
» mort (souris, crapaud, taupe, etc...), qui doit servir à la
» fois de pâture et de retraite pour leurs jeunes. Exposé à l'air,
» le cadavre entrerait en putréfaction, ou bien il pourrait se
» dessécher ou attirer d'autres animaux, tandis qu'une fois
» enterré, il est hors de danger et se conserve suffisamment.
» Quant à la manière d'opérer des scarabées, elle est fort
» entendue. Ils grattent la terre en dessous du cadavre qui
» s'enfonce ainsi peu à peu, puis lorsqu'ils ont atteint une
» profondeur convenable, ils le recouvrent par en haut. Si le
» sol est pierreux, toute la bande s'attelle au cadavre et ne
» recule devant aucun effort pour le transporter dans un
» endroit propice. Leur application est telle que trois heures
» leur suffisent pour enfouir une souris; mais souvent ils
» continuent à travailler pendant plusieurs jours, pour at-
» teindre une grande profondeur. Quand ils ont affaire à la
» carcasse d'un animal de grande taille, celle d'un cheval ou

» d'un mouton par exemple, etc..., ils en détachent des
» morceaux qu'ils puissent manier et les enterrent [1]. »

Enfin, Clarville raconte qu'un nécrophore ne se trouvant
pas de force à charrier une souris morte, s'en alla chercher
du renfort et revint avec quatre autres qui lui prêtèrent main
forte [2].

Un ami de Gleditsch avait attaché un crapaud mort qu'il
voulait dessécher au bout d'un bâton planté en terre. Guidés
par leur odorat, des nécrophores ne tardèrent pas à se présenter, et voyant qu'ils ne pouvaient atteindre le crapaud,
ils se mirent à creuser au pied du bâton de manière à le faire
tomber ; après quoi ils s'emparèrent du cadavre et l'en-
fouirent [3].

Comme preuve d'intelligence chez les coléoptères, G. Berkeley cite un procédé inverse [4]. Un de ces insectes chargé
d'une araignée, avait grimpé sur un pied de bruyère et avait
suspendu son fardeau à une branche, dans une position si
sûre que M. Berkeley tenta vainement de le faire tomber en
secouant l'arbuste. Le mobile de ce coléoptère était probablement le même que celui qui pousse le scarabée fossoyeur
à cacher son trésor en terre ; « craignant que d'autres dé-
» couvrissent sa proie s'il ne la plaçait en lieu sûr, il s'était
» sans doute efforcé, dit M. Berkeley, de trouver le garde-
» manger le plus convenable. »

Ces différents exemples me portent à en admettre un autre
qui m'a été communiqué par le docteur Garraway, de Faver-
sham. Un jour, dans la Forêt-Noire, il vit un coléoptère s'a-
battre sur un banc de mousse. L'insecte se mit aussitôt à
creuser un trou cylindrique d'un pouce et demi de profondeur,
dans lequel il déposa une chenille qu'il avait apportée avec lui
et s'envola. « Je m'étonnais, dit mon correspondant, de la bê-
» tise de ce procédé ; c'était offrir une prime à la curiosité de
» tout insecte qui passerait par là. Mais au bout d'une minute
» je vis revenir mon scarabée chargé d'un petit caillou (il
» n'y en avait pas dans le voisinage) qu'il ajusta avec soin
» dans l'ouverture du trou. Cela fait, il disparut. »

<hr>

1. Büchner, *loc. cit.*, page 344.
2. Cité par Strauss, *Insectes*, s. 389.
3. Kirby et Spence, *loc. cit.*, pages 321-322.
4. *Vie et Souvenirs*, vol. II, page 356.

La forficule ou perce-oreille.

D'après de Geer, la forficule mère pratique une véritable incubation. Il raconte qu'ayant mis un perce-oreille dans une boîte au fond de laquelle il avait répandu des œufs, il vit l'insecte les rassembler dans un coin et se mettre à les couver. L'incubation se fit sans une seule interruption, et lorsque l'éclosion se fut produite, les jeunes suivaient partout leur mère et se réfugiaient parfois sous son abdomen comme des poussins sous une poule [1].

Une jeune personne, qui désire rester anonyme, m'apprend que ses deux sœurs cadettes ont l'habitude de donner du sucre chaque matin à un perce-oreille auquel elles ont donné le nom de Tom, et qui grimpe sur un rideau à heure fixe comme s'il comptait bien recevoir son déjeuner. Ce trait en rappelle d'autres que nous avons cités à propos des araignées.

Insectes diptères.

L'œstre dont les œufs éclosent dans les intestins des chevaux, les dépose par un raffinement d'instinct sur les parties du corps de l'animal qu'il est le plus enclin à lécher. Car d'après Bingley et d'autres auteurs, « c'est le derrière du » genou que cette mouche affecte de préférence, ou bien » encore les flancs ou la région postérieure de l'épaule. » La femelle dépose ses œufs tout en volant, du moins elle paraît à peine se poser lorsqu'elle étend son oviscapte pour toucher un cheval. Elle ne pond qu'un seul œuf à la fois, et s'envole aussitôt à une faible distance pour en préparer un autre.

Quant à la mouche commune de nos appartements, voici une anecdote de Jesse qui dénote chez cet insecte une intelligence assez semblable, comme genre et comme degré, à celle dont fit preuve la guêpe favorite de Sir John Lubbock :

1. Bingley, *loc. cit.*, vol. III, pages 150-151.

« Slingsby, le célèbre danseur de l'Opéra, demeurait dans
» une grande maison de Cross-deep, Twickenham, qui a vue
» sur la rivière et avoisine l'habitation de Sir Wathen Wal-
» ler. Ayant beaucoup de goût pour l'histoire naturelle et
» s'intéressant tout particulièrement à l'étude des insectes,
» il avait essayé d'apprivoiser des mouches et de les main-
» tenir en pleine activité pendant l'hiver. A la fin de l'au-
» tomne, alors que ces insectes commencent à devenir
» inertes, il en choisit quatre sur sa table un matin à déjeu-
» ner, et les mit sur une poignée de ouate dans le coin de la
» fenêtre le plus rapproché de la cheminée. Peu de temps
» après, le froid s'étant fait sentir, toutes les mouches dispa-
» rurent excepté ces quatre qui venaient manger à la table
» pendant le déjeuner, et retournaient ensuite à leur chaude
» couche. Cependant trois d'entre elles finirent par s'engour-
» dir à leur tour ; Slingsby apprit à la quatrième à venir se
» régaler d'un mélange de cassonade et de beurre sur l'ongle
» de son pouce, et malgré plusieurs fortes gelées, elle n'y
» manqua pas une seule fois jusqu'à Noël. Malheureusement
» à cette époque son gardien reçut la visite d'un ami qu'il
» avait invité à venir dîner et passer la nuit chez lui ; celui-
» ci, le lendemain matin à déjeuner, voyant une mouche se
» poser sur son ongle et ne sachant pas qu'elle était appri-
» voisée, lui donna une tape qui mit un terme aux expé-
» riences de M. Slingsby [1]. »

CRUSTACÉS.

Les animaux de ce groupe sont certainement doués d'intelligence, et je m'étonne du peu de renseignements que j'ai
réussi à me procurer à leur endroit. M. Moseley F. R. S.,
dans un remarquable ouvrage intitulé *Notes d'un Naturaliste à bord du Challenger,* s'exprime ainsi :

« Il est d'usage dans les tropiques d'étudier les mœurs
» des différentes espèces de crabes, qui y vivent si souvent
» à l'air libre. Plus je les ai observés, plus j'ai été émerveillé
» de leur sagacité. » (Page 70).

1. *Gleanings* (Anecdotes choisies), vol. II, pages 165-166.

Et plus loin (pages **48-49**) :

« Il y avait une espèce de crabe de roche qui abondait ;
» c'était le *Grapsus stringosus*. On en trouvait partout
» sur les rochers ; sitôt qu'on approchait, ils couraient
» se cacher dans les fentes. Je fus frappé de la vue longue
» et perçante de ces animaux ; à 50 mètres de distance,
» alors que ma tête seule dépassait les rochers, plusieurs
» d'entre eux me découvrirent et s'éloignèrent à toutes
» jambes.....

» Sur la grève sablonneuse et battue par le ressac de Still
» Bay, je rencontrai un crabe coureur (*Ocypoda ippeus*),
» qui mesurait bien trois pouces de large sur sa carapace.
» Son trou se trouvait dans le sable sec du haut de la grève.
» Comme je lui coupais la retraite de ce côté, il s'enfuit vers
» la mer et voyant une forte vague se dresser en talus sur
» le rivage, il s'enfonça vigoureusement dans le sable pour
» éviter d'être emporté en mer par la vague descendante.
» Aussitôt que la vague se fut retirée, il repartit à toute
» vitesse vers la grève. Mais j'étais à ses trousses et je le
» forçai à suivre le bord de l'eau. Chaque fois qu'une vague
» approchait, il répétait sa manœuvre. A un moment je
» réussis à mettre la main sur lui pendant qu'il était enfoncé
» dans le sable et aveuglé par l'eau trouble, mais j'hésitai
» à le saisir par crainte de ses pinces formidables, et une
» vague me fit bientôt reculer. Enfin, harcelé, éperdu il finit
» par mal calculer son coup et se trouvant dans le ressac
» sans avoir pu se cramponner au sable, il fut emporté par
» une vague descendante. Il me parut évident que l'animal
» redoutait la mer... Ces crabes périssent très vite lors-
» qu'ils sont submergés. »

Pendant les mois de mai et de juin, les crabes de terre
des Antilles et de l'Amérique du Nord quittent leurs repaires
dans les montagnes, pour aller déposer leur frai dans la mer.
Ils cheminent par bandes si nombreuses que les routes et les
sentiers dans les bois en sont couverts. Leur trajet se fait
toujours en ligne droite, et plutôt que de faire le moindre
détour, ils passent par dessus les maisons et les obstacles de
toutes sortes qui se trouvent sur leur route (Kirby). C'est
la nuit généralement que s'opère l'émigration. Arrivés au
bord de la mer, les crabes prennent d'abord trois ou quatre

bains, puis ils « confient leurs œufs à l'onde » et retournent à leurs montagnes par le chemin déjà suivi, mais il n'y a que les plus vigoureux qui résistent aux fatigues de ce double voyage.

Le professeur Alex. Agassiz donne des détails fort intéressants sur la manière dont de jeunes Bernard-l'hermite, élevés par lui « dès l'âge le plus tendre », se comportèrent la première fois qu'il leur offrit des coquilles de mollusques. Ces coquilles dont quelques-unes étaient vides, les autres habitées, furent mises dans un bocal où se trouvaient les jeunes crabes. A peine eurent-elles atteint le fond que les crabes coururent à elles, et se mirent à les tourner et les retourner. Bientôt deux d'entre eux se décidèrent à risquer l'aventure, et pénétrèrent chacun dans sa coquille avec beaucoup de vivacité. Ceux qui avaient reçu en partage une coquille habitée, continuèrent à circuler autour de l'entrée de leur future habitation jusqu'à la mort du mollusque, mort qui d'habitude ne se fait guère attendre en captivité, puis ils s'occupèrent de l'arracher afin de le manger d'abord et ensuite de prendre sa place [1].

M. Bates décrit un petit crustacé (*Podocerus capillatus*), qui construit un nid où il dépose ses œufs. Ce nid, de forme conique, se compose de fils entrelacés et repose sur des algues. « Il sert évidemment, dit M. Bates, de refuge à la » mère qui y élève et protège sa famille jusqu'à l'âge de » l'indépendance. »

D'après le docteur Erasme Darwin, qui s'appuie sur le témoignage d'un ami dont les observations lui inspirent une entière confiance, les crabes de l'espèce commune ont soin à l'époque de la mue de poster une sentinelle dont la carapace est encore dure, avec mission d'empêcher leurs ennemis de faire du mal à ceux d'entre eux qui ont mué et sont encore sans défense. En pareille circonstance, la sentinelle déploie un courage bien supérieur à celui du crabe qui ne veille qu'à sa propre défense. Mais ce sont là des observations qui ont besoin d'être confirmées.

Page 415 du volume XV du journal *Nature*, il est question d'un homard (*Homarus marinus*), de l'aquarium de Rothesay

---

1. *Journal américain des Sciences et des Arts*, vol. X, oct. 1875.

qui attaqua un Flet son compagnon de case, le dévora en
partie et enfouit les restes dans un tas de gravier sur lequel
il se mit à monter la garde. « Cinq fois dans l'espace de
» deux heures, le poisson fut déterré, et cinq fois le homard
» le recouvrit de gravier avec ses énormes pinces, mon-
» tant ensuite sur le tas et faisant fièrement face aux as-
» saillants. »

Voici maintenant un passage de la *Descendance de
l'homme* de Darwin (page 270-271) :

« Un naturaliste sérieux, M. Gardner, voyant un crabe du
» genre *Gelasimus* occupé à creuser son repaire, lui jeta
» quelques coquillages dont l'un alla rouler dans le trou,
» tandis que deux ou trois autres s'arrêtaient à quelques
» pouces seulement de l'ouverture. Au bout de cinq minutes
» le crabe sortit avec le coquillage qui avait pénétré jusqu'à
» lui et l'emporta à une distance d'environ un pied ; puis
» voyant que les trois autres étaient si près qu'ils pourraient
» bien à leur tour rouler dans le trou, il alla les déposer
» auprès du premier. Je ne vois pas trop en quoi un pareil
» acte se distingue des procédés de l'homme guidé par
» la raison. »

Darwin fait également allusion aux mœurs curieuses du
grand crabe (*Birgus latro*) qui vit des noix de coco qui
tombent à terre ; « il déchire les fibres de l'enveloppe une
» à une, en commençant toujours par l'extrémité où se trou-
» vent les trois concavités en forme d'œil, se servant de
» ses lourdes pinces de devant comme d'un marteau, il dé-
» fonce l'une de ces concavités, puis il se retourne et extrait
» le contenu au moyen de ses pinces de derrière qui sont
» étroites. »

Il existe des exemples fort curieux de commensalisme entre
certains crabes et des anémones de mer, qui indiquent un
degré remarquable d'intelligence. Ainsi le professeur Möbius
(*Beiträge zur Meeresfauna der Insel Maurilius*, 1880) cite
deux genres différents de crabes qui ont l'habitude de tenir
une anémone de mer dans chaque pince et de circuler avec
elles ; il est permis de croire qu'ils y ont intérêt. Mais
l'exemple le plus frappant est celui que rapporte M. Gosse F.
R. S. (*Zoologist*, juin 1859). On sait qu'une espèce d'anémone
s'attache aux coquilles habitées par des Bernard-l'hermite.

M. Gosse raconte qu'il avait essayé de détacher une de ces
anémones (*Adamsia*), mais que chaque fois le crabe la
saisissait et l'appliquait contre la coquille jusqu'à ce que
l'adhérence fût solidement rétablie. Feu le docteur Robert
Ball affirmait que si l'on place un Bernard-l'hermite auprès
d'une anémone commune (*Sagartia parasitica*) déjà attachée
à une pierre, l'anémone quitte la pierre pour aller se fixer
sur la coquille du crabe (*Critic*, 24 mars 1860.)

De l'intelligence des larves chez certains insectes.

Je vais maintenant citer quelques faits parmi ceux qui
mettent le mieux en relief l'état psychologique des insectes
à l'état de larve. Au point de vue de la doctrine de l'évolution,
le sujet est des plus intéressants, car une chenille n'est en réalité qu'un embryon qui, tout doué qu'il soit de la faculté de se
mouvoir et de suffire à sa propre nourriture, n'en est pas
moins destiné à subir dans la constitution de son intelligence
comme dans la conformation de son corps, une métamorphose
complète et profonde. Et cependant, malgré le caractère em-
bryonnaire de son intelligence, la chenille manifeste souvent
des instincts et mouvements psychologiques des plus complexes et d'un ordre plus élevé que ceux que présente la forme
adulte. Ce qui s'explique par l'hypothèse que l'intérêt de l'espèce réclame pour la larve un degré d'intelligence supérieur à
celui qui suffit à la forme adulte. C'est qu'en effet chaque
larve est en puissance un individu reproducteur; et, par suite,
son existence importe autant à l'espèce que celle de l'adulte.
Or, que l'on suppose que tel instinct, tel élément d'intelligence soit de nature à rendre plus de services à la larve qu'à
l'adulte, et l'on arrive à concevoir comment, par l'effet de la
sélection naturelle, se produit le phénomène singulier d'un
embryon présentant un développement psychologique supérieur à celui de l'adulte.
Je ne saurais mieux faire que de commencer par l'étude
des instincts remarquables qui distinguent le fourmi-lion,
ou larve du Myrmeleon commun, insecte névroptère. Voici
un passage emprunté à Thompson (*Passions des Animaux*,
page 258) :

« Les procédés du fourmi-lion, dit-il, sont encore plus
» étonnants. A force de travail et de persévérance, il se
» creuse un trou en entonnoir dans quelque endroit sablon-
» neux et sec, à l'abri du vent. Puis enfoui dans le sable
» au fond de son gîte, et ne laissant voir que ses cornes, il
» attend patiemment qu'il se présente une proie. Qu'une
» fourmi ou tout autre petit insecte vienne à circuler sur
» le bord du trou, il se produit un petit éboulement de sable
» qui donne l'éveil au fourmi-lion. Aussitôt ce dernier pro-
» jette en l'air le sable qui le recouvre de manière à en ac-
» cabler sa proie, et la faire rouler en bas sous cette ava-
» lanche qu'il reproduit jusqu'à ce que la victime se trouve
» logée entre ses cornes. En vain cherche-t-elle à échapper
» une fois qu'elle a eu l'imprudence de s'aventurer en deçà
» du bord ; à chaque effort qu'elle fait pour remonter, le
» sable lui manque sous les pieds et l'entraîne plus bas en-
» core. Lorsqu'elle arrive à portée du fourmi-lion celui-ci
» lui plonge dans le corps les pointes de ses mâchoires, ab-
» sorbe tout son suc animal et la rejette au loin à l'état de
» peau vide. »

Suivant Bingley, lorsque le fourmi-lion rencontre une
pierre d'une certaine grosseur en creusant son trou, il continue son ouvrage quand même, sans s'occuper d'un obstacle
dont il se débarrassera plus tard :

« Quand le trou est fini, il grimpe à reculons le long de la
» paroi où se trouve logée la pierre, introduit son abdomen
» sous le caillou, et après en avoir bien assuré l'équilibre, le
» hisse toujours à reculons jusqu'au bord du trou où il s'en
» débarrasse. Il n'est pas rare de voir un fourmi-lion aux
» prises avec une pierre quatre fois grosse comme lui, et
» comme il ne peut avancer qu'à reculons, au milieu de toutes
» sortes de difficultés pour maintenir l'équilibre de son far-
» deau sur un terrain friable et en pente qui nécessite des
» changements continuels de position, le caillou ne se fait pas
» faute de rouler en bas, quelquefois jusqu'au fond après avoir
» été hissé presqu'au bord du trou. En pareil cas, l'animal
» revient à la charge, souvent jusqu'à cinq ou six fois, et
» finit à force de persévérance par parvenir jusqu'au sommet.
» Mais il n'a garde de laisser le caillou là ; il pourrait dégrin-
» goler de nouveau, et pour parer à ce danger l'insecte a soin

» de le repousser à une distance suffisante du bord de son
» trou[1]. »

Passant maintenant aux chenilles, je cite tout d'abord
le témoignage de M. G. B. Buckton F. R. S., qui rapporte le
fait suivant observé par lui à Haslemere :

« Cet automne, dit-il, nombre de chenilles de *Pieris*
» *rapæ* avaient trouvé à se nourrir sous ma fenêtre. Neuf
» ou dix d'entre elles, en quête d'un endroit convenable pour
» s'y transformer en chrysalides, rencontrèrent au cours de
» leur ascension les vitres de glace de ma fenêtre. Ne pou-
» vant s'y cramponner, elles se confectionnèrent des échelles
» de soie, dont quelques-unes avaient jusqu'à cinq pieds de
» long, et qui, toutes, consistaient en un seul fil formant des
» échelons au moyen d'élégants festons... Il n'y en avait pas
» moins évidence d'une perception fort restreinte, car l'une
» des échelles s'élevait de près de trois pieds parallèlement
» à un montant de la croisée, alors qu'une simple dévia-
» tion de deux pouces aurait mis l'animal à même de che-
» miner sur la boiserie[2]. »

Voilà un cas qui révèle clairement de l'instinct et non de
l'intelligence. Cette manière de surmonter les obstacles résulte sans doute d'une habitude congénitale des chenilles ;
mais il y a là un instinct qui méritait d'être mentionné.

Kirby et Spence citent, d'après Bonnet, une chenille que
l'on avait enfermée dans une boîte et qui ne pouvant se procurer l'écorce que son instinct lui indiquait pour fabriquer
son cocon, y substitua des morceaux de papier qu'on lui
fournit, les rassembla avec de la soie, et réussit à confectionner un cocon très présentable.

Le même naturaliste raconte qu'une autre fois « ayant ou-
» vert plusieurs cocons, tout frais achevés d'une noctuelle
» du bouillon-blanc (*N. verbasci*), cocons consistant en un
» mélange de terre et de soie, les larves s'y prirent de diffé-
» rentes manières pour réparer l'avarie. Les unes·furent
» fidèles au mélange primitif; les autres se contentèrent de
» tisser un voile de soie au travers de l'ouverture[3]. »

1. *Biographie animale*, vol. III, pages 244-245.
2. *Nature*, VII, page 49.
3. *Introduction à l'Entomologie*, vol. II, p. 475.

En ce qui concerne leur propre observation, Kirby et
Spence affirment que « la chenille commune du chou, qui,
» lorsqu'elle file sous une surface de pierre ou de bois,
» prend soin tout d'abord de préparer comme une base
» d'attache en couvrant de son tissu une certaine étendue
» de surface, n'a garde de se donner cette peine lorsqu'elle
» a affaire à de la mousseline ; elle reconnaît là une sur-
» face dont la nature se prête directement à l'attache de ses
» cocons [1] ».

Réaumur donne, sur les instincts de la larve d'une espèce
de *Tinea*, les détails suivants :

« Elle se nourrit de feuilles d'orme, qui lui servent égale-
» ment de couverture. Elle ne s'attaque qu'au parenchyme
» de la feuille, laissant intactes les membranes de l'épiderme
» supérieur et inférieur entre lesquelles elle s'insinue gra-
» duellement à mesure qu'elle dévore le parenchyme. Mais
» elle a soin de ne pas détacher ces membranes l'une de
» l'autre quand elle arrive à l'extrémité de la feuille, elle y
» trouve comme une couture toute faite pour son habit.
» Quand l'espace entre les deux épidermes a été bien nettoyé,
» elle le tapisse de soie, lui donne une forme cylindrique ;
» puis elle fend les extrémités, tandis qu'elle recoud le côté
» qu'elle avait commencé par fendre pour détacher la feuille
» de l'arbre. Cela fait, elle se trouve avoir un vêtement
» moulé à son corps et ouvert aux deux bouts, par l'un
» desquels elle se nourrit ; l'autre servant au passage de ses
» excréments. La couture principale, celle que forme l'union
» naturelle des deux épidermes, se trouve généralement
» appliquée le long du dos. »

Réaumur coupa une de ces gaines de confection récente le
long de la couture, de manière à mettre à nu le corps de la
larve. On aurait pu s'attendre à ce que l'animal se mît à
fabriquer un vêtement entièrement neuf ; car l'idée que l'on
se fait communément des actes instinctifs est que leur enchaî-
nement est purement mécanique, comme le fonctionnement
d'un engrenage, et que la présence d'un élément étranger
produit infailliblement le désarroi dans la machine, si bien,
que ne pouvant s'adapter à aucune circonstance fortuite,

____

1. *Introduction à l'Entomologie*, vol. II, p. 475.

même la moins complexe, il lui faut recommencer *ab
initio* chaque fois qu'elle se trouve dérangée. Mais, dans
l'expérience de Réaumur, non seulement la larve s'avisa
de recoudre son enveloppe, mais « s'apercevant que l'on avait
» coupé l'un des prolongements qui lui servaient à donner, à
» l'extrémité, sa forme triangulaire, elle modifia son premier
» plan et mit en tête le bout qu'elle avait d'abord destiné à
» la queue ».

Bonnet cite également un exemple curieux de modification
instinctive chez un Lepidoptère. Il se produit d'habitude, dit-
il, deux générations du papillon dit *Angoumois*, l'une au
commencement de l'été, l'autre plus tard, vers l'automne ; la
première déposant ses œufs sur les blés en champ, la seconde
sur le blé en magasin, et ce seraient des œufs de cette
dernière que proviendrait la première génération de l'année
suivante. Si l'on admet l'exactitude de l'observation, le fait
est fort remarquable ; voilà des phalènes écloses dans des
greniers qui vont de suite déposer leurs œufs en champ, sur
les blés non coupés, tandis que celles d'automne déposent
les leurs sur le blé en magasin [1].

D'après Westwood, il y a en Tasmanie une espèce de chenille (*Noctua Ewingii*) qui envahit la contrée par bandes
énormes ; ces cohortes s'ébranlent à quatre heures du matin
et font halte à midi avec la plus grande régularité. « Une
» autre chenille, dit-il, celle de la *Liparis chrysorrhœa* tisse,
» en vue de l'hiver, une toile ordinaire qui sert d'abri com-
» mun à plusieurs centaines d'individus [2]. »

Citons encore Kirby et Spence :

« La larve de l'Ichneumon, tout en vivant aux dépens de
» la chenille qui l'héberge, n'attaque les parois des intestins
» que lorsqu'elle est prête à sortir, n'ayant plus, à ce mo-
» ment, aucun intérêt à ce que la chenille vive [3].

» Les larves de *Thecla isocrates* s'établissent à sept ou huit
» dans une grenade. Leurs opérations à l'intérieur du fruit
» tendent à le faire tomber : pour prévenir ce malheur, elles
» relient la grenade à sa branche au moyen d'un fil d'attache,

---

1. *Œuvres*, IX, p. 370.
2. *Transactions de la Société d'Entomologie*, vol. II.
3. *Introduction à l'Entomologie*, lettre XI.

» de manière que si la queue dépérit, le fruit n'en reste pas
» moins suspendu [1].

» La chenille du Bombyx processionnaire, originaire de
» France, manifeste des instincts merveilleux. Les larves
» vivent en sociétés, ou familles dont chacune consiste de
» 600 à 800 individus. Au début elles n'ont point d'habitation
» fixe, s'établissant tantôt dans un endroit, tantôt dans un
» autre, à l'abri de leur toile; mais lorsqu'elles ont fourni les
» deux tiers de leur croissance, elles se construisent une
» tente commune. Quand le soleil se couche, la troupe sort
» de son cantonnement....... Les mouvements en sont ré-
» glés par un chef qui en occupe la tête. Qu'il s'arrête ou
» qu'il se remette en route, aussitôt les autres suivent son
» exemple; derrière lui viennent d'abord trois ou quatre de
» ses compagnons en file indienne, la tête de l'un touchant à
» la queue de l'autre; puis une colonne, d'abord sur deux
» rangs, puis sur trois et ainsi de suite jusqu'à quinze ou
» vingt de front. Le tout forme une procession qui s'avance
» en bon ordre, d'un mouvement régulier, chacun emboitant
» le pas de celui qui le précède. Si le chef, en arrivant à un
» certain point, change de direction, les autres continuent
» leur marche jusqu'au même point avant de modifier la
» leur [2]. » •

Voici quelques détails supplémentaires sur l'instinct de ces
insectes, que j'emprunte à l'article de M. Davis, dans le
Magasin d'histoire naturelle de Loudon :

« Les chenilles en question étaient des *Processionnaires :*
» elles traversaient la route en file indienne, si serrée qu'on
» aurait dit « une corde vivante ». — Il y avait 154 chenilles
» occupant une longueur de 27 pieds. Chaque fois que M. Davis
» en enlevait une, celle qui la précédait s'arrêtait aussitôt,
» puis toutes les autres successivement en faisaient autant
» jusqu'au chef, ainsi que derrière. Au bout de quelques mo-
» ments, la première chenille en arrière de la brèche cher-
» chait à combler le vide afin de se remettre en contact avec
» celles de devant. Aussitôt qu'elle y parvenait, la nouvelle
» que la chaîne se trouvait rétablie passait de chenille à che-

1. Westwood, *Transactions de la Société d'Entomologie,* vol. II, p. 1.
2. Kirby et Spence, *Entomologie,* lettre XVI.

» nille jusqu'au chef, et bientôt la colonne se remettait en
» marche. L'insecte dérobé restait immobile et replié sur lui-
» même : mais il suffisait de le mettre à proximité de la
» colonne, pour le voir se dégourdir et s'efforcer de rentrer
» dans les rangs, ce à quoi il finissait par réussir grâce à un
» mouvement de recul de la part de la chenille devant laquelle
» il s'était engagé. L'expérience montra à M. Davis qu'en
» enlevant la cinquantième chenille à partir de la tête de la
» colonne, il fallait juste trente secondes, montre en main,
» pour que la nouvelle arrivât au chef, les choses se passant
» d'ailleurs comme précédemment. Il remarqua particulière-
» ment que, dans leurs efforts pour rejoindre les deux bouts
» de la colonne, les insectes ne semblaient se guider ni par
» la vue, ni par l'odorat ; ainsi, la première chenille en ar-
» rière de la brèche à qui incombait le devoir de la combler,
» tournait à droite et à gauche, faisant souvent fausse route
» alors qu'elle ne se trouvait guère à plus d'un demi-pouce de
» distance de celle qui la précédait. Une fois le contact ré-
» tabli, quelque signal en répandait la nouvelle. Quant à
» l'objectif de la colonne, c'était la recherche de nouveaux
» pâturages. Ces chenilles se nourrissent d'*Eucalyptus*, et
» quand elles ont complètement dépouillé un arbre de ses
» feuilles, elles se rassemblent sur le tronc et se mettent en
» marche de la façon qui vient d'être décrite. »

Les observations de de Villiers[1] quant à la manière dont
ces chenilles *Clenocamptus pitzocampa* s'y prennent pour
communiquer entre elles ne s'accordent pas entièrement avec
celle de M. Davis. Il dit, en effet, qu'ayant expérimenté sur
une colonne de 600 insectes, il constata qu'à chaque interruption la masse entière semblait avoir de suite connaissance de
ce qui se passait, et s'arrêtait tout d'une pièce.

D'après Kirby et Spence les chenilles de la piéride gazée
(*Pieris cratœgi*) vivent par petites colonies de dix à douze
dans des cellules tapissées de soie. Un petit sac en forme de
poche, également en soie, sert de cabinet d'aisance à la communauté ; quand il est plein les insectes le vident en se servant de leurs pattes[2].

1. *Transactions de la Société Entomologique de France*, vol. I, p. 201.
2. *Introduction à l'Entomologie*, lettre XXVI.

Il me reste encore à citer deux exemples d'intelligence de la part de larves, après quoi j'aurai épuisé la liste des renseignements que j'ai pu recueillir chez les différents auteurs que j'ai consultés. Réaumur affirme que les larves de l'*Heme-robius chrysops* font la chasse aux pucerons, les tuent et se recouvrent de leurs peaux. Enfin W. Mac Lachland, F. R. S. dans un ouvrage qu'il vient de publier nous apprend que les vers caddis règlent le poids spécifique de leurs tubes sur celui de l'eau où ils se trouvent, en l'y attachant des **matières** pesantes ou flottantes suivant qu'ils ont besoin d'être lestés ou allégés.

FIN DU TOME PREMIER.

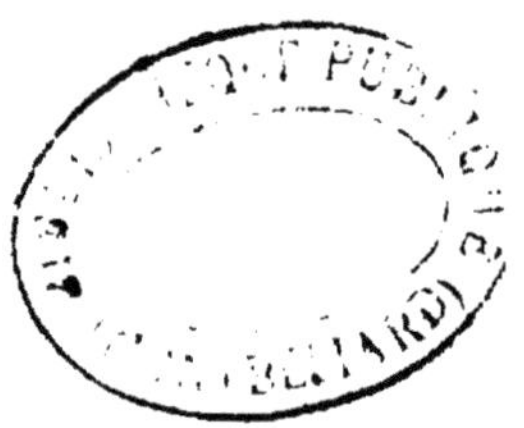

TABLE DES MATIÈRES

DU TOME PREMIER.

VERSAILLES
IMPRIMERIE CERF ET FILS
59, RUE DUPLESSIS.